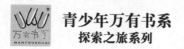

青少年万有书系
探索之旅系列

JIEMI KONGLONG SHIJIE

揭秘恐龙世界

青少年万有书系编写组 编写

U0341263

北方联合出版传媒（集团）股份有限公司
辽宁少年儿童出版社
沈 阳

编委会名单（按姓氏笔画排序）

冯子龙　许科甲　胡运江

钟　阳　梁　严　谢竞远

薄文才

图书在版编目（CIP）数据

揭秘恐龙世界/青少年万有书系编写组编写.—沈阳:辽宁
少年儿童出版社,2014.1（2022.8 重印）

（青少年万有书系.探索之旅系列）

ISBN 978-7-5315-6027-2

Ⅰ.①揭… Ⅱ.①青… Ⅲ.①恐龙－青年读物②恐
龙－少年读物Ⅳ.①Q915.864-49

中国版本图书馆CIP数据核字(2013)第003933号

出版发行：北方联合出版传媒（集团）股份有限公司
　　　　　辽宁少年儿童出版社
出 版 人：胡运江
地　　址：沈阳市和平区十一纬路25号
邮　　编：110003
发行部电话：024-23284265　23284261
总编室电话：024-23284269
E-mail：lnsecbs@163.com
http://www.lnse.com
承 印 厂：三河市嵩川印刷有限公司

责任编辑：谭颜葳
责任校对：朱艳菊
封面设计：红十月工作室
版式设计：揽胜视觉
责任印制：吕国刚

幅面尺寸：170 mm×240 mm
印　　张：12　　　字数：330千字
出版时间：2014年1月第1版
印刷时间：2022年8月第4次印刷
标准书号：ISBN 978-7-5315-6027-2
定　　价：45.00元

版权所有　侵权必究

全案策划　唐码书业（北京）有限公司
WWW.TANGMARK.COM

图片提供　台湾故宫博物院　时代图片库 等
www.merck.com　www.netlibrary.com
digital.library.okstate.edu　www.lib.usf.edu　www.lib.ncsu.edu

ZONGXU 总 序

　　青少年最大的特点是多梦和好奇。多梦，让他们心怀天下，志存高远；好奇，让他们思维敏捷，触觉锐利。而今我们却不无忧虑地看到，低俗文化在消解着青少年纯美的梦想，应试教育正磨钝着青少年敏锐的思维。守护青少年的梦想，就是守护我们的未来。葆有青少年的好奇，就是葆有我们的事业。

　　正是基于这一认识，我社策划编写了《青少年万有书系》丛书，试图在这方面做一些有益的尝试。在策划编写过程中，我们从青少年的特点出发，力求突出趣味性、知识性、神秘性、前沿性、故事性，以最大限度调动青少年读者的好奇心、探索性和想象力。

　　考虑到青少年读者的不同兴趣，我们将丛书分为"发现之旅系列""探索之旅系列""优秀青少年课外知识速递系列""历史地理系列"等。

　　"发现之旅系列"包括《改变世界的发明与发现》《叹为观止的世界文明奇迹》《精彩绝伦的世界自然奇观》和《永无止境的科学探索》。读者可以通过阅读该系列内容探究世界的发明创造与奇迹奇观。比如神奇的纳米技术将如何改变世界？是否真的存在"时空隧道"？地球上那些瑰丽奇特的岩洞和峡谷是如何形成的？在该系列内容里，将会为读者一一解答。

　　"探索之旅系列"包括《揭秘恐龙世界》《走进动物王国》《打开奥秘之门》。它们将带你走进神奇的动物王国一探究竟。你将亲临恐龙世界，洞悉动物的奇趣习性，打开地球生命的奥秘之门。

　　"优秀青少年课外知识速递系列"涵盖自然环境、科学科技、人类社会、文化艺术四个方面的内容。此系列较翔实地列举了关于这四大领域里的种种发现和疑问。通过阅读此系列内容，广大青少年一定会获悉关于自然以及人类历史发展留下的各种谜团的真相。

　　"历史地理系列"则着重于为青少年朋友描绘气势恢宏的世界历史和地理画卷。其中《世界历史》分金卷和银卷，以重大历史事件为脉络，并附近千幅珍贵图片为广大青少年读者还原历史真颜。《世界国家地理》和《中国国家地理》图文并茂地让读者领略各地风情。该系列内容包含重大人类历史发展进程的介绍和自然人文风貌的丰富呈现，绝对是青少年读者朋友不可错过的知识给养。

现代社会学认为，未来社会需要的是更具想象力、更具创造力的人才。作为编者，我们衷心希望这套精心策划、用心编写的丛书能对青少年起到这样的作用。这套丛书的定位是青少年读者，但这并不是说它们仅属于青少年读者。我们也希望它成为青少年的父母以及其他读者群共同的读物，父女同读，母子共赏，收获知识，收获思想，收获情趣，也收获亲情和温馨。

　　谁的青春不迷茫？愿《青少年万有书系》能够为青少年在青春成长的路上指点迷津，带去智慧的火花，带来知识的宝藏。

Contents

目录>>

PART ④

恐龙家族　　47

PART 6

探索恐龙秘密 171

Part 1
恐龙出现之前

震旦纪
——蓝藻和冰川的时代

为了便于人们了解地球和生命演化的过程，地质学家和古生物学家将地球的年龄划分成太古宙、元古宙、显生宙三个宙，显生宙又划分成古生代、中生代和新生代三个代。古生代分为寒武纪、奥陶纪、志留纪、泥盆纪、石炭纪和二叠纪六个纪；中生代分为三叠纪、侏罗纪、白垩纪三个纪；新生代分为古近纪、新近纪和第四纪三个纪。

震旦纪属于元古宙的晚期，它的命名者是美国地质学家葛利普。1922年，葛利普在中国的浙江和安徽一带进行科学研究，他根据古代印度人称呼中国为日出之地而取了"震旦纪"这个名称。震旦纪从距今8亿年开始，止于距今5.7亿年。这个时期的生命主要是蓝藻和细菌，后期开始出现真核藻类和无脊椎动物。

震旦纪标签	
时间	距今约8亿年至5.7亿年
主要生命	蓝藻、细菌、海绵
自然环境	震旦纪大冰期

■最原始的海洋生物

距今8亿年前，地球进入了震旦纪（元古宙晚期）。到了距今6亿年前，拥有细胞核、蓝藻、红藻和绿藻等藻类生物。

在所有藻类生物中，蓝藻是最简单、最原始的一种。目前人们已知的蓝藻约有2000种，中国已有记录的有900多种。它们遍及世界各地，分布十分广泛。蓝藻是单细胞生物，没有细胞核，但细胞中央含有核物质，通常呈颗粒状或网状，染色体和色素都均匀地分布在细胞质中。该核物质并没有核膜和核仁，但具有核的功能，故称其为原核。所以蓝藻和细菌一样，都属于原核生物。

蓝藻化石
蓝藻是地球上最原始的生物，大约在距今35亿至33亿年前就出现了，至今仍生活在地球上。

■震旦纪大冰期

科学家们在世界各地都曾发现过震旦纪的冰川沉积，这证明发生在距今7亿年前的震旦纪大冰期是一次具有世界意义的漫长冰期。所谓冰期也叫冰河时代，那时陆地被庞大的冰山覆盖，到处可见漂浮着的巨大冰块。

通过科学分析我们知道，震旦纪冰川的主要活动地区分布在澳大利亚中部、非洲中南部和西北部、北美西北部、南美中部、欧洲西北部及西伯利亚和中国东部。中国震旦纪大冰期的冰川遗迹见于湘、鄂、黔、滇等省。

海绵
海绵动物是多细胞动物当中结构最简单、形态最原始的一类，早在寒武纪以前就已经出现，并一直繁衍到了现代。其中一些种类，如海杯类早已灭绝了，只有化石存在。

寒武纪
——生命大爆发

　　寒武纪属于古生代的第一个纪，距今约5.7亿年至5.1亿年，是地球上生命开始出现并迅速发展的时期。"寒武"是英国威尔士的古称。

■ "寒武爆发"

三叶虫群体化石

寒武纪岩石中保存有比其他类群丰富的矿化的三叶虫硬壳，所以又被称为"三叶虫时代"。

　　在寒武纪开始后的短短两百万年内，几乎所有现存动物的类群祖先们突然出现，这一爆发式的生物演化事件被称为"寒武纪生命大爆炸"，简称为"寒武爆发"。也就是说，地球花了近30亿年的时间才完善了细胞的结构，但是大约在5.4亿年前，绝大多数无脊椎动物却几乎"同时突然"出现了！这些在寒武纪地层中发现的门类众多的无脊椎动物化石，在震旦纪（元古宙晚期）或者之前更为古老的地层中却一直找不到。

　　这个奇特的现象自达尔文以来就一直困扰着进化论等学术界。达尔文在其著作《物种起源》中提到了"寒武爆发"，并大感迷惑，认为这一事实会成为反对进化论的有力证据。最后他这样解释道：寒武纪的动物应该来自前寒武纪（寒武纪之前的地质年代），它们都经过了很长时间的进化过程；寒武纪动物化石出现的"突然性"和前寒武纪动物化石的缺乏，是由于地质记录的不完全或是由于老地层淹没在海洋中的缘故。

　　20世纪初，美国科学家沃尔·柯特在加拿大西部落基山脉距今5.15亿年前寒武纪中期的黑色页岩中，发现了大量保存完整、造型奇特的动物遗骸。在所收集的6.5万件珍贵标本中，科学家们陆续辨认出了几乎所有现存动物每一个门的祖先类型，还有许多早已灭绝了的生物门类，这就是著名的布尔吉斯动物化石群。

■ 云南澄江动物群

　　"寒武爆发"的典型代表是在我国云南省发现的澄江动物群，这是世界上目前保存最为完整和古老的无脊椎动物化石群。该发现曾被国际科学界称为"20世纪最惊人的科学发现之一"，澄江也因此被誉为"世界古生物圣地"。

　　澄江动物群是我国古生物学家侯先光于1984年在云南省澄江县帽天山首先发现的。它是一个内容十分丰富、保存非常完整，距今约5.7亿年的化石群。其成员包括三叶虫、具附肢的非三叶的节肢动物、金臂虫、蠕形动物、海绵动物、内肛动物、环节动物、腕足动物、软舌螺类及开腔骨类等，甚至还有低等脊索动物或半索动物等。大部分动物的软组织化石保存得都相当完好，这为研究早期无脊椎动物的形态结构、生活方式、生态环境等提供了最佳的材料。

欧巴宾海蝎

欧巴宾海蝎是一种存活在寒武纪的生物，在布尔吉斯动物化石群中发现了许多其化石。此生物只有一种，头部长有五颗以眼柄支撑并突出的眼睛，长吻的末端为具抓握性的刺状物，用以捕拿猎物。

寒武纪标签	
时间	距今约5.7亿年至5.1亿年
代表生物	云南澄江动物群、三叶虫、北美布尔吉斯页岩生物群
特殊生物	太阳女神螺、古杯、皮开虫、鸭鳞鱼、伊尔东体、足杯虫、火把虫
自然环境	寒武纪没有真正的陆生生物，大陆上缺乏生气，一片荒凉

百科问答　问：恐龙是最大的动物吗？
答：陆上动物中恐龙最大，而体重可达 170 吨的蓝鲸才是最大的动物，其心脏就有小汽车那么大。

▶ "海水覆盖"的奥陶纪
▶ 无脊椎动物的乐园

奥陶纪
——无脊椎动物时代

奥陶纪是古生代的第二个纪，从距今 5.1 亿年开始，延续了 7200 万年。"奥陶"一词由英国地质学家拉普沃思于 1879 年提出，意指露出于英国阿雷尼格山脉、向东穿过北威尔士的岩层。因这个地区是古奥陶部族的居住地，故而得名。

大部分地区。在北美洲，海水覆盖了北美大陆 70% 的面积。

奥陶纪标签	
时间	距今约 5.1 亿年至 4.38 亿年
代表生物	笔石、三叶虫、鹦鹉螺类、腕足类生物
特殊生物	层孔虫、海林檎、海百合、介形虫
自然环境	气候温和，浅海广布，世界许多地方都被浅海海水淹盖，海生生物空前发展

腕足动物化石

腕足动物是具两枚壳瓣的海生底栖固着动物，在奥陶纪演化比较迅速，大部分的类群均有代表。钙质壳的有铰类盛极一时，几丁质壳的无铰类则开始衰退。

■ "海水覆盖"的奥陶纪

奥陶纪是地球历史上海侵最广泛的时期之一。海侵，又称为海进，是指在相对较短的地质时期内，因海面上升或陆地下降，造成海水对大陆区侵进的地质现象。在那个时期，浅海淹没了现在的地中海地区、不列颠群岛、斯堪的纳维亚半岛、波罗的海地区以及西伯利亚的

奥陶纪末期还发生过一次规模较大的冰期，其分布范围包括北非、南美的阿根廷、玻利维亚以及欧洲的西班牙和法国南部等地。

■ 无脊椎动物的乐园

奥陶纪的生物界较寒武纪更为繁盛。由于当时气候温和，浅海广布，世界许多地方都被海水掩盖，海生无脊椎动物得到了空前发展，其中以笔石、腕足类生物、鹦鹉螺类和三叶虫最为重要。笔石是奥陶纪最多的海洋动物类群，自奥陶纪早期开始兴盛。此外，腔肠动物中的珊瑚、层孔虫，棘皮动物中的海林檎、海百合，节肢动物中的介形虫，苔藓动物等也开始出现。腕足动物在这一时期演化迅速，大部分的类群均已出现。鹦鹉螺也进入了繁盛时期。它们形体巨大，是当时海洋中凶猛的肉食性动物。由于大量食肉类鹦鹉螺的出现，三叶虫在胸、尾部长出许多针刺，以防御鹦鹉螺的袭击或吞食。珊瑚自奥陶纪中期开始大量出现，复体的珊瑚虽说还较原始，但已能够形成小型的珊瑚礁。

海百合

海百合类最早出现于距今约 4.8 亿年前的奥陶纪早朝，在漫长的地质历史时期中，曾经几度繁荣，其属种数占各类棘皮动物总数的 1/3，在现代海洋中生存的尚有 700 余种。

百科问答　问：已知的最原始的恐龙有哪些？
　　　　　答：始盗龙、埃雷拉龙和南十字龙都出现在三叠纪晚期，
　　　　　是已经发现的最原始的恐龙。

▶ 志留纪的植物
▶ 志留纪的动物

恐龙出现之前

✿ 志留纪
——陆生植物和脊椎动物的出现

志留纪是古生代第三个纪。本纪于距今约4.38亿年开始，延续了2800万年。到了志留纪晚期，地壳运动剧烈，古大西洋闭合，一些板块间发生碰撞，导致一些地槽褶皱升起。古地理面貌巨变，大陆面积不断扩大，生物界也发生了显著的变革，这一切都标志着地壳历史发展到了转折时期。

志留纪标签	
时间	距今约4.38亿年至4.1亿年
代表生物	海生藻类、裸蕨植物、石松植物
代表动物	板足鲎、有颌的盾皮鱼类和棘鱼类
自然环境	在志留纪晚期，地球表面普遍出现了海退现象，许多水域变成了陆地

■ 志留纪的植物

植物方面，这一时期海生藻类仍然繁盛。志留纪末期，陆生植物中的裸蕨植物首次出现，植物开始从水中向陆地发展，这是生物演化的一个重大事件。作为陆生高等植物的先驱，低等维管束植物开始出现并逐渐占领陆地。其中，裸蕨类和石松类是目前已知最早的陆生植物。

■ 志留纪的动物

志留纪的生物面貌与奥陶纪相比，有了进一步的发展和变化。虽然海生无脊椎动物在志留纪仍占有重要地位，但各门类的种属和内部组成都有了很大变化，比如节肢动物中板足鲎的出现。奥陶纪的霸王——鹦鹉螺类最终就沦为了这种更加先进的海蝎类的猎物。此外，珊瑚纲进一步繁盛，棘皮动物中海林檎类数量大减，海百合类动物在志留纪大量出现。

志留纪动物界的进化趋势主要表现在原始脊椎动物的出现和发展。无颌类鱼形动物是迄今为止所知的最古老的原始脊椎动物。最早的无颌类动物在奥陶纪时已经出现，到了志留纪晚期和泥盆纪早期达到鼎盛时期，泥盆纪以后就灭绝了。而更先进的有颌鱼类在志留纪渐渐出现。有颌的盾皮鱼类和棘鱼类是脊椎动物演化史上的标志性生物，表明鱼类已经征服水域，为泥盆纪的鱼类大发展创造了条件。

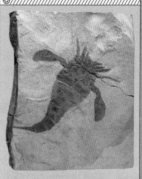

板足鲎化石
板足鲎生活在距今约4.2亿年前，身体分头颈部和腹部两大部分。头部由六个体节组成，腹面有六对附肢，最后一对呈板状，用来游泳。

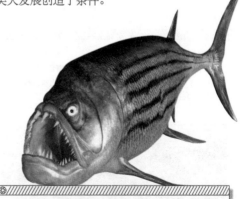

恐鱼
恐鱼属于盾皮鱼纲节颈鱼目，是盾皮鱼类的典型代表。可长达12米多，嘴张开时有1米多宽，颌骨非常强壮，牙齿尖锐锋利，是当时海洋中的霸主。

泥盆纪
——鱼类的时代

　　泥盆纪是古生代的第四个纪，开始于距今约 4.1 亿年，结束于距今约 3.55 亿年，持续了约 5500 万年。"泥盆"是英格兰西南半岛上的德文郡的意译。泥盆纪是英国地质学家塞奇·威克和默奇森研究了德文郡的"老红砂岩"后，于 1839 年命名的。

　　泥盆纪的古地理面貌较古生代早期有了巨大的改变，表现为陆地面积的扩大，陆相地层的发育。生物界的面貌也发生了巨大的变化。陆生植物、鱼形动物空前发展，两栖动物开始出现，无脊椎动物的成分也显著改变。

泥盆纪标签	
时间	距今约 4.1 亿年至 3.55 亿年
代表动物	甲胄鱼、盾皮鱼、硬骨鱼
代表植物	蕨类和原始裸子植物
自然环境	海洋里的物种进一步丰富，陆地上植物增多，出现了大片的森林

■ 泥盆纪的动物

　　泥盆纪是地球历史上生物界发生巨大变革的时期。生物由海洋向陆地大规模进军是这一时期最为突出、最为重要的演化事件。

泥盆纪鱼类化石
泥盆纪时，脊椎动物中的鱼类（包括甲胄鱼、盾皮鱼、总鳍鱼等）得到空前发展，硬骨鱼类也开始出现，故泥盆纪又有"鱼类时代"之称。

默奇森
默奇森（1792～1871年），苏格兰地质学家，曾先后为志留纪、泥盆纪和二叠纪命名。

　　泥盆纪时，海生无脊椎动物的组成发生了重大变化。古生代早期极为繁盛的三叶虫只剩下少数代表；奥陶纪和志留纪非常繁荣的笔石也仅剩下少量的单笔石和树笔石类；菊石正逐渐取代鹦鹉螺类，成为软体动物中的主要类群；腕足动物和珊瑚动物也有所变化，前者主要以石燕类为主，而后者则以床板珊瑚和四射珊瑚为主。

　　与此同时，脊椎动物却经历了一次爆发式的发展。在这个时期出现的淡水鱼类和海生鱼类都相当多，这其中既包括原始无颌的甲胄鱼类，还包括有颌的盾皮鱼类以及真正的鲨鱼类。硬骨鱼这种现代鱼类也正式登上了历史舞台，因此泥盆纪也常被人们称为"鱼类时代"。泥盆纪晚期，由鱼类进化而来的两栖类登上陆地，标志着脊椎动物开始了脱离水体并逐渐征服陆地的演化历程。

■ 泥盆纪的植物

　　泥盆纪早期，陆生裸蕨植物已经在陆地上完全"站稳了脚跟"，而且它们的三支后裔——石松类、楔叶类和真蕨类也开始了大发展。到了泥盆纪晚期，陆地上出现了由许多这类植物构成的成片森林。植物的成功登陆，使荒芜的大陆变成绿洲，标志着植物的发展进入了新的阶段。另外，泥盆纪中晚期的陆地上还出现了最早的裸子植物，但直到二叠纪晚期它们才真正成为陆地植物的主角。

▶ 两栖动物
▶ 石炭纪的森林

百科问答　问：哪种恐龙最重？
答：震龙。据科学家的猜测，震龙可长达50米左右，体重最大可达150吨。

>>>>>>>>>>>>
恐龙出现之前

石炭纪
——两栖动物的时代

石炭纪是古生代的第五个纪，开始于距今约3.55亿年，终止于距今约2.9亿年，延续了6500万年。由于这一时期形成的地层中含有丰富的煤炭，因而得名为"石炭纪"。据统计，属于这一时期的煤炭储量约占全世界总储量的50%以上。

石炭纪时陆生生物飞跃发展。泥盆纪时的裸蕨植物灭绝了，代之而起的是石松类、楔叶类、真蕨类和种子蕨类等植物，它们生长茂盛，形成了壮观的森林。脊椎动物也在石炭纪时期正式向陆上发展，但因为不能完全脱离水域生活，最后只能成为两栖类动物。

石炭纪标签	
时间	距今约3.55亿年至2.9亿年
代表动物	林蜥、迷齿类动物、壳椎类动物
代表植物	木贼、石松、蕨类植物
自然环境	气候温暖、湿润，沼泽遍布，出现了大规模的森林，给煤的形成创造了条件

■ 两栖动物

两栖动物最早出现于泥盆纪晚期。在石炭纪早期，以北美宾夕法尼亚的林蜥为代表的两栖动物大量出现。它们从这时起摆脱了对水的依赖，以便适应更加广阔的生态领域。

两栖动物是最原始的陆生脊椎动物，既有适应陆地生活的新性状，又有从鱼类祖先继承下来的水生生活性状。因为最早的两栖动物牙齿有迷路构造，所以也被称为迷齿类；后来还出现了牙齿没有迷路构造的壳椎类。这两大类两栖动物在石炭纪非常繁盛，因此这个时代也被称为"两栖动物时代"。在二叠纪结束时，壳椎类全部灭绝，迷齿类也只有少数在中生代继续存活了一段时间。

蚓螈
蚓螈是原始的迷齿亚纲两栖类动物的代表品种。迷齿两栖类在石炭纪和二叠纪发展为两栖类的主体，它们种类多、体型大，为中生代时占统治地位的爬行类。

茂密的森林
石炭纪时陆地面积不断增加，陆生生物空前发展。当时气候温暖、湿润，沼泽遍布。大陆上出现了大规模的森林，给煤的形成创造了有利条件。

■ 石炭纪的森林

石炭纪的气候温暖湿润，有利于植物的生长。随着陆地面积的扩大，陆生植物从滨海地带向大陆内部延伸，生长速度空前提高，形成了大规模的森林和沼泽。

在石炭纪的森林中，既有高大的乔木，也有茂密的灌木。乔木中的木贼根深叶茂，其茎可以长到20至40厘米粗。它们喜爱潮湿，广泛分布在河流沿岸和湖泊沼泽地带。石松是另一类乔木，它们挺拔雄伟，成片分布，最高的石松可达40米。石炭纪时，早期的裸子植物（如苏铁、松柏、银杏等）非常引人注目，但数量最多的还是蕨类植物。蕨类植物虽然低矮，但大量占据着森林的下层空间，紧簇而拥挤地不断生长，是灌木林中的"名门望族"。

二叠纪
——生物圈的重大变革

二叠纪是古生代的最后一个纪，开始于距今约2.9亿年，延续至距今约2.5亿年，共经历了4000万年。该时期陆地面积的进一步扩大，海洋范围的缩小以及自然地理环境的变化，都促进了生物界的重要演化，预示着生物发展史上一个新时期的到来。

了巨大的地壳隆起，造成陆地抬升或海平面下降，使生物失去了原来的家园。另一种推测是，大概那时的冈瓦纳古陆开始分裂成我们今天所知的各个大陆，巨大陆块的分隔应该会带来气候的剧变，使得许多动植物都无法继续生存下去。还有科学家提出，是一颗小行星与地球碰

二叠纪标签	
时间	距今约2.9亿年至2.5亿年
代表动物	爬行类动物、腕足动物、菊石
代表植物	松柏类和蕨类
自然环境	古板块间逐渐拼接形成冈瓦纳古陆，陆地面积进一步扩大

■ 生物集群灭绝事件

在二叠纪时期，冈瓦纳古陆开始出现。在这片辽阔的大地上，到处都是各种各样的植物和动物。最常见的植物是松柏类和蕨类，主要的陆上生物则是爬行类动物。到了二叠纪晚期，地球上发生了地质历史上规模最大、影响最为深远的一次生物集群灭绝事件。繁盛于古生代早期的三叶虫、四射珊瑚以及海百合类动物等全部绝灭，腕足动物、菊石、棘皮动物等也遭受了严重的打击。研究表明：大约70%的陆生生物未能摆脱灭绝的命运；海洋中则至少有90%的物种在这一时期消失。

■ 灭绝生物的"元凶"

地球上3/4植物和动物灭绝了，约1/3的物种消失了，但没有人能确切地知道那时究竟发生了什么。一种推测认为，那时发生

菊石化石
菊石是由鹦鹉螺演化而来的，属于头足类动物，最早出现在古生代泥盆纪初期，后逐渐繁盛，二叠纪晚期遭受严重打击，中生代末期灭绝。

撞引起了某种巨大的灾难，导致了二叠纪晚期生物集群灭绝。

不管什么原因，生物在二叠纪如此大规模地灭绝，可能为恐龙的进化铺平了道路。第一批恐龙在接下来的三叠纪顺利出现，它们统治了这个星球1亿多年。

两异齿龙
两异齿龙又名长棘龙，属于盘龙类。盘龙类是"似哺乳类爬行动物"，也称"兽形爬行动物"或"下孔类"。

Part 2
恐龙繁盛时代

三叠纪
——爬行动物的崛起

三叠纪是中生代的第一个纪，始于距今 2.5 亿年，止于距今 2.05 亿年。人们最早在德国西南部发现了代表这段时间的地层，因地层的颜色和岩石结构明显由三个部分组成（下部是陆相杂色砂页岩，中部为海相灰白色石灰岩，上部是陆相红色岩层），因此被称为"三叠纪"。

三叠纪标签	
时间	距今约 2.5 亿年至 2.05 亿年
主要植物	苏铁、本内苏铁、尼尔桑、银杏及松柏类裸子植物
主要动物	槽齿类、似哺乳类、恐龙类爬行动物
著名恐龙	埃雷拉龙、腔骨龙、板龙、始盗龙

■ 哺乳动物的祖先

三叠纪早期，地球上活跃着许多爬行动物，其中似哺乳类爬行动物最为繁盛，而其他种类，包括恐龙的祖先都属于一些不大起眼的小种族。似哺乳类动物是朝着哺乳动物方向发展的爬行动物，它们看起来更像哺乳动物而不是爬行动物。其中，犬齿兽可以说是似哺乳类动物中最重要的种类之一，也是今天哺乳动物的祖先。大多数犬齿兽为肉食性动物，它们体型不大，体长很少超过 90 厘米。它们与哺乳动

引鳄
引鳄是三叠纪早期陆地上最大的食肉动物之一，以其他爬行动物为食，个头很大但很笨拙，捕猎时，用强有力的上下颌咬住猎物，再用锋利的牙齿把猎物撕碎。

物有许多相同点，比如犬齿兽也能在咀嚼食物时呼吸，而且拥有几种不同类型的牙齿。和哺乳动物一样，犬齿兽有胡须，也许还有体毛。犬齿兽的四肢位于身体之下，能快速奔跑。而且，犬齿兽可能已经是温血动物。

■ 恐龙的祖先

恐龙大约出现在三叠纪晚期，因此，恐龙应是由三叠纪早期的某种爬行动物进化而来的。

根据化石研究的结果，我们知道，恐龙的祖先是槽齿类爬行动物。这类动物中的假鳄龙与恐龙的关系最密切。假鳄龙是一种肉食的爬行动物，体长约 1.5 米，用四足行走，头部较短，眼睛很大，鼻尖上翘，牙齿常露出嘴外。在解剖学上与早期的恐龙很相似。

犬齿兽
犬齿兽是哺乳动物的祖先，更像哺乳动物而不是爬行动物。和哺乳动物一样，犬齿兽有胡须，也许还有体毛。大多数犬齿兽是肉食性动物，其体长一般不超过 90 厘米。

不过，恐龙究竟起源于槽齿类动物的哪一种，科学家的意见还不一致。一些人认为，恐龙是由槽齿类中的某一种类分化出来的，例如假鳄龙类；但也有一些人认为，恐龙的祖先不止一个，它们分别属于槽齿类中不同的种类，所以它们的后代外貌和生活习性各不相同。

学者们对恐龙的起源虽有不同看法，但有一点却是一致的：槽齿类爬行动物是恐龙的祖先。

侏罗纪
——恐龙的盛世王朝

侏罗纪是中生代的第二个纪，距今约 2.05 亿年至 1.35 亿年。侏罗纪之名称源于瑞士、法国交界处的侏罗山。这一时期，冈瓦纳古陆开始分裂，大陆地壳上的缝隙生成了大西洋。非洲开始从南美洲裂开，印度大陆则向着亚洲移动。

侏罗纪时期的气候温暖潮湿，植物生长繁茂，大部分地区都被森林覆盖。

地位。在侏罗纪的植物群落中，蕨类植物中的木贼类、真蕨类和密集的松、柏与银杏则共同组成了茂盛的森林。

侏罗纪标签	
时间	距今约 2.05 亿年至 1.35 亿年
主要动物	恐龙、哺乳动物、鸟类、昆虫、海胆
著名恐龙	地震龙、梁龙、雷龙、剑龙、翼龙
自然环境	冈瓦纳古陆逐渐分裂，板块移动，大西洋出现，气候温暖湿润，森林覆盖

剑龙

剑龙又叫骨板龙，是一种生存于侏罗纪晚期的巨型食草动物，它们的背上长着许多巨大的骨质板，尾端具有长刺，样子怪诞不经。

■ 植物群落

侏罗纪是裸子植物的极盛期，苏铁类和银杏类的发展达到了高峰，松柏类也占很重要的

侏罗纪时的生物

侏罗纪时期，恐龙成为陆地的统治者，翼龙类和鸟类出现，哺乳动物开始发展。陆生的裸子植物发展到极盛期，苏铁类和银杏类的发展达到了高峰，松柏类也占有很重要的地位。

草本羊齿类和其他草类遍布低处，遮盖地面。而那些比较干燥的地区，苏铁类和羊齿类植物还形成了广阔常绿的原野。可以说在侏罗纪之前，地球上的植物分区尚且比较明显。不过由于迁移和演变，侏罗纪时期植物群的面貌在地球各区已经趋于近似，说明侏罗纪时期全球的气候大体上是相近的。

■ 古气候及矿产资源

那时全球各地的气候都很温暖，植物延伸到了从前的不毛之地，为分布广泛且数量众多的恐龙提供了丰富的食物。侏罗纪的气候较现代更为温暖均一，但也存在着热带、亚热带和温带的区别。侏罗纪中期，以蒸发岩、风成沙丘为代表的干旱气候带出现于冈瓦纳古陆中西部的中美洲、南美洲和非洲，晚期时又扩展到亚洲中南部。

由于太平洋板块和周围大陆板块的冲突，环太平洋带的构造有了巨大变动。伴随着环太平洋带构造的变动，强烈的岩浆活动形成了钨、

百科问答　问：蜥脚类恐龙有什么特征？
答：蜥脚类恐龙的颈椎由12根或者更多的骨头构成，四肢粗大，垂直于地面，骨骼结实。

▶ 大洋的形成
▶ 恐龙的时代
▶ 其他动物

恐龙的进化

侏罗纪时期，真正的恐龙从槽齿类动物中进化出来，并迅速成为地球的霸主，而槽齿类绝灭，海生的幻龙类也绝灭了。

锡、钼、铅、锌、铜、铁等矿产，后来成为太平洋金属成矿带的主体部分。

■ 大洋的形成

侏罗纪时的海洋开始切入冈瓦纳古陆，加深了古陆的分裂程度。大陆地壳上的裂缝生成了大西洋，开始在现今非洲和北美洲的地区之间逐渐扩大。印度洋也是在这个时候开始形成的。这些变化对陆地上的动物产生了重要的影响，因为横在各大陆之间的海洋使它们无法再像以前那样混居在一起，这就使得各个大陆板块上的动物朝着各自的发展方向演变，形成了各种独特的动物类群。

■ 恐龙的时代

可以确定的是，侏罗纪是恐龙的全盛时期。在三叠纪出现并不断演化的恐龙迅速成为了地球上的统治者。恐龙是地球历史上出现的最巨大的陆生动物，可分为蜥臀目和鸟臀目。蜥臀目恐龙又分化出霸王龙、跃龙、雷龙、梁龙等。鸟臀目恐龙则分化出鸭嘴龙、禽龙、剑龙、甲龙、角龙等。其中，生活于海中的有鱼龙和蛇颈龙，飞翔于空中的有翼龙。这些形形色色的恐龙共同组成了一个庞大的恐龙家族。

■ 其他动物

三叠纪晚期出现的一部分最原始的哺乳动物，在侏罗纪晚期已濒于灭绝。不过侏罗纪初期又出现了哺乳动物的另一些早期类型——多瘤齿兽类，它被认为是植食动物的类型。到了新生代早期，这个种族因为种种原因再次消失。

鸟类的出现是脊椎动物演化进程中的又一个重要事件。1861年在德国巴伐利亚州的晚侏罗纪地层中发现的"始祖鸟"化石被公认为是最古老的鸟类。近年来，我国古生物学家在辽宁发现的"中华鸟龙"化石也得到了国际学术界的广泛关注，为研究羽毛的起源、鸟类的起源和演化提供了新的重要材料。伴随着鸟类的出现，脊椎动物首次占据了陆、海、空三大生态领域。

侏罗纪的昆虫更加多样化，大约有1000种以上的昆虫生活在森林中及湖泊、沼泽附近。除了原来就已经出现的蟑螂类、蜻蜓类、甲虫类外，还有蚧蟖类、树虱类、蝇类和蛀虫类。这些昆虫绝大多数都延续到了现代。

中华鸟龙化石

中华鸟龙是两足行走的恐龙，成年个体可以长达2米。在它的背部，有一列类似于"毛"的表皮衍生物。一些古生物学家认为，这是原始的"羽毛"。

繁荣的白垩纪　　百科问答　　问：白垩纪时期主要的肉食性恐龙有哪些？
地貌特征　　　　　　答：白垩纪主要的肉食性恐龙是兽脚类，如南
古气候及矿产资源　　方巨兽龙、鲨齿龙和霸王龙等。

恐龙繁盛时代

🌸 白垩纪
——恐龙由极盛到灭绝

　　白垩纪是中生代的最后一个纪，始于距今约 1.35 亿年，结束于距今约 6500 万年，其间经历了 7000 万年。白垩纪这一名称来源于英吉利海峡两岸的白垩层，由比利时学者奥马利·达鲁瓦于 1822 年定名。白垩层是一种极细而纯的粉状灰岩，是生物成因的海洋沉积，主要由一种叫作颗石藻的钙质超微化石和浮游有孔虫化石构成。白垩层不仅发育于欧洲，北美和澳大利亚西部也有分布。

　　继续逆时针移动；白垩纪早期时印度板块还与马达加斯加连接在一起，到了晚期则彼此分开，而澳大利亚是到了白垩纪末期才开始脱离南极板块的。白垩纪晚期刚一开始，全球就发生了大规模的海侵，海水流经北美洲中西部，分大陆为东西两部分；另一浅海经波兰侵入俄罗斯中部，使北冰洋与特提斯海贯通，所以北方冷水动物群与南方暖水动物群发生了混合。

白垩纪标签	
时间	距今约 1.35 亿年至 6500 万年
主要动物	恐龙、菊石、哺乳类、真骨鱼类
著名恐龙	霸王龙、肿头龙、戟龙、无齿翼龙
自然环境	冈瓦纳古陆于距今 2 亿年前开始解体和漂移，气候比较温暖，出现了开花植物

戟龙
　　戟龙是一种中型角龙，生存于晚白垩世。它与其他角龙的显著区别就在颈盾上，戟龙颈盾边缘长着一圈剑一样的骨棘，活像古代战将背后插的一排"画戟"。

■ 繁荣的白垩纪

　　这一时期，大陆被海洋分开，地球变得温暖而干旱，开花植物出现了。与此同时，许多新的恐龙种类也开始出现，包括食肉牛龙这样的大型肉食性恐龙、戟龙这样的甲龙类恐龙以及赖氏龙这样的植食性鸭嘴龙类。恐龙仍然统治着陆地，像飞机一样的翼龙类如羽蛇神翼龙在天空中滑翔，巨大的海生爬行动物如海王龙统治着浅海。而最早的蛇类、蛾类和蜜蜂以及许多新的小型哺乳动物也都在这一时期出现了。

■ 地貌特征

　　冈瓦纳古陆于 2 亿年前开始解体和漂移。侏罗纪时产生了一条分割南美洲与非洲大陆的新裂谷，白垩纪时南大西洋沿此裂谷迅速张开，到白垩纪末已加宽到约 3000 千米。分隔欧亚大陆与非洲大陆的是特提斯海（古地中海），现中南欧和中近东的许多国家当时都淹没在海水中。当欧亚板块缓慢地顺时针移动时，非洲则

■ 古气候及矿产资源

　　白垩纪的气候比较温暖，热带和亚热带地区的年平均温度为 10 摄氏度，未见极地冰盖迹象。温带和亚热带植物出现于格陵兰和阿拉斯加等高纬度地区，其地表许多地区的植被浓密，形成了不少大煤田，这说明全球大部分地区雨量充沛，气候湿润。一些近海及滨海地带形成了丰富的石油、煤、天然气

及油页岩矿床，比如美国得克萨斯州、墨西哥湾、波斯湾、北非和俄罗斯的许多大油田，中国的大庆油田及东北和内蒙古的许多煤田等。在一些气候干旱炎热的地区，如中国南方的西南湖群和云梦泽水系，形成了很厚的膏盐矿床沉积。

■ 白垩纪的动物

爬行类动物在白垩纪早期达到极盛，继续占领着海、陆、空。鸟类则继续进化，其特征不断接近现代鸟类。哺乳类动物略有发展，出现了有袋类和原始有胎盘的真兽类。鱼类已完全以真骨鱼类为主。

食肉恐龙
以霸王龙为代表，白垩纪的食肉类恐龙得到了空前的发展。不过，白垩纪晚期，这一切都结束了。

海生无脊椎动物中最重要的门类仍为菊石纲。菊石在壳体大小、壳形、壳饰和缝合线类型上远较侏罗纪多样。海生的双壳类、六射珊瑚、有孔虫等也比较繁盛。淡水无脊椎动物则以软体动物中的双壳类、腹足类和节肢动物中的介形类、叶肢介类为主。

脊椎动物中的爬行类慢慢地从极盛走向衰落，主要代表有霸王龙、翼龙、青岛龙等。经过数百万年演化，恐龙之间亦发展出亲密关系，掠食者与猎物之间的关系尤其微妙。奇妙的甲龙擅长防御，它们变得能对抗暴龙等大型掠食者。甲龙重达 7 吨，全身布满坚甲，甚至连眼皮也硬化了。假如这样威力仍然不够的话，甲龙还有致命的尾锤来对付掠食者。

虽然恐龙依旧是这个时代的霸主，可是经过了 1.6 亿年的漫长岁月，它们的生存环境已经不容乐观，哺乳类动物的时代即将来临。白垩纪的哺乳类动物只有 10 千克重，但奇妙的环境变化会使它们逐渐变大，最终成为下个时代的统治者。

■ 白垩纪的植物

白垩纪早期，陆地上的裸子植物和蕨类植物仍占统治地位，松柏、银杏、苏铁、真蕨及有节类组成主要植物群落。被子植物开始出现于白垩纪早期，中期大量增加，到晚期取代裸子植物在陆生植物中居统治地位，形成延续至今的被子植物群，诸如木兰、柳、枫、白杨、棕榈等，遍布地表。

被子植物的出现和发展，不仅是植物界的一次大变革，同时也给动物以极大的影响。被子植物为某些动物，如昆虫、鸟类、哺乳类，提供了大量的食料，使它们得以繁育；从另一方面看，植物传播花粉与散布种子的作用，同样也助长了被子植物的繁茂和发展。

■ 恐龙灭绝

白垩纪末期，地球上的生物经历了一次重大的灭绝事件：在地表居统治地位的爬行动物大量消失，恐龙完全灭绝；一半以上的植物和其他陆生动物也同时消失。

是什么原因导致恐龙和大批生物突然灭绝了呢？这个问题始终是地质史上的一个难解之谜。目前普遍被大家接受的观点是陨石撞击说。引人注目的是，哺乳动物是这次灭绝事件的最大受益者，它们度过了这场危机，并在随后的新生代占领了由恐龙等爬行动物退出的生态环境，迅速进化发展为地球上新的统治者。

三角龙
三角龙生活在距今 6500 万年前的白垩纪晚期，是最晚出现的恐龙之一。它是一种中等大小的四足恐龙，体长 6 至 10 米，体重约 10 吨。它们有非常大的头盾，以及三根角状物，很容易让人联想起现代犀牛。

Part 3

认识恐龙

最早被发掘的恐龙

居维叶雕像
居维叶（1769～1832年），法国动物学家，比较解剖学和古生物学的奠基人，在西方影响巨大。但他因一时的疏忽，失去了发现恐龙这一新物种的机会。

在英国南部的苏塞克斯郡有一个叫作刘易斯的小地方。19世纪初，这里曾经住着一位名叫曼特尔的乡村医生。这位曼特尔先生对大自然充满了好奇心，特别喜爱收集和研究化石。行医治病之余，他常常带着妻子一起跋山涉水去寻找和采集化石。久而久之，曼特尔夫人也成了一位化石采集高手。

1822年3月的一天，天气非常寒冷，曼特尔先生出门去给病人看病，很久还没有回来。曼特尔夫人怕丈夫在路上着凉，就带了一件衣服出门去找他。她走在一条正修建的公路上，忽然发现公路两旁新开凿出的陡壁上面有一些样子奇特的动物牙齿和骨骼的化石。曼特尔夫人从来没有见到过这么大的牙齿，立刻意识到了这些化石的珍贵性。于是，她不再去找丈夫，而是小心翼翼地把这些化石从岩层中取出来带回了家。

晚些时候，曼特尔先生回到家中看到化石的时候也惊呆了。他意识到这个发现应该是非同寻常的。随后不久，曼特尔先生又在发现化石的地点附近找到许多这样的牙齿化石以及相关的骨骼化石。为了弄清这些化石到底属于什么动物，曼特尔先生把这些化石带给了居维叶，请这位当时全世界最顶尖的古生物学家给予鉴定。居维叶也从来没有见过这类化石，所以他根据以前掌握的动物学知识做了一个基本判断：牙齿是犀牛的，骨骼是河马的，它们的年代都不会太古老。

曼特尔先生对居维叶的鉴定很不满意，他认为居维叶的结论太草率了。他决定继续考证。从此，只要有机会，他就到各地的博物馆去对比标本、查阅资料。两年后的一天，他偶然结识了一位在伦敦皇家学院博物馆工作的博物学家，此人一直在研究一种特别的蜥蜴——鬣蜥。于是，曼特尔先生就带着那些化石来到伦敦皇家学院博物馆，与博物学家收集的鬣蜥的牙齿相对比，结果发现两者非常相似。曼特尔先生就此得出结论，认为这些化石属于一种与鬣蜥同类、早已灭绝了的古代爬行动物，于是把它命名为"鬣蜥的牙齿"。

现在我们知道了，所谓"鬣蜥的牙齿"其实就是恐龙的化石。虽然它与真正的鬣蜥的亲缘关系非常远，但是按照生物命名的法则，这种最早被科学地记录下来的恐龙的种名并没有变，依然是"鬣蜥的牙齿"的意思。不过，它的中文名称被译成了"禽龙"。禽龙就是科学史上确切记录的最早被发掘出来的恐龙。

鬣蜥
鬣蜥群居于海岸的火山岩石区，是最能适应海域生活的蜥蜴。曼特尔发现恐龙的牙齿化石以后，通过和鬣蜥的牙齿进行对比，认为这些化石是和蜥蜴同类的动物的化石。

❦ "恐龙" 之名的由来

理查德·欧文

理查德·欧文（1804～1892年），英国动物学家、古生物学家，最早采集和研究恐龙的主要学者之一，"恐龙"（Dinosaur，意为"恐怖的蜥蜴"）一词就是他在1842年创造的。

实际上，人类发现恐龙化石的历史由来已久。在曼特尔夫妇发现禽龙之前，欧洲人早就知道地下埋藏着许多奇形怪状的巨大骨骼化石。但是，人们当时并不知道它们的确切归属，因此一直误认为是"巨人的遗骸"。中国人早在2000多年前就开始采集地下出土的大型古动物化石作为药材，并把这些化石叫作"龙骨"。谁又能肯定，这"龙骨"与恐龙化石之间就没有联系呢？

但是，直到曼特尔夫妇发现了禽龙并与鬣蜥进行了对比，科学界才初步确定这是一种类似于蜥蜴的、早已灭绝的爬行动物。因此随后发现的新类型的恐龙以及其他一些古老的爬行动物，名称全都和蜥蜴有关，例如"像鲸鱼的蜥蜴""森林的蜥蜴"等。随着这些类似于蜥蜴的远古动物的化石不断被发现和发掘，它们的种类积累得越来越多，许多博物学家开始意识到它们在动物分类学上应该自成一体。到了1842年，英国古生物学家欧文爵士用拉丁文给它们创造了一个名称，这个拉丁文名称由两个词根组成，前面的词根意思是"恐怖的"，后面的词根意思是"蜥蜴"。从此，"恐怖的蜥蜴"就成了这一大类彼此有一定的亲缘关系但又各不相同的爬行动物的统称。在中国，人们将这个拉丁文名字翻译成了"恐龙"。

其实，恐龙根本就不是蜥蜴。它们虽然都属于爬行动物，但是在门类繁杂的爬行动物大家族中，恐龙与蜥蜴的亲缘关系相当远。

恐龙家族中确实有许多令人恐怖的庞然大物，但是也有一些小巧可爱的"小东西"。如果你到中国古动物馆去看一看，那些大小不一、形态各异的恐龙一定会使你对恐龙世界有一个更为全面的了解。

禽龙头骨化石

禽龙属于蜥形纲鸟臀目鸟脚下目的禽龙类，是一种大型植食性动物，也是最早被命名的恐龙之一。

禽龙复原图

禽龙生活在距今1.4亿年至1.2亿年，长9至10米，高4至5米。后腿粗壮，像柱子；前肢的大拇指变大，好像尖利的钉子，可以用来抵御敌害。

百科问答　　问：为什么说似鸟龙的视力很好？
　　　　　　答：根据化石推测，似鸟龙的眼睛直径大约有 10 厘米，视野开阔，因此有
　　　　　　　　良好的视力。

▷ 恐龙的视力
▷ 现代科技印证恐龙视力

恐龙的视力

■ 恐龙的视力

　　判断动物视力好不好，大体上有两个标准，一是眼睛的大小，二是两只眼睛的位置。一般来讲，大眼睛的动物视力好，小眼睛的动物视力差。

　　恐龙头骨化石上眼眶的大小，多少可以反映其眼睛的大小。一般说来，眼眶越大，眼睛也就越大，视力相应地也就越好。另外，位于头骨前面的眼睛，其视力要比位于头骨两侧的好，而且两眼之间的距离越宽，对外界物体位置的分辨就越准确。

　　大多数植食性的恐龙都有一双大眼睛，这对于它们及早发现远处的敌害，采取有效的防御策略非常有用。植食性恐龙中眼睛最大的首推鸟脚类恐龙，因为它们的头骨化石上显示出"大而圆"的眼眶。鸟脚类恐龙的超群视力也使它们在稍有"风吹草动"的情况下，老远就能发现危险的信号，及时采取对策。

　　而剑龙和甲龙的眼睛却很小，视力非常弱，它们也许就是恐龙家族中的"近视眼"。这可能与它们头部低矮，长期生活在视野较窄的环境中有关。

　　肉食性恐龙大都也具有一双大眼睛，这使得它们目光敏锐，视力超强。肉食性恐龙的眼睛不仅大，而且左右分隔较开，位置靠前，具有"眼观六路，洞察秋毫"的立体视觉。

　　肉食性恐龙的典型代表是霸王龙。它的两眼不仅较大，而且位置靠前，像高倍双筒望远镜一样，两眼可以同时聚焦在一个物体上，看到的东西是立体的，判断距离也就特别精确，这是霸王龙在漫长的捕猎活动中逐步演变而成的。科学家推测，某些肉食性恐龙还可能具有夜视的能力，可以在夜晚捕食猎物。

■ 现代科技印证恐龙视力

　　CT 技术最早应用于医学上，对人体病变进行检测分析，后来也被运用到了古生物化石的研究上。

　　马门溪龙是中国最著名的蜥脚类恐龙。科学家们曾经在自贡恐龙博物馆对现在保存最完整的马门溪龙进行过 CT 扫描，发现其眼眶内具有巩膜环，可以调节光线，这证明了马门溪龙具有良好的视力。马门溪龙的智力不太发达，但它有长长的脖子，可以把头伸向远处，去观察更大范围内的食物和敌害，从而提高了对外界的感知能力。

棱齿龙
棱齿龙是鸟脚类恐龙的一种。它们的眼睛又大又圆，且分布在头部两侧，视野宽阔，容易发现敌情。

梁龙的长脖子
梁龙是蜥脚类恐龙的一种，视力很好，且长着长长的脖子，能够发现距离很远的食物和敌害。

稀少的恐龙皮肤化石　百科问答
恐龙的颜色
灰暗之龙

问：什么是骨皮？
答：骨皮就是一些恐龙皮，它上面生长着骨头或者固定着一些连接组织。

认识恐龙

恐龙的皮肤和颜色

稀少的恐龙皮肤化石

在所有类型的恐龙化石中，最为稀少的就是能够显示出皮肤组织的化石。产生这样的化石需要十分苛刻的条件：死去的恐龙必须处在非常干燥的环境里，这样才能使某些部位被风干，进而在岩石上留下印记。

在阿根廷巴塔哥尼亚的荒地里，曾发现过一种名为"奥卡马维奥"的恐龙皮化石。这种恐龙皮具有鳞状的表面，和现代的蜥蜴皮相似。我国四川省自贡恐龙博物馆的科技人员也曾发现一块剑龙的皮肤化石。从这块化石上可以看出，剑龙类确实生长着有鳞的皮肤，其表面有六角形的角质鳞。不过，这些鳞片比过去参考现生爬行动物而描绘在剑龙生态复原图或刻画在剑龙塑像上的鳞片要小得多。

似金翅鸟龙
据科学家们推测，似金翅鸟龙的皮肤上布有多边形的角质小瘤，不过目前还无法判断其皮肤的颜色。

总的来说，目前发现的恐龙皮肤化石还太少，我们只能根据现代爬行动物的皮肤来推测恐龙的皮肤情况。据推测，白垩纪时期的埃德蒙顿龙就长有硬而多褶皱的皮肤，同时还生有骨鳞。霸王龙的皮肤很粗糙，上面长有一排排高出表面的大鳞片。鸭嘴龙的皮肤上布有多边形的角质小瘤，这种小瘤在体表各处的大小都不同。和鸭嘴龙相似的鸟脚亚目恐龙则长有厚的褶皱皮肤，其上也有不同尺寸的突起。一些兽脚类恐龙很可能生有羽毛，用来调节体温，在寒冷的季节起到保暖作用。

此外，中生代气温很高，空气也很潮湿，还可能有大量的光照。所以有人就认为恐龙的皮肤很厚，和当今的爬行动物如乌龟和鳄鱼等近似，以避免被晒得"中暑"。

恐龙的颜色

我们知道，恐龙早在距今 6500 万年前就已经灭绝，现在仅存有恐龙骨骼化石。利用这些骨骼化石复原恐龙身躯，再加上科学的想象，可以使我们看到完整的栩栩如生的恐龙形象。这是因为科学家经过长期深入考证，对于恐龙的种类、高矮、胖瘦、食性、生活环境等问题已逐步搞清楚了。然而，恐龙究竟是什么颜色的？目前还是一个非常难解的谜。

灰暗之龙

传统的观点是恐龙"色彩暗淡"，与大象的肤色比较相近。理由很简单，恐龙的身躯与大象一样庞大笨重，那么皮肤也一定较厚且颜色一定暗淡。一般来说，事实的确是这样。过于臃肿庞大的动物，毛色肤色都比较单调灰暗。如果有人提出恐龙不是哺乳动物而是卵生爬行动物，借以反对这个论调的话，那么就看看凶猛的鳄鱼吧，它

剑龙
1985 年在中国四川省自贡发现的剑龙皮肤化石证实，剑龙确实生长着有鳞的皮肤，皮肤的表面有六角形的角质鳞。但其颜色如何，目前还不得而知。

19

的颜色也非常单调。大型爬行动物都没有绚丽多彩的颜色，这种观点是大多数学者坚持的，也有一定的说服力。因此在自然博物馆和科幻电影中，臃肿庞大的恐龙都是土黄色或灰绿色的，没有艳丽的色彩花纹。

■ 龙之五色

　　除了"色彩暗淡论"，学术界一直存在着向传统观点挑战的"色彩鲜艳论"。一些学者认为，远古时期的恐龙是当时地球上的霸主，没有必要借伪装色来保护自己。这些学者的主要论据与"鸟类"有关。一种学说认为，鸟类的祖先就是恐龙。恐龙虽然早已灭绝，但它进化发展出来的鸟类却繁衍至今。色彩斑斓的鸟类世界我们都十分熟悉，那么它们的老祖先恐龙也应该有鸟类的基本特征，比如说具有像孔雀那样美丽的羽毛。科学家推测，有些恐龙的皮肤可能还会变色。

　　一些学者从另外一个角度提出：哺乳动物中除了人类和猿猴以外，大部分都是色盲，没有分辨颜色的能力，爬行动物更是色盲，而鸟类却有识别颜色的能力。我们知道，动物本身的

各异的肤色
　　由于恐龙皮肤化石难以形成，保存至今的更是少之又少，因此，恐龙的肤色究竟如何，是单调灰暗，还是色彩斑斓，只能靠科学家的推测了。

色彩与视力的关系十分密切。恐龙既然是鸟类的祖先，就应该有分辨颜色的能力。由此可以推断出，为了吸引异性，恐龙会把自己"打扮"得光彩夺目。

　　这种推论的确非常有趣。国外曾经举办过色彩鲜艳的恐龙展览，大大小小的各式恐龙都是花枝招展，身躯上布满美丽的花纹，甚至还有蝴蝶般的图案。这个别出心裁的恐龙展览吸引了大批游客，使人们大开眼界。

■ 肤色的作用

　　综合地来推断，很多恐龙都可能会伪装，用不同的色彩来帮助它们躲避敌人。亮色的皮肤或冠饰则可以帮助部分恐龙吓倒对手或者赢得配偶。而只有最大个的恐龙才像大象那样是淡褐色的，它们的庞大体型会让任何伪装失败。号称能引起"地震"的"震龙"，每走一步地面都要颤动一阵。除非是尸体，否则没有活物会发现不了这种"庞然大物"。

双嵴龙
　　双嵴龙可能是侏罗纪早期生态系统中最残暴、最凶猛的食肉动物。作为当时的强者，部分学者认为它们根本不需要伪装色，应该是色彩鲜艳的。其头部的 V 字形顶冠，色彩应该更加醒目，那样才容易吸引异性。

恐龙的牙齿
牙齿的特点

百科问答　问：哪一种恐龙的牙齿最尖利？
　　答：鲨齿龙。它生活于白垩纪，身长8米，脑袋很大，
　　还长有鲨鱼般的巨大尖牙。

认识恐龙

恐龙的牙齿和骨骼

■ 恐龙的牙齿

　　从爬行动物到哺乳动物，人们都发现了它们大量的牙齿化石。在自然界大多数的情况下，牙齿是生存的直接武器：没有牙齿，一个动物很难捕食或撕开它的猎物。不管是肉食动物、草食动物还是杂食动物，牙齿都是用来咀嚼、咬断或撕开食物的基本工具。大多数动物的牙齿主要由坚硬的牙质和釉质物构成，恐龙也不例外。牙质构成了每颗牙齿的核心，而牙质外部则覆盖着更加坚固的釉质物。这两种物质都比骨头坚硬。

　　恐龙的牙齿是从位于颌骨的牙槽中生长出来的。长有牙齿的颚骨下半部称为牙骨；上半部的牙齿位于上颚的前颌骨和上颌骨。科学家发现，大多数恐龙的牙齿数量都很多，而且恐龙终生都在换牙。一些恐龙只有一到两排牙齿，每当这些牙齿脱落时，就会长出新牙。但也有一些特殊的恐龙，如似鸟龙，则根本没有牙齿，只具有和鸟类相似的长长的尖嘴。不过，这些无牙的恐龙都长有鸟那样的角质喙以及特殊的消化器官。

■ 牙齿的特点

　　和现代的动物相似，恐龙牙齿的排列方式和它们所吃的食物有关。不同种类的恐龙的牙齿有不同的排列方式：一些和当代的食肉爬行动物相似，而另外一些恐龙的牙齿排列则很有利于嚼碎植物。

　　在恐龙家族中，数霸王龙的牙齿最为可怕。在它的大嘴巴里，参差不齐地长着很多巨大的、匕首般的尖牙利齿。牙齿微向后弯，边上呈锯齿状，最大的有20多厘米长，真可谓刀光剑影，寒气逼人。被它咬住的动物，恐怕是很难挣脱的。

恐爪龙头骨化石
　　恐爪龙的体型虽然没有霸王龙大，但却是最凶残的恐龙之一。它不仅长有令人胆寒的利爪，还长着非常锋利的牙齿和坚固的下巴，能轻易咬断其他恐龙的腿骨。

　　植食性恐龙的牙齿不会像肉食恐龙的那么尖锐锋利。它们的牙齿有像勺子形状的，有像钉棒形状的，也有像叶片形状的。其中鸭嘴龙的牙齿最为奇特，多达2000余颗。叶状的牙一颗挨一颗地长着，密密麻麻排成数行，像锉刀一样。这大概是由于鸭嘴龙吃的植物比较粗糙，所以才长出这样怪的牙齿。

凶残的霸王龙
　　霸王龙的脑袋很大，巨大的嘴里长有60颗锋利的牙齿，其硕大的颚骨和尖锐的牙齿能够将猎物撕裂成牙签大小，是著名的"骨骼粉碎机"。

三角龙骨骼化石
三角龙是一种具短褶叶的角龙，额上的两只尖角约100厘米，第三只从鼻后伸出的角较为短而粗壮。因其骨骼化石较多，复原起来较为容易。

恐龙的骨骼

恐龙骨骼化石的研究对我们了解恐龙至关重要，因为在很多情况下，它是了解恐龙的唯一途径。经历了如此漫长的岁月后，除了恐龙的足迹以及罕见的皮肤、蛋卵和肠子的化石残骸之外，唯一留存下来的只有恐龙骨骼（和牙齿）化石。骨骼是了解恐龙外形、捕食、行走和生活习性的重要线索，也是了解恐龙灭绝原因的重要线索之一。

大多数恐龙的骨骼和牙齿是由硝酸钙构成的，这是一种非常坚硬且抗腐蚀的物质。它解释了为什么很多恐龙的骨骼能够在岩石层中保存下来。那些没有存留下来的骨骼通常是在地质运动中被毁坏了。例如，由于地震或火山喷发，很多骨骼被滚动的岩石

相比众多的牙齿化石，发现一副完整的恐龙骨骼是相当困难的。那些找不到的部分，科学家必须运用已有的相关知识来构造和补充。如果一只恐龙的骨骼几乎完整无缺地被发掘出来，那么博物馆很可能会将它展出，而不是保留在实验室里作细致的研究。不过在展出之前，科学家一定会弄清楚这只恐龙生前的结构——它的骨头怎样连接，关节如何活动，它是两脚站立还是四肢着地。

恐龙骨骼化石
因年代久远，恐龙骨骼化石多不完整，同一只恐龙的化石会散落在很大范围内，找全很不容易。许多骨骼化石已经和其他物质结合在一起，难以分开。

总的来说，恐龙骨骼组织分为三大类：主骨、次骨和年轮骨骼组织。这些骨骼在恐龙骨骼结构中的作用各不相同。主骨又称纤维薄层骨骼，它类似于鸟类和哺乳动物那种含有血管的骨骼，是在恐龙快速生长的过程中形成的。次骨类似于很多现代大型哺乳动物的骨骼，它们更加强劲有力，能承受更大的压力。在某些恐龙和今天的冷血爬行动物中，人们发现了年轮骨骼组织，它类似于树木的年轮。但是，恐龙高明地保留住了它们年龄的隐私：与树木的年轮不同，没有人能准确知道在这些骨骼中的每一个年轮到底代表了多长时间。

碾碎，或被岩石缝隙中自然形成的酸性水溶解了。

剑龙骨骼化石
剑龙是一种巨大的植食性动物，生活在侏罗纪晚期。其骨骼结构非常紧密，背上长有一排巨大的骨质板，可用来自卫，还长着一条带有四根尖刺的尾巴，可防御掠食者的攻击。

▶ 恐龙的日常生活　百科问答　问：霸王龙的寿命有多长？
▶ 恐龙的寿命　答：新的研究数据表明，霸王龙的平均寿命非常短，只
▶ 恐龙的死亡　有 16.6 岁，它们大多死于自相残杀。

认识恐龙

恐龙的寿命和体型

■ 恐龙的日常生活

恐龙是一种卵生动物，一些类群的恐龙从卵中孵化出来到成年所需时间分别为：原角龙需要 26 至 38 年；中等大小的蜥脚类恐龙需要 82 至 118 年；巨型蜥脚类，如腕龙，则需要 100 多年。

星牙龙
白垩纪的星牙龙是有史以来最高、最大的恐龙之一，长约 23 米，高约 12 米，体重 77～80 吨。不过，其寿命不长，大约为 30～40 岁。

作为恐龙大家族的成员，它们每日生活的内容比较简单。由于中生代时期食物来源丰富，没有什么生存的负担，恐龙们也无须整日忙碌地捕食猎物、采集食物。因此，恐龙不论大小，看上去一律是懒懒散散的。那些食肉的恐龙在捕食的刹那间，形象和动作会陡然威猛起来，过后又会恢复常态。它们平时多半是走走看看，鸣叫几声，累了就悠闲地躺着，安然度日。

■ 恐龙的寿命

从现有的资料看，很难讲清楚恐龙死的时候到底有多老，皱纹多不多，相貌有没有变丑，或许它们一直就很丑。通常人们在仔细地观察某些动物骨骼时，可以看出这些动物活着时是否曾经受过损伤，是否存在诸如断骨或粘连的关节。如果骨头看上去曾经磨损或撕裂过，就可以初步断定这些骨头的主人是只非常年老的恐龙。但这个方法并不准确。两只小恐龙相遇

的时候，由于体型庞大，偶尔也会相撞造成骨骼损伤。

恐龙寿命的大致规律是：大型恐龙的寿命短于中型恐龙，中型恐龙的寿命短于小型恐龙，而且越到后期，恐龙的自然寿命越短。也许是自然的不适，也许是体质的下降，恐龙自然寿命总体的趋势是在缩短。在恐龙生成早期，大型恐龙的平均寿命约为 60 岁，到了恐龙生成的末期，大型恐龙的平均寿命只有三十七八岁。小型恐龙是恐龙家族中的长寿者，在它们生成的早期，自然平均寿命达到 140 岁，到了生成的末期，也能达到 100 岁。

还有一些科学家认为，长脖子的素食性恐龙的寿命可能要比其他恐龙长一些。如果它们是温血的，可能活到 100 岁；如果是冷血的，就可能活到 200 岁或更长一些。

■ 恐龙的死亡

据科学家推测，临死的恐龙在外观上会有两个明显的变化：一是皮肤松弛，后背上出现许多下垂的褶皱；二是牙齿残损不齐，有的甚

恐龙生活场景图
侏罗纪和白垩纪是恐龙的主要生活时期。当时，恐龙统治着整个地球，食物来源丰富，不需要整日忙碌，生活悠然自得。不过，因体型的差异，恐龙的寿命不尽相同。

至只剩下一两颗。死之将至的恐龙，行动通常是慢吞吞的，进食次数也会越来越少，最后几日经常躺卧不起，直至死亡。

■ 恐龙的体型

不同种类的恐龙体型差别很大，这主要是为了适应周围环境。恐龙可能是变异动物中最典型的：它们为了生存，必须要适应当时的环境条件和不断变化的食物来源。这些适应性变化主要体现在体型大小上。

甲龙

甲龙是一类以植物为食、全身披着"铠甲"的中型恐龙，体长 7～10 米，重约 7 吨。后肢比前肢长，身体笨重，只能用四肢在地上缓慢爬行，看上去有点像坦克车，所以有人又把它叫作"坦克龙"。

目前已知最小的恐龙是鼠龙，其幼体长仅有 20 厘米，比大公鸡还要小点。体型最大的恐龙是震龙，它的身长有 45 米左右，身高可以达到 18 米，体重超过 130 吨。也就是说，三条震龙头尾相接地站在一起，就可以从足球场的这个大门排到另一个大门。这种庞然大物如果在原野上行走的话，它的巨脚每一次踩到地面都会使大地发生颤抖，就像地震一样。这就是"震龙"一名的由来。

一般来讲，大部分的恐龙体型巨大，它们是地球上曾经存在过的最大的陆生动物，在所有动物中仅次于鲸。对蒙大拿慈母龙巢的研究表明，这些两脚植食性恐龙在孵出来时仅约 30 厘米长，但在父母喂养一年后，它们可长到 4.5 米长，大得可以离巢了。再经过三年，它们则完全长大，可达到 9 米长。

为什么有些恐龙会长得那么高大呢？这是因为大型的动物有很多优越之处。一只巨大

的肉食性动物差不多可以杀死自己想猎杀的一切，所以它不容易挨饿；而一只庞大的植食性动物则会因为它的身躯极为庞大，也不会有什么肉食性动物去攻击它。在侏罗纪时代，为了生存下来，身材比人高不了多少的肉食性恐龙逐渐进化为巨兽。这样的后果是，它们的猎物为了自保，体型进化得比那些巨兽更大。两方就像落入一个无形的"军备竞赛"中，从一生下来到死之前，都在不停地进化、变大。

当然，大型动物必须吃下大量的食物，这样，它们的体重就会猛增，而巨大的体重也会给骨骼带来很大的压力，往往会引起健康上的问题，比如说关节炎或者腿疼等，这是大型动物的不利之处。

超龙

1972 年，在美国科罗拉多州发现了一些恐龙的零星化石，其中一根肋骨就有 3.1 米长。科学家们推断，这种恐龙体长超过 30 米，体重达 80 吨，故将其命名为"超龙"。

▶ 脚爪的类型
▶ "笨伯"恐龙
▶ 食肉龙的前爪

百科问答

问：最大的恐龙爪子有多长？
答：重爪龙的爪子是迄今为止发现的最大的恐龙爪。钩爪的外侧弧线达到了惊人的 31 厘米长。

认识恐龙

>>>>>>>>>>>

❦ 恐龙的脚爪和尾巴

■ 脚爪的类型

不同种类的恐龙，其脚爪有着很大的区别。大多数巨型的四足植食性恐龙都有着强劲的关节和大象那样的大脚。而两腿恐龙的脚比较长，它们像鸟一样，有三个脚趾，带着尖利的爪子以方便捕食。

从已发现的恐龙脚印来看，恐龙的脚有单趾型、双趾型、三趾型、四趾型和五趾型几种。大型肉食性恐龙的前脚通常都是三趾

> **小而重要的前爪**
> 有些肉食性恐龙的前肢上长着尖利的爪子，这些爪子虽然很小，但非常有用，可帮助恐龙捕食，也可用来撕裂猎物。

的，但在一些进化了的种类中，前脚变成了"前手"，只剩下两个趾。如霸王龙的前脚就只有两趾。这类恐龙的前脚比后脚小得多，后脚各趾则比较粗壮，无论是奔跑还是撕裂猎物，都十分有力。

> **蜥脚类恐龙**
> 蜥脚类恐龙多数是大型植食性恐龙，身躯非常庞大。四肢虽然粗壮，但因负担的重量太大了，一般行动缓慢。

■ "笨伯"恐龙

四条腿的巨型恐龙，通常是缓慢地行走，很少跑动，因为它们实在太重了。普通梁龙光骨架的长度就达到了 27 米，体重约 50 吨，平均每条腿的负重超过了 10 吨。这样一来，巨型恐龙移动起来就不会太快。假如梁龙像马一样飞奔，那么它的腿肯定会因承重过大而折断。

与此相对的是，某些两条腿的恐龙可能真的会像马一样奔跑。科学家通过比较恐龙和现代哺乳动物或鸟类的骨架，并通过研究恐龙的足迹，可以大致推算出两条腿的恐龙的奔跑速度。

■ 食肉龙的前爪

科学研究发现，有些肉食性恐龙的前肢上长着非常小的爪子。这和它们庞大的身躯根本不成比例。那么这个小前爪是干什么用的呢？

根据古生物学家的推测，食肉龙的小前爪有很多作用。当恐龙捕食时，可以用小前爪抓住猎物，防止它们逃跑。小前爪还可以撕裂猎物，以方便恐龙进食。

当然，还有些肉食性恐龙的前爪比较大，可以用前爪按住猎物，再用较大的后爪来撕开它们。

■ 恐龙的武器

和恐龙笨重的大脚相比，它们的爪子就灵活多了。恐爪龙的爪子就像最先进的瑞士军刀，特殊的肌肉能够把镰刀一样的爪子向后拖，然后快速弹出，轻而易举地刺透面前的猎物。为了避免这些像弹簧刀一样的爪子变钝，恐爪龙在走路时会把它们悬在空中。

恐怖的利爪

恐爪龙体型不大，身长3米左右，体重45～50千克。不过，它们是白垩纪有名的猎手，长着锋利的爪子，可以轻易撕破其他恐龙的皮肤。

恐爪龙的前肢比一个人还长，每一个前肢都有尖锐的爪子，科学家们甚至想象不出恐爪龙得有多大的躯体才能协调地指挥那么长的前肢。

长期以来，古生物学家一直对蜥脚类恐龙大大的拇指感到不解。现在他们推测，这些大拇指就是用来击退猎食者的。在古生物学家看来，趴在地上的雷龙或许能用后腿站立起来，举起前足上大大的尖爪，用来恐吓像异龙那样可怕的掠食者。

■ 将尾巴当成武器

在鸟类产生之前，动物界中，有尾巴的动物要更多一些。尾巴作为身体结构的一部分，具有很多功能，所以是必不可少的。就大多数动物的尾巴而言，形态均为末端不断变细的鞭状，而且具有感觉能力，可以感知来自外界的影响和干扰，防止外界他物的伤害。

不同种类的恐龙的尾巴形状各异，有鞭状尾、长剑尾、锤状尾和普通形状的各种尾巴，都是为了适应特定需求而进化出来的。长长的锥形尾巴会帮助恐龙在奔跑时保持身体前端的平衡。有些植食性恐龙靠身体上覆盖的甲片保护身体，用棍棒状或鞭子般的尾巴给肉食性恐龙以痛击。有几种著名的植食性恐龙的尾巴都是出色的自卫武器。比如说，侏罗纪晚期的多刺龙会把背部朝向进攻者，然后将尾巴往上疾挥，用尾端的长钉将敌人柔软的下腹划破，给对手造成致命的创伤。梁龙的尾巴有9米长，是朝着尾端渐渐细下去的，可以像鞭子一样抽向伺机进犯的肉食性恐龙。发掘于中国境内的蜀龙身体笨重，行动缓慢，为了防御敌人，它尾部的最后四根尾椎骨逐渐进化成棒状的尾锤，成为十分厉害的武器。当肉食性恐龙向它发动攻击时，蜀龙就挥舞起这个骨质尾锤，将敌人吓跑。在真正的搏斗中，蜀龙的尾锤也是很有威力的。

可怕的尾巴

某些植食性恐龙的尾部长有巨大的骨质尾锤，与尾椎骨紧密相连，如蜀龙。这件武器非常厉害，能够把猎食者打得晕头转向，昏倒在地。

冷血动物和温血动物　百科问答　问：冷血动物为什么要冬眠？
恐龙"冷血论"　　　　　答：冬眠可以使冷血动物保持一定的体温，不会在寒冷
恐龙也冬眠？　　　　　　的冬天中被冻死。

认识恐龙

>>>>>>>>>>>>

冷血还是温血

冷血动物和温血动物

　　冷血动物是变温动物的俗称，它们体内没有调温系统，体温随着周围温度的变化而变化，经常要通过寻找凉爽或温暖的环境来调节体温。由于冷血动物不需要用自己的能量来取暖或降温，和温血动物相比，同样重的冷血动物只需要 1/3 的能量就足够生存，因为它们比较容易储藏起足够的能量。冷血动物的优势就在于只需要相对较少的食物，即可以在外界环境或食物供给情况变化较大的条件下存活。典型的冷血动物包括乌龟、鳄鱼、娃娃鱼和一些蛇类。

　　温血动物的学名叫恒温动物，指的是那些能够调节自身体温的动物。它们不像变温动物那样依赖外界温度。身体的体温调节系统可以保证体温的恒定，并在外界气温升高的状态下排出热量。鸟和哺乳动物都是温血动物。

恐龙"冷血论"

　　恐龙是冷血动物，还是温血动物？目前生物学家持有两种截然不同的观点。

　　持"冷血论"者的主要根据是，恐龙和现在的爬行动物一样，属于比较低等的动物，所以应该和鳄鱼、青蛙、蛇一样，是冷血动物。这些动物的体温随着外

古鳄
　　古鳄是典型的三叠纪腔骨龙动物群的成员之一，属于初龙类爬行动物，是恐龙和鳄鱼的共同祖先，属于冷血动物。

界温度的变化而升降，可以减少体能的消耗，不需要强有力的心脏维持血液循环，也不需要汗腺来排汗。

恐龙也冬眠？

　　大部分冷血动物都有冬眠的特性。它们到了冬天会找一个温度适宜的洞穴睡觉，防止体温降到零摄氏度以下，冻僵死掉。

　　不过，"冬眠"这个问题给主张"冷血论"的古生物学家们带来了很大的难题。难道恐龙也要冬眠吗？那么庞大的身躯躲到哪里安身呢？冬眠期间的安全问题怎么解决？

不会冬眠的恐龙
　　有人认为恐龙是冷血动物，不过，人们至今没有找到恐龙冬眠的证据。而冬眠正是冷血动物的特性。

玛君颅龙
玛君颅龙是一种大型的食肉恐龙，它们的前肢非常短，而后肢较长、较粗壮，行动非常迅速，有温血动物的生理特征。

另外，即使是冷血动物，体温过高或过低时都会缺乏活力，比如鳄鱼在35摄氏度左右时才能活动自如，它们通过晒太阳的方式维持体温。那么，庞大的恐龙依靠什么达到最佳温度呢？如果也靠晒太阳的话，就很难自圆其说。经推测，最重的恐龙达80吨，如此庞然大物依靠晒太阳升温，必须不断转动巨大的身躯，晒完一面再晒另一面，这简直无法想象。何况恐龙食量非常大，为了生存需要不断地觅食，总不能整天地晒太阳去维持体温吧！

■ 恐龙"温血论"

另一些学者提出恐龙是"温血动物"，体温恒定，就像现在的大象一样。根据进化论学说，有一种恐龙是飞鸟的祖先，而挖掘出的恐龙化石也发现有软组织羽毛的痕迹。而鸟类都是温血动物，体温恒定，羽毛多半是为了御寒。

关于恐龙是温血动物还有很多其他的证据。1994年7月，美国北卡罗来纳州立大学的科学家们发现了恐龙能够在寒冷气候中进行需氧活动的证据，以此证明它们是恒温动物。他们还对霸王龙骨骼化石的化学结构进行了分析，通过对比恐龙躯体骨骼和四肢、腿骨里磷的含量，发现这两个部位的温差不超过4摄氏度，与大型温血哺乳动物的情况相同。

此外，"温血恐龙派"又提出捕食比值作为证据。在大自然中，捕食动物的数量总是比被捕食动物的数量要少得多。通过在一个生态群中捕食动物总重量与被捕食动物的总重量的比值统计，可以得出一个大致的标准数据。比如说在现代哺乳动物群中，这个比值为0.03左右，在冷血的爬行动物群中为0.3至0.5，而在美国晚侏罗纪毛里逊地层几个恐龙群中这个比例为0.03左右，接近哺乳动物，因此证明恐龙应是温血动物。

■ 问题和答案

可是"温血论"遇到了更大的麻烦。大型恐龙身高9米以上，身长20米以上，重量达80吨，这得需要一颗多么硕大的心脏才能推动如此大量的血液，并维持血液循环，满足身体各部位的需求啊！所以，即使是最简单的恐龙血液循环系统，一经画出，立即就会被人们断然否决。动物界绝不可能有如此威力的心脏能为其供血。而且恐龙身高达9米，比起长颈鹿还要高一倍，必须有一套特殊的供血系统和血压"阀门"来保证恐龙既不会出现"脑缺血"，也不会发生"脑溢血"。但现有的资料还不足以解决这个问题，这使得科学家们难以解释恐龙到底是如何保持恒温的。

恐龙到底是冷血动物，还是温血动物呢？至今仍无定论，谁也无法自圆其说。

霸王龙骨骼化石
美国古生物学家研究发现，霸王龙骨组织是由层层按同心圆排列的骨小板组织组成的，与现代哺乳动物的骨组织非常相似。他们据此推断恐龙是温血动物。

动物之间的沟通
模仿恐龙的声音

百科问答　问：吼声最大的恐龙是哪一种？
答：副龙栉龙。据科学家推测，副龙栉龙通过长达 1 米的头冠可以发出嘹亮而巨大的声音。

认识恐龙

✦ 吼叫还是沉默

■ 动物之间的沟通

　　动物之间可以互相沟通，它们不像人类那样使用语言，但它们能用自己的方式来传递信息。比如说，孔雀使用它美丽的尾巴，蜥蜴使用它颜色鲜明的喉盖。有的动物用气味来沟通，如臭鼬就靠自身分泌的一种有臭味的液体来向

> 恐龙可能会发出声音
> 科学研究发现，几乎所有的恐龙都长有耳朵，且有完整的听觉器官，应该能够听到声音。据此有人推断，恐龙可能会发出声音，以便与同伴沟通。但这一推测尚需更多的证据来证明。

同伴传递信号。我们不知道恐龙能否用类似的方法沟通，但有些恐龙有非常大的鼻子，这使我们相信它们有很好的嗅觉。

　　在动物界，最好的沟通方式莫过于声音。如果你在夜里听见猫叫或狗吠，你就会突然意识到声音能多么有效地传送信息了。狼是成群出动猎食的，它们互相嗥叫，这样每一只狼就知道其他狼在什么地方了。

　　就我们目前掌握的材料而言，还很难肯定地说恐龙能发出叫声。大多数动物的声音是由肺部、喉咙和声带发出来的，这些都是软组织，很难成为化石。不过多种恐龙的颅骨化石都显示出恐龙有很好的听觉。在冠顶龙的头骨里，曾发现保存完整的精细耳骨，这表明冠顶龙的听力很好。

> 恐龙一家
> 大多数恐龙有照顾后代的习性，家庭成员需要交流，而声音无疑是进行交流的最有效的手段。有科学家据此推测，恐龙应该能够发出声音。

■ 模仿恐龙的声音

　　20 世纪 80 年代初，美国利用高科技制造出的机器恐龙曾轰动了整个世界。这些机器恐龙不但神态逼真、栩栩如生，而且还能发出各种叫声，甚至还会咳嗽。"恐龙"不时会对观众发出吓人的吼声，似乎一点儿也不把人类放在眼里。

　　机器恐龙发出的吼声是老虎、食蚁兽和鳄鱼叫声的综合音，是科学家模仿现生爬行动物的叫声制作出来的。在现生的爬行动物中，真正能发声的不多。蛇在发怒时能发出"嘶嘶"声。与蛇血缘很近的蜥蜴也能发出这种声音，有的则会"吱吱"或"喋喋"地叫。应该说，它们的叫声都不怎么像样。现生爬行动物中真正能吼叫的是鳄鱼。南美洲宽吻鳄的嗓门最大，能发出"如雷贯耳"的惊人鸣声，这种鸣声被认为是世界上最大的动物声响之一。

百科问答　问：哪些恐龙不能出声？
　　　　　答：大个子的蜥脚类恐龙（如马门溪龙、雷龙、梁龙等）没有声带，可能是"哑巴"。

▷ 恐龙的叫声
▷ 叫声超大的副龙栉龙

■ 恐龙的叫声

按照人们一般的想法，恐龙时代的地球应该不会是一个无声的世界。有人认为头上长有棘突状饰物的鸭嘴龙，能发出一种类似于巴松管（一种西洋乐器）那样的声音。这是因为在其棘突中有弯曲的管道，能产生共振，发出声响。联想一下，霸王龙大概能发出虎啸般的吼声；蜥脚类恐龙顶多能像蛇那样发出"嘶嘶"声；一些小型的兽脚类恐龙（其中有鸟的祖先类型）可能会像鸟那样鸣叫。当然它们的歌喉不可能达到百灵鸟那样高的水平，但发出像鸡、鸭、鹅、乌鸦那样的叫声，还是不难做到的。

■ 叫声超大的副龙栉龙

有科学家推测，副龙栉龙叫起来比其他恐龙要响亮得多。它的样子非常奇特，每只副龙栉龙长长的头颅上都有一块巨大的角形骨头，从头的前部往上长，并朝后伸出 1 米有余。古生物学家认为，副龙栉龙所发出的声音是史前时代最为嘹亮的。暴龙之类的巨大肉食性恐龙吼声低沉而浑厚，可比起副龙栉龙的鸣叫来就显得微不足道了。

古生物学家在对副龙栉龙化石进行仔细研究后确定，其头冠在大小上的差别可以将雄性与雌性区分开来。它们的叫声可能是求偶

暴龙捕食副龙栉龙
副龙栉龙是暴龙捕食的主要对象之一，当它遇到危险时，通常会用短促的鸣叫向同伴预警。

的呼唤，也可能是危险迫近时发出的警报。副龙栉龙与鸭嘴龙一样，都是以植物为食的。其食草的属性曾经把古生物学家们搞糊涂了，弄不清它为什么长了这样一只奇形怪状的头冠，而且里面充满了管状的结构，还与其呼吸系统相通。曾有人认为副龙栉龙的空心冠是在它吃水生植物时用来换气的；也有人认为头冠里面上上下下到处都有的管子可以帮助这种巨兽更好地呼吸，像是它额外的鼻孔。然而经过更为细致的观察，科学家注意到副龙栉龙头冠的尾端是封闭的，这就意味着专家们必须推翻他们以前的观点，重新进行研究。于是，他们向副龙栉龙的颅骨化石吹气，发现有时候头冠竟然神奇地演奏出了最为响亮的"号角协奏曲"，这个结果完全超出了人们的想象。

所以最终得出的结论是：这种行动缓慢的恐龙很容易成为肉食性恐龙的充饥之物，但几声短促的鸣叫就足以让一片森林里所有正在进食的副龙栉龙进入警戒状态。叫声是副龙栉龙的预警信号。经过许多岁月的进化，副龙栉龙成了叫声最大的恐龙。

斑龙
斑龙是一种大型肉食性恐龙，头部很大，嘴也很大，但发出的声音远没有副龙栉龙的声音洪亮。

恐龙的食量
吃荤还是吃素
百科问答　问：最小的肉食性恐龙是谁？
答：美颌龙。其身体小巧，行动非常敏捷，生活于侏罗纪，
长约60厘米，重约3千克。
认识恐龙

食肉还是吃植物

■ 恐龙的食量

　　一头4吨重的大象一天的食物摄入量大概在300千克。一般来说，哺乳类动物每天的食物摄入量大概为体重的10%。这些食物将转化成能量以维持体能和体温。但是变温动物就不同了，一条蛇一次吞下的食物可以相当于它的体重。所以在很长一段时间内，它都能不吃不喝地平安度日。那么，恐龙的食量如何呢？

　　就我们现在知道的事实，有些

雷龙
　　雷龙是有史以来体型最大的恐龙之一，属于植食性动物。它的牙齿只长在嘴的前部，而且很细小，这样它就只能吃些柔嫩多汁的植物了。

恐龙的体重可达几十吨。如果它每天的食量也按体重的10%来计算的话，食肉型恐龙大概每天都要猎杀一只小型恐龙，而植食性恐龙则每天都要横扫一大片草原或者森林。事实当然不会是这样。据科学家们估计，植食性恐龙每天的食量大概是其身体重量的1%。差别怎么会那么大呢？原来，秘密就在于它庞大的身躯。哺乳类或者鸟类动物频繁地进食，是因为它们本身的储能少，不这样做身体的能量就供应不上；而恐龙身体中固有的能量多，进食只要维持基本需要就可以了。对于霸王龙这样的肉食性恐龙来说，情况可能与现在的狮子、老虎等凶猛的野兽差不多，只要成功地狩猎一次，就可以几天不吃食物。

■ 吃荤还是吃素

　　恐龙到底吃荤还是吃素呢？这可以从恐龙的粪便化石中找到答案。古生物学家拿到粪便化石后，就把它们切开，放在显微镜下观察，如果其中含有茎或者叶，那么，就可以判定这是植食性恐龙的粪便化石。如果再与植物学家配合研究，那么连恐龙吃的究竟是什么种类的植物也可以知道得清清楚楚。

　　至于这些粪便化石究竟来源于哪一种恐龙，却是一个综合性的问题，不过专家们也有办法。因为在出土过粪便化石的同一地层中，一般都会有恐龙化石出土。对各种恐龙化石和粪便化石进行研究，大致可以推测出哪一类恐龙排什么粪便。这样，恐龙的饮食结构也就能大致了解了。

　　科学家们认为，植食性恐龙可以吃不同类型的东西。例如梁龙能够将枝条上的叶子撕下来吃；而剑龙可能会吃蕨类或苏铁的嫩叶（它们是一种矮小的类似于棕榈的植物，也是中生代分布最广泛的树种）；鸭嘴龙则吃叶子、树枝、松针及松子等；腕龙曾经被认为生活在水中，主

鸭嘴龙
　　鸭嘴龙为一类较大型的鸟臀类恐龙，吻部由于前上颌骨和前齿骨的延伸和横向扩展，构成了宽阔的鸭状吻端，主要以柔软植物为食。

百科问答　问：哪一种恐龙的食量最大？
答：腕龙。它生活在侏罗纪，体重达 50 吨，每天大约要吃一吨食物。

▶ 食肉龙的习性
▶ 恐龙喝水吗？
▶ 恐龙吃石头

要食用水生植物，但是现在科学家非常肯定这种大型的巨兽生活在陆地上，其长长的脖子可以帮它吃到树枝顶梢的嫩叶。

■ 食肉龙的习性

科学家可以根据已有的化石推断出植食性恐龙的生活习性，但对肉食性恐龙的生活习性还只是猜测。因为即使在恐龙的胃中残存着一些骨头，或是一些碎片，也很难就此得出什么结论。所以，我们说霸王龙如何穷追猛打、生吞活剥它的猎食对象，充其量也只是大胆的想象，严谨的科学依据并不充足。而有的科学家认为，霸王龙有可能是吃尸体的恐龙，理由是它们太庞大了，无法长距离地追逐猎物。如果真是这样，当大型恐龙自然死去后，其庞大躯体分解腐败所散发的气味将会吸引数千米外的霸王龙前来觅食。

■ 恐龙喝水吗？

或许我们可以大胆地作出推测：恐龙就像其他生物一样，也是需要饮水来维持生命的。它们很可能像现代爬行

植食性恐龙的身体内部结构

植食性恐龙和其他恐龙一样，身体内部都有心脏、肺、肠、胃等器官，有肋骨保护。大型的植食性恐龙胃部往往有许多石头，可用来磨碎食物，帮助消化。

在多数植食性恐龙的胃中都存在几颗乃至几十颗大小不一的石头，小的像鸡蛋一样，大的如拳头一般，我们称之为胃石。

胃石在恐龙消化食物的过程中起什么作用呢？原来，恐龙不能分解食物中的纤维素，它必须依靠消化道中的微生物来分解这些纤维素。为了更有利于消化吸收，恐龙就要把食物弄得碎一点儿。于是，它为食物建立了两道加工工序：第一道是牙齿，每一次进食时恐龙都细嚼慢咽；第二道就是胃石，可以把嚼得还不够碎的食物在胃里二次处理。经过这样两道工序，留给微生物的工作就轻松得多了，而恐龙也达到了将食物转化成能量的目的。所以，当你发现恐龙的胃中有大量石头时，不要觉得奇怪，这其实是它们赖以生存的一种工具。

冰脊龙
冰脊龙是迄今为止唯一在南极洲发现的兽脚类恐龙，这种食肉恐龙身高6米多，生性凶猛，敢于攻击所有的植食性恐龙。

动物一样汲取水分，既直接饮水，又从食物中摄取水分。不过迄今为止，科学家们尚未找到这方面的相关证据。

■ 恐龙吃石头

如果说恐龙喜欢啃骨头或者吃沙粒，我们还能理解的话，那么你能想到它们还经常吃石头吗？

暹罗暴龙
暹罗暴龙是一种生活在白垩纪的暴龙科恐龙，在泰国发现，是典型的肉食性恐龙。

群居还是独居

■ 有的群居，有的独居

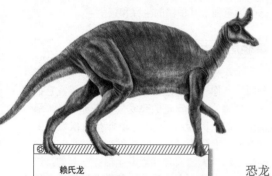

赖氏龙
赖氏龙是鸭嘴龙家族的一员，属于植食性恐龙。化石研究发现，它们是一种喜欢群居生活的恐龙。

恐龙的足迹化石和骨骼化石的埋藏情况告诉我们，植食性恐龙大都过着群居生活，蜥脚类、鸟脚类、甲龙类、角龙类和肿头龙类多是如此。肉食性恐龙中的小型种类，如虚骨龙类则常常成群地在一起栖息和觅食，就像今天的狼群一样。大型的肉食性恐龙，如霸王龙、异特龙、永川龙等，它们性情暴戾，有足够的力量称王称霸，像今天的老虎一样比较喜欢独来独往，最多以小家庭为单位进行活动。剑龙类恐龙中的剑龙化石常单个被发现，所以剑龙可能是喜欢独居生活的孤僻的恐龙。

■ 群居的证据

证明恐龙群居的最直观的证据是它们的足迹化石。

美国耶鲁大学的恐龙专家奥斯特罗姆教授在得克萨斯州依内斯湖的白垩纪早期地层中，曾发掘出25组恐龙脚印，据判断它们可能是弯龙留下的足迹。这些足迹都朝着西北方向移动，说明当时这一群弯龙正在集体迁徙。奥斯特罗姆教授还在马萨诸塞州托姆山的三叠纪地层中找到了肉食性恐龙集体狩猎的脚印证据。

此外，他还在同一个层面上发现了19组雷龙的足迹，它们都朝同一方向前进。脚印没有重叠，说明它们是并肩前进的。

在加拿大不列颠哥伦比亚省和平河峡谷的白垩纪地层中，古生物学家也曾经发现过一群植食性恐龙的脚印。研究者发现有时这些脚印相距很远，有时它们又靠得很近，似乎表明这些恐龙也是并肩前进的。一些幼年个体的脚印较多地重叠在成年个体脚印之上，据此推测，年幼的恐龙是跟在年长者身后前进的。在1000多个恐龙脚印中，有鸭嘴龙从幼年到成年的系列脚印，显示了鸭嘴龙在成长和体重增加的过程中脚的形态变化，宛如大自然的摄像机给鸭嘴龙脚的成长摄下了特写镜头。

习性各异的剑龙类恐龙
剑龙类恐龙的种类很多，包括钉状龙、华阳龙、沱江龙、剑龙等，种类不同，生活习性也不同，有的喜欢独居，有的喜欢群居。据科学家们推测，剑龙类中的剑龙很可能是一种喜欢独居生活的恐龙。

除了足迹以外，在已发现的恐龙遗迹中，有些恐龙产卵的巢互相靠得很近，这也说明恐龙应该有群居习惯。

■ 群居与迁徙

群居生活可以增强群体对环境的适应能力和抵御敌害的能力。植食性恐龙通常要消耗掉数量很大的植物，为了寻找新的食物和水源，恐龙

孤独的捕猎者
大型肉食性恐龙通常单独行动，包括霸王龙、特暴龙等，因为它们不需要借助集体的力量获取食物或抵御敌害。而小型的肉食性恐龙需要集体狩猎。

不得不经常地成群迁徙。

有些恐龙正是迁徙性的群居动物，每年都住在几个定点，巡回作远距离的迁徙。比如雷龙和鸭嘴龙，它们不但过着有组织的群体生活，群体内部还可能有带头的首领，幼年个体会受到成年个体的保护。亚洲、欧洲、非洲及南北美洲，相隔遥远的世界各地都发现过恐龙迁徙的足迹。

恐龙留下的这些印迹，使我们得以了解到它们的许多生活习惯。专家们推断，当恐龙进行群体迁徙时，往往像牧羊人一样将它们年幼的孩子圈在群体的中间，以保护小恐龙免遭可能发生的厮杀。肉食性恐龙嗅觉灵敏，隔着相当一段距离就能闻到猎物身上诱人的气息。相对于那些年纪较大的老恐

龙，它们当然更喜欢小恐龙，因为幼龙身上的肉质要细嫩得多。植食性恐龙组成比较庞大的群体生活，有利于在迁徙活动中互相照应，有利于及时发现敌害并依靠群体的力量进行有效的防御，还有利于幼年个体的成长。总之，群体生活有利于其种群的生存和繁衍。

■ 独居的肉食性恐龙

如果你看过关于恐龙的著名电影《侏罗纪公园》，你也许会记得两只霸王龙在寻找它们孩子的镜头。但真正的恐龙爱好者都知道，那是虚构的。因为从18世纪40年代首次发掘到肉食性恐龙化石以来，还没发现有幼小的肉食性恐龙和巨大的肉食性恐龙生活在一起的。这表明，巨大的肉食性恐龙一般是独居的，它们也许天生就是"孤独杀手"。不过，人们也曾在南美阿根廷的巴塔哥尼亚和北美加拿大的艾伯塔发现过两种不同类型的肉食性恐龙以家庭或群体的形式同生共死。但毫无疑问，肉食性恐龙大多还是独居的。

集体行动的雷龙
雷龙身躯庞大，重约30吨，体长可达23米。它们过着群居生活，一起觅食，一起迁徙。当一大群雷龙从远处走来时，一定是尘土蔽日，响声如雷。

百科问答

▶ 爬行动物只能爬行吗？
▶ 恐龙的足迹化石

问：世界上第一个发现恐龙脚印的人是谁？
答：美国人普利尼。

认识恐龙

敏捷还是笨拙

■ 爬行动物只能爬行吗？

恐龙是爬行动物。爬行动物运动姿态的显著特征是爬行。像蜥蜴那样，肚皮贴着地面，四肢由躯体下方向外伸出，在地面上匍匐前进的运动方式，不仅速度很慢，而且相当费劲。从前，人们一直认为恐龙就是这样在地上爬来爬去的。但后来通过一些学者的研究，发现这是对恐龙的误解。

恐龙如果真的是一种只能爬行的动物，那么它们能在地球上耀武扬威长达 1.6 亿年之久就很值得怀疑了。恐龙之所以能成为中生代地球的统治者，其运动姿态起到了很重要的作用。四足行走的恐龙，运动姿态大致与大象、牛、马没有多大区别。两足行走的恐龙则与鸵鸟等鸟类走路姿态相似。它们的四肢（或两肢）在运动时与地面垂直，而且收拢在身躯下方。这是一种"走"而非"爬"的姿势。

■ 恐龙的足迹化石

恐龙行走的姿态和速度，大都是从它们的脚印化石上得到印证的。

1802 年的一天，美国一个农民的孩子普利尼到康涅狄格河谷里玩耍，无意中发现了一大批奇怪的大脚印，像石刻一般。普利尼回家后领着大人们前去观看，有人说这是古代巨鸟留下的足迹，可是它却只有令人疑惑的三个趾印。于是又有人说，这是"神鸟"和"怪兽"的脚印。经过权威古生物学家的鉴定，它们居然是亿万年前恐龙的脚印。这一发现引起了很大的轰动，普利尼成为世界上第一个发现恐龙脚印的人。后来在美国的一些州以及我国四川彭县（现彭州市）和云南晋宁发现了十分清晰的恐龙脚印化石，它们可以告诉我们许多恐龙的知识。例如测量脚印的大小和深浅，可以推测出恐龙的重量和高矮。在一块大化石上还曾发现过一条 5 米长的尾巴拖痕，说明恐龙是拖着尾巴走路的，这样有助于保持身体平衡。有学者对发现于美国得克萨斯州的完整的雷龙足迹化石进行了测算，证实雷龙前、后脚的步距为 3.6 米，左、右脚的间距仅有 1.8 米（相当于雷龙身躯的宽度），从而证明它是站立走路的，否则其两脚的间距就会更大一些。

行走缓慢的腕龙

腕龙是恐龙家族中的大块头，它体长大约为 23 米，体重达 80 吨。如此庞大的体型使它根本不可能像马那样奔跑，而只能依靠粗壮的四肢缓慢行走。

身手敏捷的伶盗龙

伶盗龙个头不大，只有 2 米左右，体重一般为 7 至 15 千克，是恐龙家族中的小家伙。但它大脑发达，身手敏捷，因而成了肉食性恐龙中最厉害的杀手之一。

■ 恐龙的奔走速度

近几十年来，科学家对恐龙的行走速度和奔跑速度进行了研究，得出了一些科学的结论。四足行走的蜥脚类恐龙走路的速度比较慢，每小时不超过 6.5 千米。四足行走的剑龙和甲龙走路稍快，每小时约 7 千米，可见它们的腿脚比蜥脚类灵活些。两脚行走的鸭嘴龙每小时能走 18.5 千米，若遇到"追兵"，它能跑得像马一样快，迅速离开危险地区。某些特殊的四脚行走的角龙可以在短时间里以 48 千米的时速冲刺，吓得霸王龙都要赶紧逃避。肉食性恐龙大都练就一身短跑的功夫，时速可达 40 千米。两脚行走的虚骨龙类，身轻腿长，是恐龙中的"飞毛腿"。

善于奔跑的双嵴龙
双嵴龙是著名的大型肉食性恐龙，在长期的狩猎过程中练就了一副好身手，其奔跑时速可达 40 千米以上。

为了捕捉猎物，它们快跑时时速能达 60 千米。

■ 敏捷与笨拙

凭借现在已经发现的脚印，科学家们很难准确地判断出哪种恐龙行动最快，但能够得到一些大致的信息。有一种名叫似鸟龙的肉食性恐龙，每小时能跑 70 千米，和现代非洲鸵鸟

的奔跑速度不相上下。甲龙大概是跑得最慢的一种恐龙。但这无关紧要，除了腹部和足是柔软的，甲龙身上全是甲板和棘突，像盔甲一样保护着它，所以它完全没有跑得快的必要。

副龙栉龙
副龙栉龙属于鸭嘴龙的一种，两足行走。通常时速约 18 千米，而遇到敌害威胁时可以达到 40 千米。

■ 恐龙奔跑公式

有趣的是，一些科学家根据脚印化石，曾计算出了恐龙奔跑的速度公式。他们研究了大量动物奔走速度与跨步长度的关系，发现动物奔走的速度与步长成正比，而与腿的长度成反比。为此科学家们进行了大量数据统计，找出了其中的规律并简化成一个"经验公式"：$v=1.4(\lambda/h)-0.27$，其中 v 表示速度，λ 表示步长（两个脚印之间的距离），h 表示臀部离地面的高度（可以根据腿骨来估算数值）。但也有科学家反对这个公式，认为它太不严谨了。

聪明还是愚笨

■ "脑量商"

人们熟悉的恐龙，如梁龙、剑龙、甲龙、迷惑龙等大都身躯庞大而脑袋小，一眼望去，给人傻呵呵的感觉。怎样知道它们是聪明还是愚笨呢？有的科学家就用计算恐龙"脑量商"的办法来推断恐龙的智力水平。"脑量商"是根据恐龙的体重、脑量及现生爬行动物的脑量大小按一定公式算出来的。被测

恐爪龙
恐爪龙是一种体型轻巧、奔跑快速的兽脚类肉食性恐龙，属于白垩纪时期的奔龙类，也是最聪明的恐龙之一。它们不仅会群体狩猎，而且还会用伏击的方法获取猎物。

的恐龙脑量商越小，它就越蠢笨；脑量商越大，它就越聪明。

经测量，甲龙的脑量商为 0.52 至 0.56，它们虽说不上有多聪明，但也不像蜥脚类恐龙那样蠢笨低能。角龙的脑量商在 0.7 至 0.9 之间，在植食性恐龙中可算较为聪明的一种，大敌当前，它们敢于针锋相对，拼死一搏，而且动作神速。

■ 聪明的恐龙

在植食性恐龙中，最有智慧的当属鸭嘴龙。它的脑量商为 0.85 至 1.50。鸭嘴龙嗅觉灵敏，视力强，非常机警，能及时发现敌情，迅速躲避。鸭嘴龙靠自己聪明的反应，在中生代的地球上找到了自己的位置。

大型肉食性恐龙，例如霸王龙和它的同类，脑量商达到 1 至 2，显示出肉食性动物天生比植食性动物聪明。霸王龙靠捕猎为生，若是呆头呆脑，很可能会饿肚皮。小型肉食龙中的恐爪龙脑量商超过 5，所以尽管它个子比霸王龙小得多，但却比霸王龙机敏灵巧，杀起植食性恐龙来也格外凶猛、神速。它的后裔窄爪龙的脑量商又高了一个档次。窄爪龙比恐爪龙个子还小，但在恐龙家族中却是智力超群的。

愚笨的鲸龙
鲸龙属于蜥脚类恐龙。这类恐龙体型很大，大多数属于植食性恐龙。它们都长着一个和身体不成比例的小脑袋，脑量商很低，是恐龙家族的低能儿。

百科问答　问：具有两个脑子的恐龙有哪些？
　　　　　答：马门溪龙、雷龙、梁龙、剑龙等。

▶ 两个脑子的恐龙

马门溪龙生活场景图
马门溪龙是身体最长的恐龙之一，属于原始蜥脚类恐龙。其臀部脊椎的神经球比脑子要大好几倍，可指挥后半身的活动。

■ 两个脑子的恐龙

　　大概是为了弥补脑量商较小的缺陷，有的恐龙竟然长了两个脑子。马门溪龙、雷龙、梁龙、剑龙就是如此。这类恐龙有个共同的特点，就是身躯特别大，而脑袋却特别小。

　　以马门溪龙为例，估计它有四五十吨重，而脑子的重量却仅有500克左右。这么小的一个脑子，居然能指挥一个大得惊人的身体，这实在叫人难以理解。有人解剖了马门溪龙的脑壳和脊椎骨，终于发现了这个"爬行大汉"的秘密。原来，在它的臀部脊椎上有一个叫神经球的东西，

雷龙
雷龙属于蜥脚类恐龙，和马门溪龙一样都是植食性大型恐龙。为了指挥庞大的身躯，雷龙除头部长着一个小得可怜的大脑外，臀部脊椎的膨大部分还有个神经球，帮助大脑进行工作。

正是这个神经球在默默地协助那个不像样的小脑子进行工作。神经球比脑子要大好几倍，马门溪龙的后腿和大尾巴的运动，就按它发出的指令行事。这样，马门溪龙头上的那个小脑子只要把吃东西和接受信息的事管好就行了。马门溪龙臀部的神经球实际上是它的"后脑"，与前脑相距约十几米远。前后两脑各有各的任务，它们分工合作，互相帮助。当然，由于两脑相距较远，信息传递的速度不可避免地要受到一些影响。因此像马门溪龙这类身躯庞大的恐龙必定是反应迟钝、笨手笨脚的家伙。

　　背上长有古怪剑板的剑龙也有两个脑子。剑龙有大象那样大，而脑子却只有核桃那么小，约100克重。小小的脑子无法完成指挥全身的重任，所以它也在臀部长了一个神经球，这个神经球比真脑要大20倍，其作用是主管腿和尾巴的运动。剑龙的"后脑"比前脑大那么多，使人觉得它是一个四肢发达、头脑简单的动物。不过它尾部上的骨刺以及指挥这条尾巴的那个神经球又说明剑龙也不是等闲之辈。在遇到敌人时，它会反射性地甩动带刺的尾巴进行殊死搏斗，让一般的恐龙对它无可奈何。

恐龙的窝巢
恐龙妈妈下蛋

百科问答　问：最大的恐龙蛋有多大？
答：高脊龙的蛋直径大约有30厘米，蛋壳厚约2厘米，
容积约3.3升。

认识恐龙

恐龙妈妈和恐龙蛋

■ 恐龙的窝巢

科学家在研究了大量恐龙的窝迹和蛋化石的基础上，作出了恐龙妈妈产蛋的种种推测。在繁殖季节，雌恐龙会非常忙碌，它必须赶在生产前把窝准备妥当。

窝建在什么地方好呢？别看有的恐龙显得呆头呆脑的，但对窝址的选择却非常讲究。标准大致有三条。首先，地势要比较高。这种地方洪水淹不着，还有利于观察敌情。其次，阳光要充足。恐龙的蛋主要靠温暖的阳光来孵化，选个阳光充足的地方非常有必要。再次，土质要疏松、干燥。这种土质容易做窝，蛋也好孵化。

恐龙蛋化石
就目前考古发掘情况来说，窃蛋龙、驰龙、伤齿龙这些小型兽脚类恐龙的蛋一般是长形的；马门溪龙、梁龙和雷龙这些四条腿走路的大块头的蛋是圆形的；鸭嘴龙那样的鸟脚类恐龙生椭圆蛋。

许多恐龙都是过群体生活的，它们往往有固定的生产地点。它们并不是年年都要建新窝，而是喜欢长年使用同一个窝。但一只首次产卵的雌恐龙就得自己造个新窝了。恐龙筑巢大体有两种方法。普通的方法就是只在沙土地上挖一个圆坑，巢就建好了。更好一点儿的方法是先在地上用松软的沙土堆起一个土堆，然后在土堆中央挖一个坑，再稍加修理就完工了。建这样的巢要稍稍费点工夫。筑好了窝，恐龙妈妈便开始准备下蛋了。

■ 恐龙妈妈下蛋

恐龙下蛋的习性和行为与乌龟下蛋有一些相似。乌龟到了繁殖季节，就会成群地到一个有利的沙滩筑窝下蛋，产完蛋后，扒一些沙子把蛋埋起来，借助太阳光提供的热自然孵化。科学家根据恐龙蛋化石埋藏比较集中、蛋化石一窝一窝产出以及蛋化石的埋藏地

照顾卵的三角龙
许多恐龙有照顾卵的习性。三角龙产卵之后，会守护在巢穴边护自己的卵，驱赶前来偷窃卵的家伙。

一般都位于古湖盆的边缘等因素推断，恐龙也有到了繁殖季节群聚下蛋的习性。其地点多为植物生长繁茂的湖沼岸上，对湖沼岸的质地则似乎没有严格的选择。

恐龙蛋有圆形、卵圆形、椭圆形、长椭圆形和橄榄形等多种形态。窃蛋龙、驰龙、伤齿龙这些小型兽脚类恐龙的蛋一般是长形的；马门溪龙、梁龙和雷龙这些四条腿走路的大块头的蛋是圆形的；鸭嘴龙那样的鸟脚类恐龙生椭圆蛋。至于中生代霸主——霸王龙的蛋是什么模样，目前还没有确切的答案。

不同恐龙的产蛋方式不同，蛋在窝内排列的方式也不同。例如产长形蛋的恐龙，在产蛋前，会先在选择好的地点用泥沙堆出一个略为上隆的土堆，然后把蛋产在四周，所有的蛋都是两两一起，呈辐射状排列，产完一层蛋后埋上一些土再产蛋，形成数十蛋组成的一窝，最后扒一些泥沙盖上；而产圆形蛋的恐龙，产蛋前会

先在选择好的地点挖出一些蛋窝，然后把蛋产在窝内，产完蛋后扒一些泥沙掩埋上。此种方式产下的蛋在窝内的排列无一定规律。当然，恐龙妈妈还可能有其他的生产方式。至于雌性恐龙产蛋后是否要在一旁保护它产的蛋，或者像母鸡那样坐窝孵蛋，目前则尚无定论。

■ 最大的恐龙窝和最多的恐龙蛋

1993 年，科学家在我国河南西部的西峡县发现了大批恐龙蛋。在这以前，人类总共才发现了 500 多枚恐龙蛋化石，而这次西峡出土的恐龙蛋多达 5000 多枚，没有出土的估计还有上万枚。一时间，世界都为之震惊。但是为什么那么多恐龙都跑到西峡来生蛋呢？科学家们推测，恐龙喜欢在水边、向阳、地势较高的地方下蛋。西峡恰恰就符合了这些条件。地质历史上的西峡是一个盆地，湖泊沼泽很

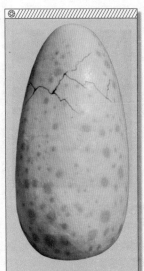

恐龙蛋复原图
考古发现，恐龙蛋的大小和恐龙体型并不成正比。如果成正比的话，蛋壳将会厚得让小恐龙无法孵化，而且也不可能让足够的氧气进入蛋内，供小恐龙呼吸。

多，气候温暖湿润，适合恐龙生存。

由这里陆续发现的恐龙蛋化石可以证实，恐龙和现代爬行动物及鸟类一样，也会生下带硬壳的蛋。某些蛋化石里甚至发现了未孵化的小恐龙骨骼。有时在发现恐龙蛋的巢穴附近，还发现了大恐龙的遗骸。由此可见小恐龙和小鸟一样，会本能地待在巢里，无论它们的父母发生什么事都不离开。令人惊讶的是，恐龙蛋

并不像人们想象的那么大。其实，如果恐龙蛋大小和恐龙体型成正比的话，那么蛋壳将会厚得让小恐龙无法孵化；而且也不可能有足够的氧气进入蛋内，供小恐龙呼吸。经过长期演化，恐龙生的蛋一般都不会太大。当然，较大的恐龙下的蛋相对要大一些。

不仅如此，古生物学家经过研究还发现，恐龙蛋壳的显微结构，会随着地质时代的变化而显示出一定的变化规律。蛋壳上气孔孔径大小和疏密程度与古气候的干湿变化有关；在白垩纪末期恐龙走向灭绝时，蛋壳结构上也出现了异常的变化。

■ 可爱的小恐龙

恐龙一旦出壳，便会以令人惊异的速度生长。保证有规律的充足营养供给对它们至关重要，否则它们身体的迅速生长就会受到影响。强烈的母性本能意味着恐龙妈妈从小恐龙落地第一天起就会给它们喂食。据科学家解释，小家伙们聪明伶俐的模样也会增强母亲身上的这种天性。

小鸭嘴龙会在窝里待到 8 周左右，体重竟然成倍地增长，这自然得归功于良好营养的有规律摄入。与此相对应的是，肉食性恐龙只要没有抛弃它们的幼仔，肯定也会为它们喂食用零星生肉嚼成的食糜。这肉可能是别的恐龙吃剩下的，也可能是特意去猎取的。有异于人类的是，大部分恐龙生下来就长了牙，因此能够进行一定程度的咀嚼活动。

窃蛋龙
窃蛋龙的名字其实是一个误会，它们是一种对后代负责的恐龙。人们发现其化石时，它多数是和卵连在一起的。有人误会它这是在偷盗其他恐龙的卵，其实它是在照顾自己的卵。

恐龙的防卫
著名的攻击型恐龙

百科问答　问：防卫型恐龙之间会互相争斗吗？
答：一般来讲，防卫型恐龙性情都非常温和，不会像攻
击型恐龙那样轻易地互相争斗。

认识恐龙

恐龙的残杀与争斗

窄爪龙

窄爪龙是一种小个子的食肉恐龙，但却是很聪明的恐龙。它是恐龙的后裔，继承了先辈的优点，成为恐龙家族中最著名的捕猎者之一。

中生代的恐龙世界并不是风平浪静的世外桃源。肉食性恐龙为了寻找食物，植食性恐龙为了活命，捕食者与被捕食者之间展开了永无休止的生死大搏斗。即使是同类恐龙之间，也有争夺交配权和争当首领的决斗。这就使中生代的大地上充满生命的厮杀，出现了一幕幕弱肉强食的场面。

■ 恐龙的防卫

在恐龙世界中，大型的肉食性恐龙一般都单独作战，捕捉猎物。而小型的肉食性恐龙则以集群的方式联合追杀捕获猎物。在长期的进化过程中，植食性恐龙逐渐适应了这一残酷的现实，学会了主动与被动防卫。主动防卫包括用牙齿撕咬、用爪猛刺、迅速逃跑等。被动防卫是指利用身上特殊的装备和伪装等保护自己。

蜥脚类恐龙智商比较低下，行动迟缓，但它也有自己的防卫办法。它躯体巨大，有像鲸一样的尾巴。乍看起来，这类恐龙似乎没有自卫能力。实际上它们鞭状的尾巴以及前肢上的利爪，都是自卫的武器。

鸟脚类恐龙中的禽龙，有像大钉子一样的大拇指，是防御的有效武器，完全能把敌人刺伤或刺死。

橡树龙非常像棱齿龙，但比棱齿龙大得多，身长三四米，具有强有力的四肢和良好的视觉与听觉，总能迅速发现敌情，及时逃跑。

■ 著名的攻击型恐龙

大型肉食性恐龙中最凶残的要数霸王龙了。它体重七八吨，那巨大的躯体以及咄咄逼人、不可一世的外貌，足以使其他恐龙望而生畏。在白垩纪晚期，霸王龙是恐龙中的恶霸，不知有多少植食性恐龙死于它的坚牙利爪之下。但是它也有遇到植食性恐龙拼命抵抗而失利的时候。头甲龙就是一个难对付的猎物。头甲龙属于角龙类，是用四条腿走路、借助喙嘴采摘植物的植食性恐龙。它是典型的被动防卫者。它身上披有甲胄，脖子上有颈盾，这都是自我保护的装备。除此之外，它肩部及臀部的肌肉发达，有很强壮的四肢，善于奔跑。成年的头甲龙有 2.5 米长的尾巴（它整个体长约 6 米），在尾巴尽头有尾锤，大约重 30 千克。它扬起尾锤猛打来犯者时，常使敌人受到重创。当霸王龙接近它时，头甲龙会迅速卧倒蹲伏在地，将甲胄对着敌人，以保护它没有甲胄覆盖的腹部，然后选择时机，用它那沉重的尾锤猛击对方。这时，霸王龙往往难以招架，只好尽快撤退。

在小型肉食性恐龙中，本领最强的当推恐爪龙了。它动作敏捷，行动迅速，还有能置对方于死地的利爪，所以能在很短的时间内捕到猎物。

头甲龙

头甲龙身体背部覆盖着一层坚厚的骨板，尾部末端有一个大骨块，形成了一个尾锤。当敌害逼近时，它就用这沉重的尾锤去抵御。

1964 年，在美国蒙大拿州恐爪龙的墓地中发现了几具植食性恐龙——腱龙的遗骸，证明恐爪龙是集体狩猎的。这种恐龙脑子很大，视力和听力超常，智力发达，能够设下埋伏，协调进攻，迅速奔跑，猎到食物后能立即把食物分割，然后饱餐一顿。

■ 为了求偶的残杀

虽然现在还没有任何恐龙求偶的化石记录，但是根据现今动物的行为，我们可以想象出当时它们的求偶行为。肉食性的成年母恐龙会在自己的地盘上筑巢准备孵卵。因为在孵卵期不能离巢寻找食物，所以它们就会挑选更加凶猛的雄性恐龙作为伴侣，以保证食物的供应。假如有雄性恐龙要争夺配偶的地位，就会发生同类相残事件。

霸王龙是攻击性很强的动物，成年恐龙之间经常打斗、撕咬。霸王龙的下颌特别强壮，咬力超强，因此霸王龙的口也被视为"终极碎骨器"，面对同类时也不会口下留情。而美国古生物学家埃里克森在研究恐龙生命史的过程中发现，进入求偶期的霸王龙死亡率超过 23%，只有很少的霸王龙能活到 28 岁。许多正处于生命顶峰期的霸王龙就在求偶残杀中死亡。

■ 巧妙的攻与防

伪装也是逃避敌人偷袭的防卫办法。中等身材的鸭嘴龙类，像小贵族龙，把大部分时

原栉龙

原栉龙又叫原蜥冠龙，属于鸭嘴龙类，前肢较短，后肢长而强壮。作为一种植食性恐龙，其性情温驯，躲避敌害的方法就是巧妙的伪装。

霸王龙之间的争斗

霸王龙是当时陆地上的霸主，没有一种恐龙敢于向它挑战。不过，其寿命大多数不长，主要是因为同类之间经常会为争夺配偶而发生争斗。

间都消耗在吃蕨类植物和低矮灌木丛的嫩枝嫩叶上。为了不让肉食性恐龙发现，在长期自然选择的过程中，它们的皮肤生成了黄绿交织的颜色，很像在地上爬行的一条蟒蛇。这种保护色是非常理想的伪装。当它遇到危险时，会把身体缩成一团，与树林颜色差不多，可以瞒过肉食性恐龙。

巴克龙也在树林中觅食，它的皮肤上有绿色、黄色的斑点，像是有条纹的巨蜥。这种色泽与阳光照射下被踩烂的野草一模一样，也是一种成功的伪装。

角龙是恐龙大家族中最后灭绝的一支。它们虽然是植食性的，但却有较强的自卫能力。除了有头甲龙那样的甲胄、颈盾及尾锤外，不同的角龙还有各自的自卫方法。像头上角最多的戟龙，能以角多吓唬对方。它的头顶上每侧有三只大角，下面还有五只小角（或棘状刺），鼻骨上另有一只角，即使在进攻者面前也显得十分狰狞可怕。

原角龙基本上没有角，但它面对来犯之敌却能顽强自卫。科学家在蒙古戈壁沙漠中曾发现过原角龙与伶盗龙搏斗时留下来的化石：伶盗龙的利爪抓在原角龙的颈盾上，但原角龙已把伶盗龙按倒在地，把它的胸部撕裂了。在两具标本旁边，还有一窝原角龙的蛋。这场战争可能是由伶盗龙偷吃原角龙的蛋引起的。正在这时，刮起的漫天大风沙把它们埋在了一起，天长日久就变成了化石。

著名的恐龙公墓

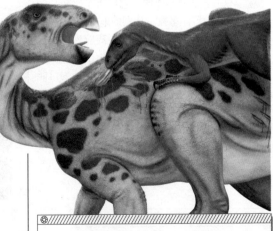

禽龙复原图

禽龙化石多见于欧洲、北非、亚洲东部广大地区的侏罗纪和白垩纪地层，身长 10 米多，头部离地面 4 米，后肢很发达，长而粗的尾起平衡作用。

所谓恐龙公墓，就是大量恐龙遗骸集中埋在一处。因为尸骨埋得较快，所以墓中常保存有比较完整的化石骨架。古生物学家们在世界许多地方都发现了这种恐龙的公墓。墓中的恐龙常常只有一种，有时也会有多种。恐龙公墓的数量相对而言非常少，一经发现就会立即成为轰动一时的新闻。应该说恐龙公墓是恐龙留给我们人类的最有价值的"遗产"之一。

■ 比利时伯尼萨特禽龙墓

1877 年至 1878 年，比利时伯尼萨特一煤矿的矿工在地层深处挖掘坑道时，发现了一些巨大的动物骨骼化石。经比利时皇家自然历史博物馆的古生物学家鉴定，这些都是植食性恐龙——禽龙的化石。

令人惊奇的是，禽龙的骨骼化石数量很多，竟有 39 只！其中有许多骨架保存得相当完整。人们花了三年的工夫才把这些化石从地下挖出，然后送到博物馆进行修复。

据科学家推测，这个禽龙墓是这样形成的：1.4 亿年前，伯尼萨特曾经有一个又深又陡的峡谷，生活在附近的禽龙有时会被突发的山洪冲下深谷，摔死后就被沉积物所掩盖，最后变成化石。这些禽龙不是在同一时间跌进峡谷的，所以它们死亡的时间不同，因而这个公墓也是经过较长的时间逐渐形成的。

■ 美国古斯特的腔骨龙墓

1947 年，在美国新墨西哥州一个叫古斯特的农场，考古学家发现了一个奇特的恐龙化石"万龙坑"，里面竟埋葬有数百只的腔骨龙化石骨架。它们横七竖八、杂乱无章地堆积在一起，看起来十分触目惊心。

古生物学家研究发现，这些腔骨龙中既有上了年纪的，也有年轻和年幼的。它们生前显然是一个紧密的群体，因为腔骨龙原本过的就是集体生活。科学家推测，它们是同时死亡并被埋葬在古斯特的，一定是某种突发性的灾难，例如山洪暴发、强烈地震等，致使这些恐龙遭遇灭顶之灾，死于非命。

恐爪龙捕猎禽龙

禽龙是一种植食性恐龙，以植物的嫩叶为食，遇到敌害时会快速奔跑。不过，体型硕大的禽龙却不是恐爪龙的对手，经常会被恐爪龙猎杀。

■ 中国四川自贡大山铺恐龙墓

　　1977 年，在自贡市郊的大山铺发现了一个化石集葬点，面积约有 1.7 万平方米，现在人们只发掘了不到 1/6 的面

腔骨龙

　　腔骨龙是一种中小型食肉恐龙，常集成小群体活动。体态轻盈，能用长长的后腿快速奔跑。跑时，它将前肢收拢靠近胸部，尾巴向后挺起以保持平衡。

积。这里出土了大量侏罗纪中期的恐龙类及其他同时代共生的脊椎动物化石，从此大山铺就有了"恐龙墓"之称。

　　大山铺恐龙墓埋葬了多种恐龙和其他动物。恐龙中以蜥脚类的为主，也有鸟脚类的食肉龙和剑龙。其他动物有鱼类、龟鳖类、蛇颈龙、翼龙及鳄类等。这些动物的化石骨骼有的完整，有的零散，重叠堆积，交错横陈在一起。这个"墓"不是一下子形成的，它经历了比较长的时间。动物的尸体多数是从别的地方被水"搬"到这个埋藏之地的，但搬动的距离应该不是很远，否则就不会有保存较为完好的化石骨架了。

　　关于这个恐龙墓的形成，学者们认为可能是这样的：1.6 亿年前，大山铺一带生活着大量的恐龙及共生的动物。当时出现了异常干燥炎热的天气，生活环境变得非常恶劣，缺水少食，致使恐龙大量死亡。久旱之后往往是洪灾，洪水一来，恐龙的尸体就被冲到一个相对低洼的地方沉积下来，这个地方就是大山铺。

■ 通古尔高地恐龙墓地

　　从我国北疆的门户——二连浩特出发，沿中蒙边界向东北行约 9 千米，便来到了白茫茫的二连盐池。这里是世界著名的动物化石宝库，也是亚洲最早发现恐龙化石的地区之一，被称为"通古尔高地恐龙墓地"。

　　中生代白垩纪晚期，这里原是一个广阔的内陆湖，周围生长着茂密的植物，有苏铁、棕榈、蕨类和高大的银杏等裸子植物，气候湿润，林木葱郁，促进了恐龙等爬行动物的大量繁殖。

　　后来，在由海到陆地的变迁中，二连盐池的气候渐渐变得干燥而寒冷，美丽的热带风光消失了，生存了 1.3 亿年的恐龙，因为无法适应剧变的环境，不得不黯然退出自然界的生命舞台。成批的恐龙葬于戈壁之下，成了二连湖的旁证者。

　　在通古尔高地恐龙墓地挖出的化石中，有生性凶残的霸王龙，也有独具风格的亚洲似鸟龙，还有吼声如雷的鸭嘴龙、蒙古的满洲龙、小而原始的角龙，以及巨型的蜥脚类恐龙和奇异的小鸟脚龙等，种类齐全，俨然一个天然的恐龙博物馆。

四川自贡恐龙博物馆内一景

　　自贡恐龙博物馆内的恐龙化石主要出土于大山铺恐龙墓。大山铺恐龙墓有多种恐龙，还有其他动物。恐龙中以蜥脚类为主，也有鸟脚类的食肉龙和剑龙。

百科问答

问：目前除了陨石撞击说，还有哪几种恐龙灭绝假说？
答：气候变迁说、物种斗争说、大陆漂移说、地磁变化
说、被子植物中毒说和酸雨说等。

认识恐龙

各种各样的假说
陨石撞击说

恐龙灭绝之谜

在我们的地球上，曾经有很多生物种类出现后又消失了，这是一个生物演化史中的必然现象。但是像恐龙这样一个庞大的占统治地位的种族，为什么会突然之间就从地球上消失了呢？这不能不引起人们的种种猜测。

各种各样的假说

科学家们对于这个问题一直争论不休。有的说是地球在那个时候发生了造山运动，沼泽减少了，气候也变得不那么湿润温暖了，恐龙的呼吸器官不能适应干冷的空气，而且一到冬天食物也没有了，所以就走上了绝路。

有的说是超新星爆发引起地球气候发生强烈变化，温度骤然升高后又降得很低的缘故。还有的说是恐龙吃了大量的有花植物，这些花中有很多毒素，所以恐龙中毒而死。 证据是那个时候开始出现有花植物。

还有人别出心裁地说，是因为恐龙这种巨大的动物吃得太多而不断放屁，向空中释放大量的甲烷气体。由于它们数量太多，生存时间又长，所以破坏了地球的臭氧层，致使自身毁灭。甚至还有人说是外星人跑到地球来狩猎的结

最后的霸王龙
霸王龙是最后灭绝的恐龙之一。它们曾经是地球上的霸主，但在大自然面前却显得微不足道。

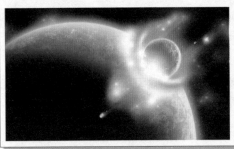

陨石撞击地球
20世纪90年代，科学家在墨西哥发现了一个直径在180千米到300千米的陨石坑，似乎是距今6500万年前小行星撞击地球留下的，而恐龙也恰在这一时间灭亡。科学家推测，此次大撞击引起了全球气候突变，最终导致恐龙灭绝。

果，因为他们觉得恐龙肉特别好吃。证据是在北极发现的恐龙骨骼化石上有被激光切割的痕迹。

总之，关于恐龙灭绝的说法真可谓五花八门、无奇不有。但是，普遍被大家认可的是陨石撞击说。

陨石撞击说

1980年，美国科学家在距今6500万年前的地层中发现了高浓度的铱，其含量超过正常含量几十甚至数百倍。这样高浓度的铱一般只在陨石中可以找到，因此，科学家们就把它与恐龙灭绝联系起来了。

根据铱的含量，科学家们推算出撞击物体是一颗直径10千米左右的小行星。这么大的陨石撞击地球，绝对是一次无与伦比的打击，其撞击产生的陨石坑直径将超过100千米。科学工作者又用了10年的时间调查寻找，终于有了初步结果：他们在墨西哥尤卡坦半岛的地层中找到了这个大坑。据推算，这个坑的直径在180千米到300千米之间。现在科学家们还在对这个大坑做进一步的研究。

百科问答　问：最小的恐龙有多大？
答：1979年，考古学家在阿根廷发掘出鼠龙的化石，它长约20厘米，仅比老鼠大一些，是目前已知最小的恐龙。

▶ 撞击的场景
▶ 恐龙的后代
▶ 尾声

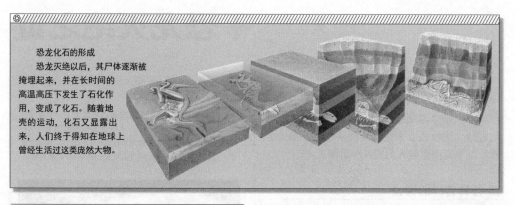

恐龙化石的形成
　　恐龙灭绝以后，其尸体逐渐被掩埋起来，并在长时间的高温高压下发生了石化作用，变成了化石。随着地壳的运动，化石又显露出来，人们终于得知在地球上曾经生活过这类庞然大物。

■ 撞击的场景

　　科学家们为我们描绘出了距今6500万年前那壮烈的一幕。这天，恐龙们还在地球上无忧无虑地生活着，突然天空中出现了一道刺眼的白光，一颗相当于一座中等城市大小的巨石从天而降。那是一颗小行星，它以每秒40千米的速度一头撞进大海，在海底撞出一个巨大的深坑。

　　海水迅速汽化，向高空喷射出数万米的蒸汽。随即掀起的海啸高达5千米，并以极快的速度扩散。大水横扫着陆地上的一切，汹涌的巨浪席卷了整个地球表面，最终汇合于撞击点的背面一端。在那里，巨大的海水力量引发了德干高原强烈的火山喷发，同时使地球板块的运动方向发生了改变。

　　陨石的撞击产生了铺天盖地的灰尘，融化了极地的冰雪，植物也毁灭了，只有火山灰充满天空。一时间地球变得暗无天日，接着山洪暴发，泥石流将恐龙卷走并埋葬起来。在之后的数年时间里，天空依然尘烟翻滚，乌云密布，地球因终年不见阳光而陷入低温中，大地上寂静无声。生物史上的一个时代就这样结束了。

■ 恐龙的后代

　　20世纪70年代，美国古生物学家巴克博士从解剖生理、遗迹和行为学的角度指出：恐龙没有灭绝，鸟类正是恐龙的后代。这个理论激起了人们强烈的反响。有对此嗤之以鼻、不屑一顾的；也有搜集证据加以证明的。比如在20世纪90年代末，产自辽西中生代地层的同一块化石标本，由于被两组不同的研究者各执一半，便得出了完全不同的结论。一方认为此种生物是比始祖鸟还原始的鸟类；另一方则认为此生物根本就应属于恐龙类。由此可见，早期鸟类和恐龙之间的差异确实很小，连专家们有时也难以鉴别。这从侧面反映了早期鸟类和恐龙之间密切的祖裔关系，说明现代鸟类与恐龙之间有着千丝万缕的联系。

■ 尾声

　　不论真相如何，恐龙的灭绝都是一件奇特的事情。好在我们现在获得了一些珍贵的恐龙化石，在不久的将来，这个谜一定会被解开。同时我们也要认识到，任何一种生物都要经历产生、繁荣、灭亡的过程。这是大自然的规律，并不会因为某一物种的庞大、强盛而改变。恐龙灭绝了，随后出现了一个崭新的时代，更高级的哺乳动物把地球装点得更加生动而美好。

Part 4

恐龙家族

鸟脚类：
用双腿奔跑

概　述

　　鸟脚类是鸟臀目中最早分化出来的类群，个体大小以中小型为主。它是鸟臀目中乃至整个恐龙大类中化石最多的一个类群，用两足或四足行走，其后脚的形状与鸟脚相似，由此得名。

　　鸟脚类恐龙主要的科属有异齿龙科、棱齿龙科、禽龙科、鹦鹉嘴龙科和鸭嘴龙科，全都是植食性恐龙。其生理特征是下颌骨有单独的前齿骨，牙齿仅生长在颊部。有些种类的尾椎上生有骨化的棒状物，能使尾巴呈僵直状态。僵直的尾巴是它们奔跑时的平衡器官。鸟脚类从三叠纪中期出现，一直延续到白

垩纪末，是进化上非常成功的一大类恐龙。

　　到了侏罗纪晚期，鸟脚类已经发展成为一个大家庭，遍布世界各地。它们中有小型的棱齿龙类，中等大小的弯龙和大型的禽龙类，还有诸如鹦鹉嘴龙、鸭嘴龙、肿头龙等怪模怪样的类群。其中鸭嘴龙发展得最为成功，种类和数量都极为丰富。

　　尽管这些恐龙之间千差万别，但用双脚行走的植食性鸟脚类恐龙都有一个共同之处：它们都长着非常粗壮的后腿，遇到敌害时跑得很快。

▶ 机敏的莱索托龙
▶ 小巧的莱索托龙
▶ 植食性的莱索托龙

百科问答　问："莱索托"是什么意思？
答："莱索托"是非洲南部一个国家的名字，那里是
莱索托龙的发现地。

恐龙家族

莱索托龙
——小巧的植食性恐龙

恐龙名片	
拉丁文名	Lesothosaurus
名称含义	莱索托的爬行动物
发现地	非洲南部莱索托
生活年代	侏罗纪早期
所属类群	鸟臀目·鸟脚类·法布龙科

莱索托龙复原图
莱索托龙生活
在侏罗纪早期，大约只1米长，
体重不到10千克，是一种小型的
植食性恐龙。

■ 机敏的莱索托龙

　　最早的鸟脚类恐龙生活在三叠纪晚期。它们的个头很小，是用两条后腿迅速移动的动物。莱索托龙就是一种早期的鸟脚类恐龙。它的身体大小跟猫差不多，一旦遇到猎食者，就会立刻转身飞速逃跑。这是从莱索托龙的化石遗迹上看出来的。其身体结构表现出了良好的平衡性，说明它们具有动作敏捷的特点。这种优点是身体笨重、行动迟缓的大型植食性恐龙所没有的。正因为如此，它们才能够在资源有限而又时刻潜伏着危险的环境里很好地适应着、生活着、繁衍着。

■ 小巧的莱索托龙

　　莱索托龙是法布龙科中很具有代表性的一种恐龙。小巧玲珑的莱索托龙身长不到1米，骨骼轻盈，体重不到10千克，小腿较长，颈部

与躯干较短，尾长约占全长的一半，肢骨骨壁较薄等，表明其两足行走、行动灵活并奔跑迅速。跑动时它还可以用尾巴保持平衡。它能利用长腿飞快地跑动，以逃脱别的肉食性恐龙的魔爪。这种小恐龙有点像一只长着长尾巴的蜥蜴。它还有一个十分坚硬的小脑袋，其鸟喙状的嘴可以用来切咬植物。

■ 植食性的莱索托龙

　　莱索托龙是最小的植食性恐龙之一。它用修长的后肢走路和奔跑，用短小有力的前肢采集树叶等食物，并把这些食物塞入嘴里。

　　它的嘴边有角质的覆盖物，能够把植物剪切细碎，然后再送到嘴里用那些形状不一的牙齿慢慢处理。其颌骨两边的牙齿呈箭头形，很适合咬住食物。但颌部只能上下运动，而无法转动，所以只能切碎食物。

　　莱索托龙在进食时也保持着高度警觉的状态，不时地抬头四处张望，以防肉食性恐龙的袭击。

【百科词典】

你不知道的莱索托龙

　　莱索托龙出现在距今2亿年前的侏罗纪早期，数量比较多。

　　与后来出现的鸟脚类恐龙相比，莱索托龙的头显得更原始，看起来像是蜥蜴的头。其脖子与前肢较短，后肢细而长。

　　莱索托龙的嘴巴细长，嘴里长有许多排列均匀的尖牙，颌骨两边的牙齿是箭头形的，很适合于咬住食物。

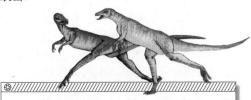

聪明机灵的莱索托龙
莱索托龙虽然个头很小，但平衡性良好，动作敏捷，因而它们依然能够在时刻潜伏着危险的环境里很好地生活。

异齿龙
——长了三种牙齿的恐龙

恐龙名片	
拉丁文名	Heterodontosaurus
其他译名	畸齿龙、奇齿龙
生存地点	非洲南部
生活年代	距今约 2.05 亿年的侏罗纪早期
所属类群	鸟臀目·鸟脚类·异齿龙科

■ 长了三种牙齿的恐龙

　　距今 2.05 亿年的侏罗纪早期, 在现今非洲南部半沙漠化的环境里, 生存着一类长了三种牙齿的恐龙——异齿龙。它长约 1.2 米, 重约 2.5 千克, 是最早、最小的鸟脚类恐龙之一。

　　异齿龙的口中生有三类不同的牙齿。其嘴巴前部长有细小而尖利的门牙, 紧挨其后的则是像象牙一样锋利的獠牙, 最后是长长的、凿子状的臼牙。根据古生物学家的描述, 异齿龙通常四肢着地或站立进食, 只有在遇到敌害时才用两腿奔跑, 奔跑中为了平衡身体, 尾巴会甩来甩去。它吃东西的时候, 首先会用门牙一片一片咬下树叶或茎, 集中在口的两边, 然后再用后面的牙齿撕碎和咀嚼食物。咀嚼时下颌轻微地向后嚅动, 样子颇像现代的牛羊进食。

异齿龙头部特写
　　异齿龙是一种植食性恐龙, 颊齿具有高的齿冠, 齿冠像凿子的形状, 前上颌骨和齿骨上都长有犬齿状的牙齿。

■ 用于攻击的雄性獠牙

　　通常异齿龙的上颌前部生有三颗肉食型的牙齿, 第三颗是獠牙, 它与下颌第一颗獠牙相对。但在人们已发现的异齿龙的头盖骨化石里, 有一些嘴的中部并没有长长的獠牙, 这些头骨上甚至没有长獠牙的牙槽。科学家们推测, 这些化石是异齿龙母龙的。如果这种情况属实的话, 那么只有雄性的异齿龙才生有的獠牙, 很可能是为了攻击和打斗在漫长岁月中逐渐进化而来的。

【百科词典】

你不知道的异齿龙

　　异齿龙脑袋非常小, 总长度大概只有 10 厘米。

　　异齿龙前肢的第四和第五趾都很短, 但前三趾长而灵活, 并且有爪, 因而它能够挖掘一些多汁的植物根吃。

　　在拉丁文中, "heter" 是不同的意思, "odon" 是牙齿的意思, 所以异齿龙的拉丁文名称 "Heterodontosaurus" 的意思就是 "具有不同类型牙齿的爬行动物"。

■ 异齿龙科

　　异齿龙科是鸟脚类恐龙家族中的重要一支。它包括以下几种著名恐龙: 拉那龙、阿伯瑞冠头龙、里考黑龙和异齿龙等。异齿龙科是一类活跃、敏捷、两脚走得很快的植食性恐龙, 主要取食地表或灌木丛中的植物。它们首先吃高于地面 1 米以下的植物, 且具有对植物进行相对选择的能力。

古老的异齿龙
　　异齿龙是最早出现、体型最小的鸟脚类恐龙之一。其前肢的前三趾长且具钝爪, 第四和第五趾则短而小。肩膀、前肢腕部、前肢掌关节显示它能挖开沙土或扒开草皮以寻找食物。

▶ 带棱的牙齿　　　　　**百科问答**　　问：哪些恐龙是棱齿龙的近亲？
▶ 被误解的棱齿龙　　　　　　　　　　答：泰南吐龙、橡树龙和干龙等。
▶ 奔跑健将

>>>>>>>>>>>

恐龙家族

棱齿龙
——牙齿带棱的恐龙

恐龙名片	
拉丁文名	Hypsilophodon
分布地区	欧洲和北美洲
生活年代	距今约 1.1 亿年前的白垩纪早期
所属类群	鸟臀目·鸟脚类·棱齿龙科

■ 带棱的牙齿

棱齿龙是一种很普通的恐龙，不过它们也有自己的特征，这个特征正是它被命名的原因。棱齿龙的牙齿上面多会有五六条棱，这些棱在上、下颚的牙齿上面均可找到。上颚牙齿的上半部向内弯曲，下颚则相反，这是棱齿龙的一个重要特点。所有的棱在牙齿表面上形成了倾斜的磨蚀面，所以即使它们不断地进食，也不会对牙齿造成太大的伤害。

■ 被误解的棱齿龙

棱齿龙在刚刚被发现的时候，曾经被人们误解过好几次。1894 年，人们发现了首批棱齿龙化石，当时的科学家们认为这是禽龙幼体的骨骼化石。随着更多的化石被发现，科学家们才意识到，这是一种从未发现的全新恐龙。后来，一些科普书籍中将凡是小型的鸟脚类统称为"棱齿龙"类，这也是不正确的。由于棱齿龙的后腿又细又长，每只脚上都有四只脚趾，而它们的前肢很短，

粗短的前掌趾上有五个尖爪，因而被科学家们认为是爬树能手。其实，腿部的肌肉表明它们很可能是陆地上的奔跑健将。

■ 奔跑健将

棱齿龙是一种小型植食性恐龙，最早出现在欧洲。成年的棱齿龙全长 1.4~2.3 米，臀高约 1 米，身材比较匀称，腿形十分优美。它们用两腿行走，姿势呈水平，而上部身躯相对较轻。这种身体结构意味着棱齿龙是一种善于奔跑的恐龙。其结构弹性较好，很适合用跳跃的方式逃避掠食者，就好像现代非洲的瞪羚一样。群居的棱齿龙可能是鸟脚类恐龙中速度最快的一群。快速逃跑的能力正是小型恐龙在弱肉强食的恶劣环境中必须具备的生存技能。

【百科词典】

你不知道的棱齿龙

棱齿龙的尾巴作用很大，可以在高速奔跑中保持平稳和急速转向。

在棱齿龙的近亲中，体型最大的是泰南吐龙。棱齿龙及其近亲都是些个头不大、行动敏捷的恐龙。

棱齿龙骨骼化石

棱齿龙全长 1.4～2.3 米，臀高 1 米，两腿修长优美。喙嘴狭窄锐利，给它咬食树的枝叶带来很大方便。前肢长，掌有 5 趾，很适合抓扒食物并能捧食。

棱齿龙复原图

棱齿龙是一种中小型鸟脚类恐龙。它们两腿行走，善于奔跑，分布在欧洲和北美洲，生活于距今约 1.1 亿年前的白垩纪早期。

| 百科问答 | 问：除禽龙外，禽龙科还包括哪几种恐龙？ | ▶ 知名度很高的恐龙 |
| | 答：弯龙、无畏龙、穆塔布拉龙、康纳龙和原巴克龙。其中弯龙是最原始的一种。 | ▶ 禽龙的各种特征 |

禽龙
——最早发现的恐龙

恐龙名片	
拉丁文名	Iguanodon
体貌特征	尖锐的骨质拇指爪
分布地区	比利时、英国、德国、北非、中国等
生活年代	白垩纪早期
所属类群	鸟臀目·鸟脚类·禽龙科

■ 知名度很高的恐龙

　　禽龙是知名度很高的恐龙之一。1822 年，一位英国的医生首次发现了禽龙化石。禽龙成了第二种被人类正式命名的恐龙，也是历史上有记载的最早发掘出来的恐龙。

　　禽龙科是一类非常繁盛的鸟脚类恐龙。禽龙科各种类型的恐龙化石，除了南极洲以外，在各洲都有发现。它们体型庞大，身长可达 10 米，体重约 4.5 吨，属于大型恐龙。禽龙科恐龙主要生活在侏罗纪晚期到白垩纪早期，个别种类延续到白垩纪晚期。它们具有特别的五趾型的前爪，拇趾成矛状，中间的三个趾具有蹄状爪，最后的第五趾非常细小。这样的前爪相当适合于抓握物体。

禽龙的武器
禽龙的前肢长而粗壮，而腕部不易弯曲，中间三个手指可以承受重量。拇指呈圆锥状，与中间三根主要的指骨垂直，就像长矛头一样，是防御敌害的主要武器。

■ 禽龙的各种特征

　　禽龙最出名的特征就在于其尖锐的骨质拇趾爪。它能以此刺入那些凶猛的肉食攻击者的身体，作出极为有力的反击。禽龙用后脚站立时，高约 4.5 米。有时以四脚行走，有时以两脚站立，喜食马尾草、蕨树和苏铁等植物。找到食物后，它会细嚼慢咽，用不着像雷龙那样去吞鹅卵石来促进消化。化石发现表明，幼年的禽龙前肢比成年龙要短小些，但是成年龙多四肢着地，行动要缓慢得多。

　　禽龙非常聪明。科学家们甚至认为禽龙会用脚趾走路，就像猫和狗一样。当被肉食性动物追捕时，它奔跑的速度可达到每小时 35 千米左右。禽龙的尾巴僵直而侧扁，这有助于它们保持身体平衡。出土的许多禽龙骨骼彼此距离很近，这是证明它们过着群居生活的一个依据。禽龙的大部分时间可能花费在寻找食物和咀嚼食物上。禽龙上下颚的前部没有牙齿，它用骨质的喙嘴咬下树叶，然后用嘴巴里面大约 100 颗左右的牙齿细细咀嚼。

【百科词典】

你不知道的禽龙

　　禽龙的头骨长轴与颈成直角，其嘴的侧部有一些细小的牙齿，每只脚上有三个脚趾，尾巴是扁平的。

　　在比利时的一个白垩纪晚期地层中曾发现过 23 只禽龙。其中 8 只的骨架现陈列于布鲁塞尔博物馆中。

　　禽龙的牙齿因和现存的鬣鳞蜥的牙齿极为相似，而鬣鳞蜥叫做"Iguana"，所以最开始时禽龙被命名为"Iguanodon"。

大名鼎鼎的禽龙
禽龙是继斑龙之后，世界上第二种正式命名的恐龙。而"恐龙"这一名称的由来，也和禽龙有关。正因为如此，过去曾有许多的种被归于禽龙属。

▶ 弯曲的大腿骨　　百科问答　　问：弯龙的发现者是谁？
▶ 奇特的牙齿替换　　　　　　　答：弯龙的发现者是大名鼎鼎的古生物学家马什教授。
▶ "捉迷藏"的恐龙　　　　　　　他于1885年发现弯龙化石并给它命名。

恐龙家族

弯龙
——股骨弯曲的恐龙

恐龙名片	
拉丁文名	Camptosaurus
分布地区	欧洲西部和美国西北部
生活年代	侏罗纪晚期到白垩纪早期
所属类群	鸟臀目·鸟脚类·禽龙科

■ 弯曲的大腿骨

　　弯龙体型庞大，大的长约6米，小的长约2米。它是禽龙的近亲。由于身体笨重，弯龙很可能行动迟缓，大部分时间都用四肢着地，吃长在低处的植物。但它也能用后腿直立起来去吃长在高处的植物。在弯龙下颚骨的前端还有一个单个的前齿骨，这意味着它有一个像鸟一样的角质喙，可用来采集树叶和嫩枝。

　　弯龙的大腿骨弯曲弧度比较大，因此其拉丁文名称为"Camptosaurus"，意思就是"弯曲的蜥蜴"。

■ 奇特的牙齿替换

　　古生物学家发现弯龙有非常特殊的牙齿替换过程。其方式是从偶数位后的牙齿开始，所有位于奇数位的牙齿依次被替换。在大多数情况下，这种奇妙的替换从后向前，因此替换齿系中的牙齿从后向前逐渐变小。科学家推测，在整个禽龙科中这样的牙齿替换过程可能是一种普遍现象。

■ "捉迷藏"的恐龙

　　从弯龙的身体结构看，它并不是一种善于快跑的动物，而且身上也没有甲和角，牙齿也不尖利。那么，它靠什么来逃避肉食性恐龙的袭击呢？有人猜想弯龙是一种很镇静但是胆量很小的恐龙，它躲避敌人的唯一方法就是和肉食性恐龙玩"捉迷藏"。一般情况下，弯龙用四条腿缓慢地行走，边走边找食物，同时警惕地注意着四周的动静。一旦稍有风吹草动，它就迅速地用长长的后腿逃跑，或者找个隐蔽的地方弯下腰躲起来。可能"弯龙"就是指它老是弯着腰躲躲藏藏吧！

弯龙复原图
　　弯龙是一种植食性恐龙，生活于侏罗纪晚期至白垩纪早期。因弯龙以四足站立时，它的身体形成一个拱形，且大腿骨也是弯曲的，故此得名。

【百科词典】

你不知道的弯龙

　　弯龙是侏罗纪晚期至白垩纪早期生活在美国怀俄明州以及英国部分地区的植食性恐龙。

　　弯龙举止文雅，性情温和，一般情况下四肢着地吃低矮的植物，有时也用后腿直立起来吃长在高处的植物。遇到敌害时，它还能用长长的后腿逃跑。

弯龙骨骼化石
　　弯龙体型庞大，与禽龙极为相似，头骨小，前肢短，后肢长，可四足行走，很可能是禽龙科及鸭嘴龙科祖先的近亲。

腱龙
——庞大而笨重的恐龙

恐龙名片	
拉丁文名	Tenontosaurus
其他译名	泰氏龙、泰南吐龙
分布地区	北美洲
生活年代	白垩纪早期
所属类群	鸟臀目·鸟脚类·腱龙科

■ 大笨龙

腱龙是一种又大又笨的恐龙，性情温驯，长着一条长长的特别粗的尾巴。它是植食性动物，生活在白垩纪早期的北美洲。虽然其身躯庞大，但缺乏自卫能力，常常会遭到比它小得多的恐爪龙的攻击。尽管它能用长着爪子的脚踢打对方，或把尾巴当做鞭子去打敌人，但它还是抵挡不住像恐爪龙这样凶猛而动作敏捷的肉食性恐龙的袭击。

■ 肌肉丰满的恐龙

"腱龙"的意思是"肌肉丰满的恐龙"或"筋骨健壮的恐龙"。据科学家估计，它大约身长7米，有一辆双层公共汽车那么大。腱龙身体笨重而健壮，用强壮的四条腿走路，平时喜欢吞食树叶和嫩枝。有人

恐爪龙攻击腱龙

考古研究发现，腱龙是一种性情温驯的恐龙。而凶猛机敏的恐爪龙恰是它的天敌。尽管它能用具爪的脚踢打对方或把尾巴当做鞭子去打敌人，但还是无法抵御恐爪龙的集体围攻，经常成为恐爪龙的美食。

认为，腱龙属于比较原始的禽龙类。早期的禽龙类包括了弯龙和腱龙，它们的前肢拇趾还没有退化成为钉刺状结构。另一些人则认为，腱龙是弯龙类向后期禽龙类过渡的类型，又大又长的尾巴和尾椎骨上高高突起的神经棘是它的独特之处。

■ 腱龙的天敌

在白垩纪时期，恐爪龙是腱龙的天敌。根据化石的记录，一群恐爪龙能杀死重达5吨的腱龙。虽然这样一只腱龙的体积大约等于六只恐爪龙，但是它的协调性比后者差得太远。有人认为，恐爪龙是成群结队生活在一起的，遇到植食性恐龙就群起而攻之。它们经常从背后进攻腱龙，将它刺倒在地，然后集体饱餐一顿。

【百科词典】

你不知道的腱龙

有科学家认为，腱龙比禽龙原始一些，它后脚的拇趾还没有退化消失，前肢依然有爪的特征。

从化石上看，腱龙的尾巴又粗又硬，长度则占了身体的一半以上。

目前发现腱龙的化石主要分布在北美洲，在美国蒙大拿州、亚利桑那州、俄克拉何马州、得克萨斯州等地都有发现。

▶ 引起误解的长相　　百科问答　　问：无畏龙主要吃什么？
▶ 有用的背帆　　　　　　　　　答：无畏龙以蕨类植物作为主要食物，但它很可能并不挑食，
▶ 无畏龙的"匕首"　　　　　　　什么都吃。

恐龙家族

无畏龙
——背上长"帆"的恐龙

恐龙名片	
拉丁文名	Ouranosaurus
其他译名	天堂龙、豪勇龙
分布地区	西非的尼日尔
生活年代	白垩纪早期
所属类群	鸟臀目·鸟脚类·禽龙科

■ 引起误解的长相

　　无畏龙是禽龙的近亲，但如果光从脑袋看去的话，它更像鸭嘴龙，因为它有一张宽阔而扁平的大嘴。无畏龙的头骨化石显示，它的头顶非常平，只有前额部位有些许隆起。宽宽的嘴巴及有力的下颌说明它能够咬断并咀嚼一些坚硬的植物，这使它觅食的范围比较大，食物来源更加丰富。

■ 有用的背帆

　　无畏龙的背上有一张由皮肤形成的大"帆"，从背部、臀部一直延伸到尾部。这是由长棘刺支撑起的皮肤形成的。西非地区夜里比较寒冷，白天则艳阳高照，又干又热。在如此恶劣的环境中，无畏龙全要靠这个背帆来调节体温。经过寒冷的夜晚，它会在早晨美美地晒太阳，背帆上皮肤内的血液在阳光下，就像一

块太阳能聚热板，起到了升温的作用。到中午的时候，无畏龙又转换与太阳的角度，使背帆起到散热板的作用，让肌肤感到丝丝凉爽。

无畏龙复原图
　　无畏龙名字的含义是"英勇的恐龙"，生活在白垩纪早期，属于禽龙类。体长约7米，重3.5至4吨。

■ 无畏龙的"匕首"

　　无畏龙可以用两条腿或四条腿走路。它的后肢强壮有力，可以支撑体重。当需要休息时，无畏龙可以向前倾斜四肢着地，用它蹄状的爪子保持住身体的平衡。

　　无畏龙的每只爪上都有一个长拇趾钉。当它在蕨类植物的枝叶中觅食的时候，肉食性恐龙也许在埋伏等待。虽然无畏龙的别名叫"豪勇龙"，但其实它并不是特别机灵敏捷的动物，所以爪上的拇趾钉就成为它最有用的武器。这种拇趾钉就像一把小匕首，可以在适当的时候起到很大作用，帮助无畏龙抵御敌害。

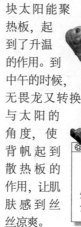

背上长"帆"的无畏龙
　　无畏龙背上的"帆"非常神奇，可以帮助它保持体温的稳定。

【百科词典】

你不知道的无畏龙

　　在生活习性方面，无畏龙与禽龙非常相似。其爪部结构显示出，它们在休息与散步时都是四脚着地的。

　　幼年的小无畏龙因为前肢太短，即使在散步时，也只能用后肢行走。

穆塔布拉龙
——口鼻鼓起的恐龙

恐龙名片	
拉丁文名	Muttaburrasaurus
体貌特征	鼻子上长有坚实的骨质冠状物
发现地	澳大利亚昆士兰州穆塔布拉镇
生活年代	白垩纪前期
所属类群	鸟臀目·鸟脚类·禽龙科

穆塔布拉龙骨骼化石
穆塔布拉龙以其发现地澳大利亚昆士兰州的穆塔布拉镇而命名。其遗骸十分有限，只有一部分的头盖骨被寻获，不过这已能证明穆塔布拉龙是禽龙的亲戚。

■ 意外的发现

穆塔布拉龙属于禽龙类的一种，它是由澳大利亚昆士兰州穆塔布拉镇的一位牧场主人德兰顿首先发现的。

1963年的一天，德兰顿准备将走散的牛赶到河边去饮水，却在一条小路上发现了一些不同寻常的石头——这些石头里面好像藏着一些兽骨一样的东西。于是他捡了几块送到昆士兰博物馆去鉴定。随即，博物馆的专家们宣布，德兰顿不仅找到了几乎完整的恐龙骸骨，而且发现了恐龙中的新品种。就这样，恐龙大家族的一个新成员被意外地发现了。

■ 高挺的鼻子

穆塔布拉龙是一种大型的植食性恐龙，以其发现地穆塔布拉镇而得名。穆塔布拉龙的遗骸十分有限，只有一部分的头盖骨被寻获，不过这已能证明它与禽龙是亲戚。高挺的、中空并向上鼓起的口鼻部是这种恐龙最显著的特征。这项发现曾经引起对鸭嘴龙类似鼻子结构的热烈讨论。许多人认为，鸭嘴龙鼻子的结构是用于发声或吸引异性的，或许穆塔布拉龙的鼻子也具有类似的功能。

■ 穆塔布拉龙的特征

穆塔布拉龙身长约7米，生活于距今1亿年前的澳大利亚大陆。它的化石是1963年在现今澳大利亚昆士兰州的中部草原发现的。穆塔布拉龙与禽龙有很近的亲缘关系，它们的生活习性也很相似，都是植食性恐龙，都需要用力地咀嚼食物，并成群地四处走动。像禽龙一样，穆塔布拉龙中间的三趾融合在一起而成蹄状。

【百科词典】

你不知道的穆塔布拉龙

穆塔布拉龙的头颅骨显示其鼻梁两侧各有一个皮囊，吼叫时皮囊共振，声音频率虽然很低，但是浑厚深远。

穆塔布拉龙的头骨较高，眼睛的位置靠后，与现代马、牛的眼睛相似。

根据化石的分布特征，科学家推测群居的穆塔布拉龙可能会在食物较少的季节进行大范围的迁徙活动。

穆塔布拉龙复原图
高挺的鼻子是穆塔布拉龙最显著的特征，求偶时用来发出声音以炫耀。

▶ 鸭嘴龙类
▶ 蒙古高原特有的鸭嘴龙类
▶ 著名的恐龙化石产地

百科问答　问: 你知道鸭嘴龙类恐龙的皮肤化石有什么特点吗?
答: 有的鸭嘴龙类的皮肤化石会呈现出一种皮革似的质感,有点木乃伊的感觉。

恐龙家族

巴克龙
——蒙古高原特有的鸭嘴龙类

恐龙名片	
拉丁文名	Bactrosaurus
发现地	内蒙古自治区锡林郭勒盟二连诺尔
生活年代	白垩纪晚期
所属类群	鸟臀目·鸟脚类·鸭嘴龙科

■ 鸭嘴龙类

鸭嘴龙类是鸟脚类恐龙的一个属群。其头骨较长,上颌和下颌有些宽扁,多数都具有紧密排列的菱形齿,就像磨一样,适于粉碎食物。它们主要用两脚行走,有时可能会用四脚行走。鸭嘴龙类恐龙经常涉入近海岸的浅水域,以便寻觅水生植物,有时则在陆上寻找食物,万一遇到大型肉食性恐龙就赶快逃入水中。因而鸭嘴龙类的化石也一般发现于河流、湖泊、海岸和浅海等处的沉积层中。

■ 蒙古高原特有的鸭嘴龙类

巴克龙是蒙古高原特有的鸭嘴龙类。它的头骨短而平滑,牙齿较少并呈棱柱形。其臼齿发达,能有效地将植物磨碎消化。巴克龙还有一个特点,就是旧的牙齿磨蚀后,不断会有新的牙齿长出来补充。巴克龙的前肢较短,后肢长而强壮,脊骨处有不寻常的大尖刺突出。它们平常用两脚行走,生活于河湖附近,以植物为食。成年的巴克龙有6米长,四脚站立时可达到2米高,体重在1.3吨左右。

■ 著名的恐龙化石产地

二连浩特是中国与蒙古边界的一个小城市,但对于研究恐龙的人来说却是大名鼎鼎。距二连浩特东南10千米的二连诺尔,过去曾是一个盐湖。在这里,科学家们发现了欧氏阿莱龙、姜氏巴克龙、亚洲古似鸟龙、坦齿蒙古龙、蒙古满洲龙和安氏原角龙等恐龙的化石。二连诺尔还曾出土过数十具从幼年到老年的巴克龙化石,是亚洲及世界著名的巴克龙化石产地。

巴克龙骨骼化石
巴克龙生活在中生代的白垩纪晚期,体长约6米,脚的节趾有增厚的前缘,用两脚行走,生活于河湖附近。

【百科词典】

你不知道的巴克龙

巴克龙系群居性恐龙,幼仔会得到集体的照料,并实行群体性季节迁徙。

巴克龙的坐骨有足状末端,貌似禽龙,没有头冠,属于赖氏龙类中最古老的一种。

巴克龙经常在树林中觅食,它的皮肤上有绿色和黄色的斑点,像是有条纹的巨蜥。这种色泽在阳光照射下和被踩烂的野草一模一样,是一种非常成功的伪装。

巴克龙
巴克龙的头骨短而平滑,牙齿较少并呈棱柱形。旧的牙齿磨蚀后,不断会有新的牙齿长出来补充。

百科问答　问：为什么这种恐龙叫"巨鸭龙"？
答：因为它的嘴和鸭嘴十分相似，其拉丁文名称"Anatotitan"的意思就是"像大鸭子的恐龙"。

▷ 又长又扁的嘴
▷ 巨大的体型
▷ 无奈的分类历史

巨鸭龙
——最大的鸭嘴龙

恐龙名片	
拉丁文名	Anatotitan
其他译名	大鸭龙、大鹅龙
生存地点	加拿大
生活年代	白垩纪晚期
所属类群	鸟臀目·鸟脚类·鸭嘴龙科

■ 又长又扁的嘴

　　鸭嘴龙类的各种恐龙彼此都十分相似，它们的骨架形状相差无几，几乎难以根据骨骼化石来进行区分。所以科学家们就把不同的头部形状作为鸭嘴龙类恐龙的分类依据。巴克龙的嘴巴较短，而巨鸭龙的嘴巴又长又扁，和"鸭嘴"很相似。这种嘴形的优点是可以咬住大量的植物作为美食。可以说巨鸭龙是脑袋长得最像鸭子的恐龙，是鸭嘴龙类中最典型的代表。

■ 巨大的体型

　　巨鸭龙生活在白垩纪晚期的北美洲，体长大约有 13 米，重 5 吨左右，是鸭嘴龙中最大的类型。巨鸭龙属于鸭嘴龙中的平头类，头上没有顶饰。它大部分时间是在陆地上度过的，因此不像其他鸭嘴龙类恐龙，总是能靠逃进水里去逃避敌害。但巨鸭龙是十分机敏的动物，依靠其发达的视力、听力和嗅觉，就能逃过绝大部分敌人的追捕。

■ 无奈的分类历史

　　关于巨鸭龙的分类有着漫长而令人困惑的历史。美国著名古生物学家科普在 1882 年发现了一个完整的巨鸭龙头颅骨及其他骨骼。起初它被称为"糙齿龙"，分属在糙齿龙属中。而 1892 年，科普的竞争者马什将巨鸭龙分在了破碎龙的科属中，给它起了一个新的名称。1942 年，当时的科学家给了巨鸭龙一个新属种，称其为"科氏鸭龙"，归在了埃德蒙顿龙属中。1990 年，巨鸭龙才正式拥有了自己现在的名称和独立的属种。但目前学术界又出现了复古的观点，有科学家认为，巨鸭龙只不过是一些大型的埃德蒙顿龙，其独立的属种根本就不存在。

【百科词典】

你不知道的巨鸭龙

　　巨鸭龙的皮肤很特别，覆以水泡样的凸起，和如今美国西部的一种有毒大蜥蜴的皮肤有些相似。

　　巨鸭龙最少有五个标本在美国的南达科他州及蒙大拿州发现，其中有几个保存极度完好，尤其是头颅骨的部分。

长背棘的巨鸭龙
　　巨鸭龙是体型最大的鸭嘴龙，背部突出，有人认为应该长有背棘。不过，也有人认为它的背部没有背棘，而只是突出些。

百科问答

问："栉"是什么意思？

答："栉"是中国古代对梳子和篦子的总称，其比喻义是像梳齿那样密集排列着。

鸭嘴龙的顶饰
可以充气的头冠

恐龙家族

龙栉龙
——戴着"贝雷帽"的鸭嘴龙类

恐龙名片	
拉丁文名	Saurolophus
其他译名	栉龙、蜥嵴龙、蜥冠龙
分布地区	北美洲、亚洲
生活年代	白垩纪晚期
所属类群	鸟臀目·鸟脚类·鸭嘴龙科

■ 鸭嘴龙的顶饰

戴贝雷帽的"绅士"

龙栉龙头上长着一个引人注目的管子，里边有细细的通道。空气经过时就会发出低沉的声音，可以用来吓跑敌人，也可以与同伴互相联系。

鸭嘴龙最大的特点是它们头骨的特化。它们中有一些恐龙头上平平的，没有什么特别的装饰，但有一些则长着冠状的突起，人们把这种形状不同的突起叫顶饰。它是由头上的鼻骨或额骨形成的，从鼻孔进入的空气会先在这个顶饰里绕一个圈子，再进入气管和肺部。

科学家们把鸭嘴龙按有无顶饰分成了两个亚科，没有顶饰的叫巨龙亚科，具有不同顶饰的叫兰氏龙亚科，这是为了纪念加拿大的古生物学家兰比。在有顶饰的兰氏龙亚科里，龙栉龙是很出名的一类，因为它顶着一个像"贝雷帽"一样的头冠。

■ 可以充气的头冠

龙栉龙属于已经进化了的带冠的一种鸭嘴龙，体长约9米，生活在距今7000万年前的北美洲及亚洲地区。主要食物是植物，日常生活行为有点像现在的哺乳动物。

科学家认为这种恐龙的头顶部向后倾斜着长出一个骨质尖刺，鼻子周围下垂的皮肤都被这个尖刺支撑起来，因此看上去头部就像长着一个皮囊一样。这个皮囊从口吻部一直向上延伸到头冠的末端。当恐龙鸣叫时可以像吹气球一样将其吹得鼓胀起来，使自己的叫声更为响亮，也传得更远。当头冠完全充气后，龙栉龙看上去就如同戴了一个小型的贝雷帽。

龙栉龙是一种群居动物，鸣叫声正是它们彼此联络的信号。谁发现了食物，可以招呼同伴过来一起享受；谁发现了敌人，也可以发出信号让同伴们快快逃开。

【百科词典】

你不知道的龙栉龙

古生物学家推测，龙栉龙的脸部皮肤上密密麻麻地长着许多小疙瘩。

龙栉龙不但具有顶饰，而且身体的其他部位很可能还有纹章一样的花纹。

有人认为龙栉龙头上的皮囊里边有细细的通道，空气经过时就会发出低沉的声音，可以用来吓跑敌人。

龙栉龙的独特冠饰

龙栉龙的冠饰长而尖，从眼睛上方开始，往头的后上方呈45度角倾斜。冠饰内部的腔室可能还有呼吸或调节体温的功能。

副龙栉龙
——头上长"管子"的恐龙

恐龙名片	
拉丁文名	Parasaurolophus
名称含义	像栉龙的恐龙
分布地区	加拿大的艾伯塔地区和美国部分地区
生活年代	白垩纪晚期
所属类群	鸟臀目·鸟脚类·鸭嘴龙科

■ 头上的"管子"

副龙栉龙是一种植食性恐龙，体重最大可达到 5 吨。其化石于 1922 年最先出土。副龙栉龙自被发现以来，一直都吸引着许多古生物学家的目光，因为这种恐龙和一般的鸭嘴龙有一个明显的区别，即头上长了一个突出的约 1.3 米长的头冠，就像脑袋上长了一根长长的"管子"。有关这个头冠的用途，科学界众说纷纭，至今未能达成共识。

■ "管子"的作用

很多鸭嘴龙科的恐龙头上都长有一块形状怪异的隆起，但其中副龙栉龙的"管子"最为显眼。有人说那块怪异的隆起是可以在水中呼吸的气管，也有人认为那应该是互相传声的共鸣器官，又或许两者都是。它的头冠长在鼻骨上，充满了通道。空气从鼻孔吸入，经过这些通道才能到达肺部。而且

副龙栉龙
副龙栉龙是鸭嘴龙科的一属，生存于白垩纪晚期的北美洲。其头上长着一个突出的约 1.3 米长的冠饰，该冠饰如同一根长长的"管子"，并往头后方弯曲着。

这些通道也正是这类恐龙的发声器，就像圆号中弯曲的管子，科学家认为它可以发出嘹亮的声音。副龙栉龙是冠顶鸭嘴龙中的典型代表，它们把长长的头冠顶在头顶，就像随身带着个挂物架一样。

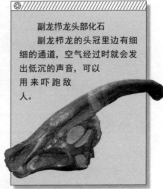

副龙栉龙头部化石
副龙栉龙的头冠里边有细细的通道，空气经过时就会发出低沉的声音，可以用来吓跑敌人。

■ 警觉的副龙栉龙

副龙栉龙的后肢十分强健，既可以在四脚行走时支撑体重，又可以用于游泳和涉水。副龙栉龙在地面上吃东西时，一般都四脚站立。它依靠非常敏锐的听觉，随时警惕着危险的来临。一旦受到惊吓，它就用两条后腿奔跑，并将尾巴伸直以保持平衡。副龙栉龙有一条能够左右摆动的尾巴，在水中可以起到桨的作用。由于没有其他的防御手段，这个大尾巴在躲避天敌方面就起着很大作用。副龙栉龙靠大尾巴可以游到安全的深水区，把进攻者远远甩在后面。

【百科词典】

你不知道的副龙栉龙

副龙栉龙的名称较多，鸡冠龙、副龙栉龙、似棘龙都是它的别名。

副龙栉龙的取食范围较宽，它可以靠两条后腿站起，吃到高树上的一些叶子。

副龙栉龙的头冠顶端是封闭的，因此不可能像某些考古学家说的那样，头冠是在水下用来保持呼吸作用的器官。

▶ 中华龙的故乡　　【百科问答】　问：青岛龙的主要食物是什么？
▶ 有争议的头冠　　　　　　　答：树叶、水果和种子等。
▶ 平和的青岛龙

>>>>>>>>>>>
恐龙家族

青岛龙
——头冠有争议的恐龙

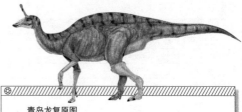

青岛龙复原图
青岛龙是一种带有顶饰的鸭嘴龙类，在鼻骨的后部长着一条带棱的棒状棘。

恐龙名片	
拉丁文名	Tsintaosaurus
名称含义	在青岛附近发现的恐龙
发现地	中国青岛
生活年代	白垩纪晚期
所属类群	鸟臀目·鸟脚类·鸭嘴龙科

■ 中华龙的故乡

　　1951 年，我国古脊椎动物学者杨钟健教授在山东莱阳市金刚口村西沟发现了青岛龙化石，这是新中国成立以后首次发现的恐龙化石。因为它的头上有荆鼻，所以当时暂定名为"荆鼻龙"。后来因为莱阳附近的城市青岛的知名度最高，就把它命名为"青岛龙"。1964 年，考古队又从与青岛相近的县城中发现了被百姓称为中药"龙骨"的鸭嘴龙骨架。至 1968 年为止，考古人员在青岛附近地区共采集到将近 30 吨重的恐龙骨架。这使得包括青岛在内的齐鲁大地成为了中华龙的故乡。

■ 有争议的头冠

　　青岛龙身长可达 8 米，站立时高约 5 米，属

鸭嘴龙的一种，外貌与"标准"的鸭嘴龙没有多大区别，只是头顶上多了一只细长的角，样子就像独角兽一样。这个头冠引起过很大争议。有人说这只角应向前倾斜，也有人说应向后倾斜。至于这只角的作用，更是众说纷纭。它既不像武器，也不像其他冠顶鸭嘴龙的顶饰那样能扩大自己的叫声，那么很可能就是一种装饰品。还有人说这只角根本就不存在。

■ 平和的青岛龙

　　1958 年，北京自然博物馆发现了一具完整的青岛龙骨架，从此该骨架便成了镇馆之宝。那只青岛龙身长约 6.6 米，身高近 5 米，据推测活体约重 7 吨。有科学家认为，它不善于奔跑，又缺乏自卫武器，只适合在淡水湖泊附近地区生存。但也有科学家认为，它们是陆生动物。

【百科词典】

你不知道的青岛龙

　　有学者认为青岛龙可能生活在沼泽附近，大部分时间消磨在水中；但是也有人认为它们是完全陆生的动物，因为在它们的胃里找到了松树的针叶及陆生植物的种子和果实。

　　青岛龙的前肢短小，后肢粗壮，主要靠后肢行走。站立时，后肢与拖在地上的粗大尾巴常常以"三角架"形式支撑身体。

　　最新的研究表明，青岛龙头上的角其实是一块因破碎而掉落的碎片，后来被误放在头骨的前方。若果真如此，那么青岛龙可能就属于扁平头颅的鸭嘴龙类了。

青岛龙骨骼化石
1951 年，在青岛附近的金刚口村出土了新中国成立后的第一具恐龙化石，当时命名为"荆鼻龙"，后更名为"青岛龙"。

盔龙
——戴头盔的恐龙

恐龙名片	
拉丁文名	Corythosaurus
分布地区	美国的蒙大拿州和加拿大
生活年代	白垩纪晚期
所属类群	鸟臀目·鸟脚类·鸭嘴龙科

■ 戴头盔的恐龙

　　距今 6700 万年前的白垩纪晚期，有一种身长超过 9 米的大型恐龙，名叫盔龙。它长着一张像鸭子一样的脸，是鸭嘴龙类中最著名的恐龙之一。

　　盔龙最显著的特征就是头上有一个鸡冠般的中空头冠。从化石来看，其前颌骨和鼻骨在头顶上形成了一个高高的盔甲状突起，它就因此得名。这个"头盔"与鼻

两脚行走的盔龙

盔龙属于鸭嘴龙科恐龙。它后腿粗壮，脚掌阔大，平时就用两只后脚行走，进食时才用较短的前腿支撑身体。

孔相通，据说头冠内有发达的嗅觉细胞，所以盔龙的嗅觉应该很灵敏。

　　盔龙的头饰大小不一，这一度使科学家迷惑不解。其实较小的头盔属于年轻的或雌性个体。而非常年幼的盔龙几乎没有头饰，只是在它的眼睛上方有一个小小的突起。雄性的头冠比雌性的要稍大一些。

■ 盔龙的生活习性

　　据已知的盔龙表皮化石推测，它的表皮长得非常凹凸不平。科学家们认为，盔龙的脸上应该有许多小皮囊。皮囊鼓起后呈球状，能给恐龙群传递报警信号或吸引异性。它还用气囊加大嘴里发出的声音，就像青蛙从喉咙里发出呱呱声一样。

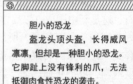

　　盔龙主要生活在水里，有时也会上岸到针叶树和灌木丛中去觅食。它用后肢站立，后腿粗壮，脚掌阔大，平时就用两只后脚行走，但进食时也能用较短的前腿支撑身体。盔龙会用喙嘴咬断细枝、树叶和松针，然后放入成排的牙齿间。它的喙里一颗牙也没有，但嘴里面却有上百颗牙齿。

　　盔龙体型庞大，其笨拙沉重的身体使它极难机敏地逃脱敌手的捕杀。而且它的脚趾上没有锋利的爪，所以无法抵御肉食性恐龙的袭击。不过它可以跳入水中游向其他地方，躲开不会游泳的肉食性恐龙。

胆小的恐龙

　　盔龙头顶头盔，长得威风凛凛，但却是一种胆小的恐龙。它脚趾上没有锋利的爪，无法抵御肉食性恐龙的袭击。

【百科词典】

你不知道的盔龙

　　盔龙的拉丁文名称 "Corythosaurus" 的含义是"戴头盔的蜥蜴"。

　　性情温和的盔龙不是好战者，它们的身上没有盔甲、棘刺和利爪，它们依靠敏锐发达的视觉和听觉器官预防不测。

　　平时，盔龙非常喜欢炫耀自己与众不同的头饰和独特的鸣叫声。这些明显的特征很可能吓唬住对方，使敌手在发动进攻前三思而行。

🌸 慈母龙
——恐龙中的"好妈妈"

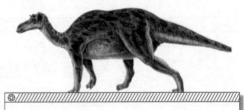

恐龙名片	
拉丁文名	Maiasaura
分布地区	美国的蒙大拿州等地
生活年代	白垩纪晚期
所属类群	鸟臀目·鸟脚类·鸭嘴龙科

慈母龙复原图
慈母龙是生活在白垩纪晚期的一种植食性恐龙，其拉丁文名称的含义就是"好妈妈蜥蜴"，属于鸭嘴龙类。

■ "慈母龙"一名的由来

以前人们一直认为恐龙和今天的许多爬行动物一样，都是一生下蛋就走开，根本不管它们的孩子会怎么样。后来，科学家们发现一些幼小恐龙的牙齿有明显的磨损痕迹，这表明它已经开始吃东西了。但是这些幼龙的四肢却还没有发育完全，显然还不能开始真正意义上的爬行。这似乎可以说幼龙是在巢中由父母来养育的。另外，通过分析恐龙足迹化石可知，它们常常列队外出。外出时，大恐龙走在两侧，小恐龙躲在队列中间，如同今天我们看到的象群。于是科学家给这种恐龙起了一个很有人情味的名字——慈母龙。

逃跑
慈母龙平时用四条腿走路，遇到肉食性恐龙时，用两条腿快速逃跑。有人认为，慈母龙还会游泳。

■ 爱护家庭的恐龙

慈母龙过的是群居生活。它们的脑袋中等大小，所以比较聪明。慈母龙临产前会制作一个恐龙窝，就是在泥地上挖一个和普通圆形饭桌差不多大小的坑，然后用柔软的植物垫在窝底。雌恐龙在垫好的窝内会产下18至40枚硬壳的蛋。科学家们认为，慈母龙父母可能会在窝旁保护着蛋，以免它们被其他恐龙偷走。母亲还可能卧在蛋上保持蛋的温暖，当"她"需要离开去吃饭时，则由其他成年恐龙看护着恐龙蛋。

当小恐龙出世以后，它们的父母会照顾这些小宝宝，喂给它们足够的食物。小恐龙什么都吃，包括水果和种子。它们在父母身边无忧无虑地成长，一直到能离开家独自寻找食物为止。

在美国某个地方曾发现过大量的带有恐龙骨骼和蛋壳碎片的恐龙窝，这就使得一些古生物学家认为在北美洲曾生活着大批的慈母龙。它们在森林中生活，但每年都回到同一个产卵区来产卵。它们也许还一次次地使用同一个窝。小恐龙长到能自己照顾自己的时候，就加入到恐龙群中去。最后整个恐龙群迁徙到别处，去寻找新鲜的食物。

【百科词典】

你不知道的慈母龙

小慈母龙身长30厘米左右，十分可爱。

慈母龙的脸像鸭子的脸。它的喙里没有牙，但是嘴的两边有牙。它们平常用四条腿走路，奔跑时用两条腿。据科学家们猜测，慈母龙跑得很快。

埃德蒙顿龙
——长着上千颗牙齿的恐龙

恐龙名片	
拉丁文名	Edmontosaurus
其他译名	爱德蒙脱龙、艾德蒙托龙
分布地区	加拿大艾伯塔省埃德蒙顿及美国的科罗拉多州、犹他州、新泽西州
生活年代	白垩纪晚期
所属类群	鸟臀目·鸟脚类·鸭嘴龙科

应该就是长期适应这些食物的结果。

■ 有上千颗牙齿

埃德蒙顿龙可以用它的颊囊咀嚼最粗糙的食物，这是由于它嘴里密密麻麻地长了上千颗牙齿，这些牙齿很紧密地排列了60排。像现今的鲨鱼一样，新的牙齿会不断地生长来取代磨损了的牙齿。当这种恐龙的下颚骨向上时，上颚骨可以向外弯曲，颚骨和那60排牙齿就可以磨碎食物了。在埃德蒙顿龙的胃里，研究者发现了针叶树（如松柏）的针叶、细枝、被子植物的种子及其他硬的碎片，这些东西都比较坚硬。如此多的牙齿

埃德蒙顿龙
埃德蒙顿龙有一个鸭子状的嘴巴，里面有上千颗牙齿。它能吃坚硬的植物枝条或果实，会细嚼慢咽。

【百科词典】
你不知道的埃德蒙顿龙

埃德蒙顿龙行动迟缓。为了生存，它必须有敏锐的视觉、听觉及嗅觉，以便及时发现敌害。

埃德蒙顿龙的头颅骨显示，它的鼻孔可能有皮肤包裹。科学家推测，这皮肤可能是可以膨胀的，以吓阻其他的恐龙。

■ 以发现地命名的恐龙

埃德蒙顿龙是鸭嘴龙科中的一种恐龙，生活于距今约7100万年至6500万年的白垩纪晚期。成年的埃德蒙顿龙可达9米长，体重约3.5吨，是最重的鸭嘴龙科恐龙之一。它是以其化石的发现地——加拿大艾伯塔省埃德蒙顿来命名的。

■ 珍贵的皮肤化石

1908年，人们在美国怀俄明州发现了埃德蒙顿龙化石，最值得注意的是同时发现的皮肤轮廓化石。这块皮肤轮廓化石是因皮肤急速干透后在泥土上留下形状而形成的。从这些轮廓中可知，埃德蒙顿龙的皮肤是有鳞片及皮质的，肌肉就在皮肤之下。这种恐龙的外形很像鸭子，在颈部、背部及尾巴等处都有一些结节。

笨拙的埃德蒙顿龙
埃德蒙顿龙有四只脚，但经常用后腿站立起来以便觅食，看起来就像巨鸭龙的缩小版本。

剑龙类：
背上插戟的将军

概 述

■ 出现得早，消失得快

剑龙类是鸟臀类恐龙中较早分化出来的类群。根据可靠的化石记录，最早的剑龙出现于侏罗纪中期，四川省自贡市发现的华阳龙就是它们的代表。剑龙在侏罗纪晚期较为繁盛。进入白垩纪后，剑龙的化石变得非常稀少，说明它们发展的巅峰期已过。而在白垩纪晚期剑龙类恐龙几乎就已经灭绝了。剑龙类的衰亡通常与显花植物的出现和新种类的植食性恐龙的兴盛相联系。不适应新的食物和在生存竞争中的失利，可能正是剑龙迅速走向衰退和灭绝的原因。在鸟臀类恐龙中，剑龙是最早灭绝的类群。

剑龙类恐龙虽然分布在亚洲、北美洲、非洲、欧洲等广大地区，但是较为原始的种类都是在我国相继发现的，所以亚洲东部才是它们的发祥之地。

■ 特殊的剑板和尾刺

现如今，剑龙类恐龙是非常有名气的一种恐龙。动画片中也经常可以看到它们的身影。剑龙类恐龙的体型中等偏大，最大的可长达9米，重量超过两吨。与躯干相比，它们的头小得几乎不成比例，且看上去低平而狭长。剑龙类恐龙牙齿细弱，以植物为食，用四脚行走，行走时臀部会拱起来。

剑龙类最主要的特征就是身体背面从颈部至尾部长着两列剑板，这些剑板沿着背中线两侧排列。尾巴上还长有两对长长的骨棘，叫做尾刺。剑龙的剑板和尾刺是其他恐龙所不具有的结构特征。

■ 作为武器的尾刺

剑龙尾巴上的钉刺是它防御敌害的有利武器。通过挥舞这些带刺的尾巴，剑龙将给那些企图侵犯它们的肉食性恐龙以致命的打击。一旦那有力的尾刺碰上了别的恐龙柔软的腹部，仅一下就能让它们开膛破肚。

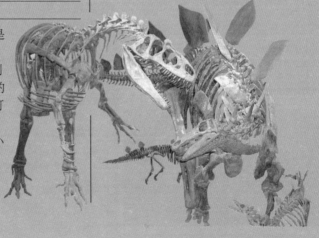

华阳龙
——原始的剑龙类

恐龙名片	
拉丁文名	Huayangosaurus
发现地	中国四川自贡大山铺
生活年代	侏罗纪中期
所属类群	鸟臀目·剑龙类·华阳龙科

■ 出自中国的最早的剑龙

科学家对早期剑龙类恐龙的认识，实际上是从我国四川自贡大山铺出土的华阳龙开始的。1982 年，考古工作者在自贡大山铺发现了几具早期剑龙类恐龙的骨架，还包括两个完好的头骨。科学家们将其命名为"太白华阳龙"。

华阳龙身长约 4 米，臀部高 1.4 米，体重 1 至 4 吨，是一种中等大小的剑龙。与生活在同时代、同地区的蜀龙、酋龙和峨眉龙相比，华阳龙又矮又小。因此，当那些大家伙仰起脖子大嚼高树上的叶子时，华阳龙只能啃食地面上的低矮植物。

■ 华阳龙的意义

华阳龙化石发现的意义十分重大。过去，人们都认为欧洲是剑龙的故乡，它们最早在英国南部生活，后来才移居到美洲、亚洲和非洲的。

华阳龙生活场景图
华阳龙生活在侏罗纪中期，河边通常长满了茂密矮小的蕨类植物。华阳龙喜欢用它那适于啃食和研磨的小牙齿慢慢咀嚼蕨类植物的枝叶。

华阳龙标本发现以后，许多古生物学家改变了这种看法，认为剑龙的起源中心应该在亚洲，理由是我国四川的华阳龙是在侏罗纪中期地层中发现的，而其他各大洲可靠的剑龙化石都是在这以后的侏罗纪晚期地层中发现的。

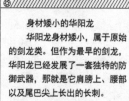

身材矮小的华阳龙
华阳龙身材矮小，属于原始的剑龙类。但作为最早的剑龙，华阳龙已经发展了一套独特的防御武器，那就是它肩膀上、腰部以及尾巴尖上长出的长刺。

■ 华阳龙的特征

华阳龙有一个方形的头，口鼻部很短。它上颚的前部长着一些小牙，用来咬断蕨类和其他多汁的植物。这种恐龙行动迟缓，步履沉重。它们用四条短短的小粗腿走路，小小的脑袋和沉重的尾巴离地面很近。在华阳龙的背上长有两排直立的骨质剑板。在尾部的末端还长有四个尖锐的尾刺，估计是用来防御敌害的。在它的双肩上还各有一个棘刺，这对来犯的敌人构成了很大的威胁。

> 【百科词典】
>
> **你不知道的华阳龙**
>
> 华阳龙的牙齿不大，适合于研磨，它进食时先将植物整个吞下去，之后再慢慢咀嚼。
>
> 华阳龙是剑龙类中最早期的代表类群，也是侏罗纪中期剑龙家族中保存最完整的一群。

▶ 剑板的作用
▶ 两个脑子的剑龙

百科问答

问：剑龙为什么那么有名？
答：第一具剑龙化石骨架是美国古生物学家马什在1877年发现的，之后经过媒体大肆炒作，剑龙一炮走红。

恐龙家族

🌸 剑龙
——背着剑板的恐龙

恐龙名片	
拉丁文名	Stegosaurus
体貌特征	背上有板状的骨头，尾巴的尖端上有长刺
分布地区	世界各地
生活年代	侏罗纪晚期
所属类群	鸟臀目·剑龙类

■ 剑板的作用

毫无疑问，剑板是剑龙的标志性符号，但它具体有什么作用呢？长期以来，不少科学家对这个问题进行过研究，但是意见不一。

有人认为，剑板可以起到保护身体的作用。因为在侏罗纪的时候，陆地上的恐龙开始繁荣起来，肉食龙个体逐渐增大，这对植食性剑龙威胁是很大的，剑龙只有以背上"刀山"一样的剑板防御敌人。但是，后来人们发现剑板并不足以保护剑龙的全身。所以又有人认为，剑板实际上是一种"拟态"，用于迷惑敌人。剑龙的剑板上带有各种颜色的皮肤和一簇簇像本内苏铁植物一样的东西，可以把自己装扮得不易被其他动物发现。近年来才有人提出了新看法，认为剑龙的剑板具有调节体温的作用。当剑龙觉得体温太高时，就爬到阴凉处，这时血液通过剑板散发热量，这是变温爬行动物的一种特殊适应方式。

剑龙的尾刺化石
剑龙行动笨拙，但尾巴强而有力，臀部脊椎上有神经球指挥其行动。尾巴顶端有四个尖锐的骨刺，是进攻敌人的主要武器。

■ 两个脑子的剑龙

剑龙的头小得很，脑子只有核桃大小，与它庞大的身躯极不相称。更令人不解的是，一个如此小的脑袋如何指挥庞大的身体运动呢？有人认为，在剑龙的臀部还有一个扩大的神经球，大约是脑子的20倍大，它能指挥后肢和尾巴的行动。所以有人说剑龙有两个脑子。

相对来说，剑龙移动它那粗重的后肢和活动它那强劲的尾巴，要比运用头脑重要得多。因为剑龙通常生活在灌木和丛林之中，以细嫩的枝叶为食，不需要太多的思考。只有遇到肉食性恐龙来侵袭它的时候，它才会用钉子般的尾刺鞭打它们，与敌人决一雌雄，这时第二大脑的作用就突显出来了。

剑龙背部的剑板
剑龙颈部沿背脊直至尾巴中部，排列着两排三角形的剑板。对于剑板的作用，科学家们进行过大量研究，但众说纷纭，至今未能达成一致。

【百科词典】

你不知道的剑龙

剑龙长着像鸟一样的尖喙，喙里没有牙齿，但嘴里长有一些小牙。

剑龙又叫剑板龙。不同的剑龙类恐龙身长3到9米不等，平常用四脚行走，多生活在河湖之滨的丛林中，以植物枝叶为食。

中国是世界上剑龙类化石蕴藏最丰富的国家，迄今已发现了9个不同种类的剑龙化石，占世界已知总数的一半。

钉状龙
——身上长"刺"的恐龙

恐龙名片	
拉丁文名	Kentrosaurus
其他译名	肯氏龙、肯龙
分布地区	东非坦桑尼亚
生活年代	侏罗纪晚期
所属类群	鸟臀目·剑龙类

■ 小型的剑龙类

　　钉状龙生活在侏罗纪晚期，是剑龙类中的一种，身长 2.5 至 5 米，身高 1.5 米左右，跟现在的水牛差不多大小。平时钉状龙喜欢生活在一些体型巨大的恐龙的周围，比如腕龙和叉龙。这些庞然大物和小小的钉状龙共同生活在今天东非的坦桑尼亚一带。

　　它的外形特点是头小体长，后腿比前腿长，习惯用四条短粗的小腿载着相对沉重的身躯行走。钉状龙从背至尾贯穿着两排甲刺，在双肩两侧还额外长着一对向下的利刺。就像现在的豪猪一样，钉状龙用这些甲刺作为自己防身的武器。

■ 身上长"刺"的恐龙

　　钉状龙与"标准"的剑龙相比，不光是个子小，背上的剑板也显得狭窄尖长，剑板从腰部至尾端逐渐变为尖细的骨刺。在臀部的两边，还有一对横向伸出的大角。科学家们对剑龙剑板的作用一直存在着争议，很多人认为那是用来调节体温的。但钉状龙的剑板和刺太过窄长，

　　钉状龙复原图
　　钉状龙生活在距今 1.5 亿年的侏罗纪晚期，其化石发现于非洲的坦桑尼亚，与剑龙生活在同一年代，但它的大小仅是剑龙的 1/4。

不可能胜任这项工作，倒

　　带刺的恐龙
　　钉状龙的拉丁文意思为"带刺的爬行动物"，从背至尾，钉状龙贯穿着两排甲刺。前部的甲刺较宽，而从中部向后，甲刺逐渐变窄、变尖。在双肩两侧还额外长着一对向下的利刺。

更像是一种御敌装置。

　　钉状龙是温和的植食性恐龙，但如果遇上肉食性恐龙前来侵犯，它也会挥动尾巴，用刺棒回击。据古生物学家描述，它很可能先转过身来向攻击者展示其背上又长又锋利的钉刺，让那些肉食性恐龙知难而退。如果入侵者离钉状龙太近的话，它就会向后猛地倒退身躯，用钉刺来捅伤敌人。

■ 钉状龙的发现

　　最早的钉状龙化石是由德国科学家在坦桑尼亚发现的。他们当时所挖掘的骨骼中包括数百具凌乱的钉状龙骨架化石，单是大腿骨就大约挖出了 80 根。这一重要的发现震惊了 20 世纪初的恐龙学界。后来这多达数千块的钉状龙及其他恐龙的化石被运回德国进行下一步研究，不过可惜的是，其中绝大部分化石在第二次世界大战中被无情地毁掉了。

【百科词典】

你不知道的钉状龙

　　钉状龙体型较剑龙小。成年钉状龙身长约 4.9 米，体重也较剑龙轻（但目前还没有准确的估计）。

　　恐龙中，钉状龙的体型小。钉状龙的嘴部有小型颊齿，可能以蕨类与低矮植物为食。后肢的长度为前肢的两倍，脚部有蹄状趾爪。

▶ 第一副完整的剑龙骨骼 百科问答
▶ 沱江龙的特征
▶ 多棘沱江龙

问：多棘沱江龙的椎骨很多吗？
答：多棘沱江龙有13块颈椎、17块脊椎、4块荐椎
和47块尾椎，是椎骨最多的剑龙之一。

恐龙家族

沱江龙
——亚洲第一剑龙

恐龙名片	
拉丁文名	Tuojiangosaurus
分布地区	中国四川
生活年代	侏罗纪晚期
所属类群	鸟臀目·剑龙类

■ 第一副完整的剑龙骨骼

　　1974年，考古工作者在四川省自贡市附近的五家坝进行了一次系统的挖掘工作。经过三个月的挖掘，从上部沙溪庙组的侏罗纪晚期岩层中，挖掘出了重达10吨的恐龙骨骼化石，总共装满了106个柳条箱。这些标本经过专家鉴定后，复原出两具峨眉龙的骨架、一具四川龙的骨架以及一具沱江龙的骨架。其中沱江龙是亚洲有史以来所发掘到的第一只完整的剑龙类恐龙。

■ 沱江龙的特征

　　生活在中国的沱江龙与同时代生活在北美洲的剑龙有着极其密切的亲缘关系，但它比剑龙要小一些。沱江龙从脖子、背脊到尾部，生长着15对三角形的剑板，比剑龙的剑板还要尖利。在短而强健的尾巴末端，还有两对向上扬起的利刺，沱江龙可以用

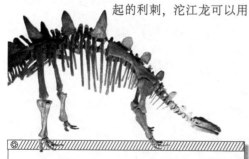

沱江龙骨骼化石

1974年，在中国四川发现的沱江龙化石是亚洲有史以来所发掘到的第一只完整的剑龙类骨骼，它与同时代生活在北美洲的剑龙有着极其密切的亲缘关系。

沱江龙复原图

沱江龙从脖子、背脊到尾部，生长着15对三角形的背板，比剑龙的背板还要尖利，其功能可能是防御来犯之敌，也可能是调节体温。

尾刺猛击所有敢于靠近它们的肉食性恐龙。

　　沱江龙的剑板究竟有什么作用呢？有科学家认为，它主要是用来防御来犯之敌的，也有科学家认为是用来调节体温的，具有吸收和散发热量的作用。目前，科学界尚无定论。

■ 多棘沱江龙

　　多棘沱江龙是沱江龙的一种，化石主要分布在中国四川省自贡市一带。多棘沱江龙身上有17对剑板，对称排列在背部。尾端还有两对大的骨刺以御敌。它的头长而窄，牙齿小，以植物为食，经常活动于茂密的灌木丛中。

【百科词典】

你不知道的沱江龙

　　沱江龙的牙齿是纤弱的，不能充分地咀嚼那些粗糙的食物，因此它们可能是在吃植物的同时吞咽下一些石块，这些石块可在胃中帮助捣碎食物。

　　沱江龙比剑龙小一些，约有6米长、2米高。沱江龙的剑板较为尖利，像栅栏一样排在背上。它尾巴上钉刺的形状与剑龙十分相似。

甲龙类：
行动的装甲坦克

概 述

■ 恐龙中的坦克

罐头食品只有在开罐之后才能变成美食。对于一头肉食性恐龙来说，一身装甲的甲龙类恐龙无疑是一个大型的会动的罐头食品。只是那些骨壳、剑板还有骨钉时刻都在保护着它们的腹部等柔软部位，让肉食性恐龙望而兴叹。在漫长的岁月里，那些有盔甲的恐龙从背上只有几排骨扣的小物种，演化成了巨大而笨重的动物——像大象那样笨重，像装甲坦克那样全副武装。

■ 甲龙的祖先

虽然甲龙是直到侏罗纪末期才兴盛起来的一支鸟臀目恐龙类群，但是科学家推测，它们的祖先早在侏罗纪早期就已经出现了。在英国侏罗纪早期的地层中，科学家发现了一种与甲龙类恐龙相似的中等体型的鸟臀目恐龙，并把它命名为"色拉都龙"。由于色拉都龙的身体上长有骨甲和骨刺，因此科学家推测，它很可能就是后来那些身披重甲的小坦克似的甲龙的祖先。

■ 甲龙科

甲龙类一般分为两个科，即结节龙科和甲龙科。甲龙科恐龙最早出现在距今 1.8 亿年的侏罗纪中期，一直生存延续到白垩纪末期。和结节龙科相比，它们身躯的最大特点就是更像现代兵器中的坦克。除了非洲以外，各大洲都曾发现过甲龙科恐龙。

■ 结节龙科

结节龙科是甲龙类中最早出现的成员，生存于侏罗纪中期，后来一直延续到白垩纪晚期。这类恐龙的特点是头骨狭长，身上披有球状的甲胄，有的还有长而尖的棘状突起。其中最有名的是楯甲龙。它身长约 8 米，背上覆盖着坚硬的大骨甲，还有钉状物和棘刺。它在低矮的蕨类及灌木丛中寻找食物时，不必过分担心肉食性恐龙的袭击。如果肉食性恐龙无视楯甲龙的盾甲冲上去咬它，得到的将是几颗被硬甲碰得粉碎的牙齿。一旦遇到目空一切的捕食者，楯甲龙就会蹲在地上，像抛锚一样，把蹄爪埋入地下，站稳脚跟，然后用身上的防御武器与敌人周旋，结果往往是对方知难而退。

▶ 甲上带刺的恐龙
▶ 剑龙和甲龙的祖先

【百科问答】
问：在甲龙类中，棱背龙有什么突出的特点吗？
答：相比之下，棱背龙颈部的长度在所有甲龙类恐龙中算是较长的了。

恐龙家族

棱背龙
——甲片上有小刺的恐龙

恐龙名片	
拉丁文名	Scelidosaurus
其他译名	肢龙、踝龙
分布地区	英国和美国西南部的亚利桑那州
生活年代	侏罗纪早期
所属类群	鸟臀目·甲龙类

■ 甲上带刺的恐龙

在侏罗纪早期，贪吃的肉食性恐龙已无处不在，植食性恐龙得处处小心地避开它们。大约也是这一时期，体型大的植食性恐龙开始进化出装甲，棱背龙就是最早的装甲恐龙之一。它的身体披着厚厚的甲板，还均匀地密布着一排排尖刺，这样，那些肉食性恐龙就不会那么轻易地伤害到棱背龙了。

棱背龙又被称为踝龙，全长约 4 米，身体大约只有一只小牛那样大。它四肢粗短，躯体滚圆而笨重，脑袋很小，显得又迟钝又笨拙，只能利用装甲来保护自己。棱背龙身体的最高点在臀部，骨质的筋腱让它的尾巴挺得直直的。其最重要的特征就是，从颈部、背部直至尾部长着数排棘状剑板和骨质结瘤形成的小刺。

■ 剑龙和甲龙的祖先

棱背龙生活在距今约 1.9 亿年前的英国和美国某些地区。虽然这种恐龙的脑袋很小，上下颚和牙齿也很柔弱无力，但它的身体非常粗壮，表面覆盖着甲片和短刺，有效地保护了自身。有古生物学家认为，棱背龙是最早的鸟臀目恐龙之一，也很可能是后来的剑龙和甲龙的祖先。

甲龙的主要种属当时尚未进化出来，到了侏罗纪晚期及白垩纪早期才发展兴旺。所以科学家认为是棱背龙进化成了甲龙，因为棱背龙的头盖骨包藏在骨质的板块里，后来的甲龙也是这样。但问题在于，从棱背龙到后来的甲龙这 4000 万年里，科学家们还没有找到任何能证明这种进化过程的恐龙化石。

【百科词典】
你不知道的棱背龙

棱背龙的身长不超过一辆汽车的长度，而和躯干比较起来，头部则显得更小。

它的头还没有装甲，只有硬皮保护。其背部的甲板上有许多棱状骨质突起。遇到敌害时，它将肚子紧贴地面，蜷成一团，敌害就无法捕食它。

棱背龙的牙齿和剑龙相似，嘴部最前端是窄喙，进食时以窄喙剪下低处的嫩叶或果实，颚部再简单地上下运动以咀嚼食物。

棱背龙复原图
棱背龙又被称为踝龙，身体大约只有一只小牛那样大，四肢粗短，躯体滚圆，脑袋很小，显得迟钝笨拙，只能利用装甲来保护自己。

百科问答　问：楯甲龙是什么时候被命名的？
答：楯甲龙的化石于 1970 年被发现，并在同年命名。

▶ 楯甲龙的特征
▶ 恐龙中的小刺猬
▶ 楯甲龙的天敌

楯甲龙
——身上挂满小盾牌的恐龙

恐龙名片	
拉丁文名	Saurpelta
其他译名	小盾龙
分布地区	美国蒙大拿州、怀俄明州
生活年代	白垩纪晚期
所属类群	鸟臀目·甲龙类·结节龙科

■ 楯甲龙的特征

在美国西部的犹他州曾发现过一种奇特的早期甲龙，它们生活在距今 1.25 亿年的白垩纪晚期，这种甲龙就是楯甲龙。其身长超过 5 米，体重有 1 至 2 吨。楯甲龙的腿很粗，低低的身体贴近地面。它们整个身体的上表面都覆盖了坚硬的剑板和骨刺，而且脖子上面高耸的尖刺甚至超过了 10 厘米。这样的"重装甲"确实可以让绝大多数捕食者望而却步。

■ 恐龙中的小刺猬

随着恐龙世界的发展，植食性恐龙逐渐进化出了各种逃避肉食性恐龙的"装备"。楯甲龙四肢均衡，体型小巧，虽然不能灵活奔跑，但身上披挂着轻型装甲，从头颅到尾尖有一列锯齿般的背棘，整个背部及身体两侧有多排平行骨突。在遇到敌害袭击时，它会立即蜷起身体，使骨甲朝外，形成一个刺球，使那些肉食性恐龙无从下嘴。

迟钝的楯甲龙
楯甲龙虽然能够像刺猬一样蜷成刺球保护自己，但它行动缓慢，反应迟钝，往往在没有准备好的情况下遭到偷袭。犹他强盗龙是它的主要天敌。

楯甲龙复原图
楯甲龙生活在白垩纪晚期，以低矮的蕨类植物为主食。四肢均衡，体型小巧，身上还有轻型装甲，从头到尾有一列锯齿般的背棘，身体前部两侧有多排平行骨突。

■ 楯甲龙的天敌

美国西部曾生活着一种叫作犹他强盗龙的肉食性恐龙。它们目光敏锐，跑得很快，最厉害的武器是四肢最内侧的趾上长着的又长又尖的利爪。它们可以轻易地抓破两三厘米厚的动物皮肤，许多植食性恐龙经常成为这些利爪的牺牲品。行动缓慢、反应不快的楯甲龙也往往成为犹他强盗龙偷袭的目标。犹他强盗龙盯上楯甲龙后，会在楯甲龙还没有意识到的情况下发动突然袭击。这时候，如果楯甲龙还没有迅速作出反应的话，犹他强盗龙那锋利的长爪就可能会抓破它的致命部位或者没有骨甲保护的腹部。对于那些在取食、行走和做各种活动时都时刻保持警惕的楯甲龙来说，犹他强盗龙就没有那么容易得手了。犹他强盗龙的爪子虽然锋利，但是过于细长，如果不小心的话，还会因卡在楯甲龙的骨刺或骨甲里而折断。

> **【百科词典】**
>
> **你不知道的楯甲龙**
>
> 楯甲龙以低矮的蕨类植物为主要食物。
>
> 楯甲龙拉丁文名称"Saurpelta"中的"pelta"是小盾牌的意思。

▶ 全身装甲的恐龙
▶ 胄甲龙的习性
▶ 胄甲龙的化石

百科问答　问：胄甲龙是什么时候被发现的？
答：1919年，科学家发现了胄甲龙的化石。从化石上看，
它的棘刺较少，但是又尖又硬。

恐龙家族

胄甲龙
——完全包裹着装甲的恐龙

恐龙名片	
拉丁文名	Panoplosaurus
名称含义	完全包裹着装甲的恐龙
分布地区	美国、加拿大
生活年代	白垩纪晚期
所属类群	鸟臀目·甲龙类·结节龙科

■ 全身装甲的恐龙

胄甲龙出现于距今约1亿年的晚白垩纪，并存活到白垩纪末，是已知结节龙科中出现最晚的一种。胄甲龙生存于北美洲，目前已在美国的蒙大拿州及加拿大的艾伯塔省等地发现了胄甲龙化石。

胄甲龙头骨化石
胄甲龙是生活于白垩纪晚期的植食性恐龙，如大象般大小，嘴很狭窄，里面没有真正的牙齿，但长有叶片形颊齿，可以帮助它咀嚼食物。

胄甲龙是第一种有侧棘的甲龙，不过还没有进化到完全成熟的地步。它全身都包在沉重的骨甲里，其颈部和背部覆盖着平整的甲片和棘突，身体两侧则有尖刺护身，甚至头部也有骨甲保护着。

■ 胄甲龙的习性

胄甲龙是一种性情平和的植食性恐龙，嘴巴很窄，经常在低矮的灌木丛中觅食，体长5.5至7米，高2米左右，重约3.5吨。

胄甲龙的尾巴没有骨锤，但从头部到尾部都覆盖着坚硬的骨板，上有多排针状物，肩膀往前延伸出多个尖刺。

与其他结节龙科恐龙不同的是，胄甲龙以肩膀上的尖刺抵抗、反击攻击者，而非趴在地上以身体的装甲防御。科学家们认为，这正是胄甲龙之所以能够保持独立生存，而不像其他

全副武装的胄甲龙
胄甲龙的颈部和背部覆盖着平整的甲片和棘突，身体两侧有尖刺护身，头部也有骨甲保护着。

植食性恐龙那样必须群居求生的原因所在。

■ 胄甲龙的化石

胄甲龙的化石让古生物学家们非常惊叹，其带钉的骨质剑板一直覆盖到了尾部，某些骨骼化石上还长满了碟子状的骨片。最让人吃惊的就是胄甲龙身体两侧首次出现的棘刺。这些棘刺虽然比较少，但是又尖又硬，是其御敌的利器之一。

胄甲龙的化石虽然不丰富，但在加拿大和美国的某些州都有所发现，尤其是加拿大的西部地区，考古工作者曾在那里发掘出三种类型的胄甲龙化石，但到目前为止，这些化石仍有许多谜团尚未解开。

【百科词典】

你不知道的胄甲龙

胄甲龙有嘴无牙，但长有叶片形颊齿，可以帮助它咀嚼食物。

胄甲龙全身都覆盖着装甲，但与其他结节龙科恐龙不同的是，遇到敌害时，它并非趴在地上用装甲去防御，而是用两侧的尖刺去刺伤敌人。

胄甲龙的四肢较短，脖子也很短，从化石上人们还发现它的尾巴不长又比较僵硬，也没有尾锤作为武器去抵御天敌。

百科问答　问：厚甲龙大概多长？
答：从发现的化石推测，厚甲龙大约有 4 米多长。

▶ 巨大的骨质尾锤
▶ 厚甲龙的弱点

厚甲龙
——拥有巨大骨质尾锤的恐龙

恐龙名片	
拉丁文名	Struthiosaurus
分布地区	欧洲的奥地利、法国、匈牙利等
生活年代	白垩纪晚期
所属类群	鸟臀目·甲龙类·结节龙科

■ 巨大的骨质尾锤

厚甲龙生活在白垩纪晚期的欧洲，在那里考古学家发现了许多厚甲龙的头骨、颅骨以及甲片化石。

厚甲龙的自卫武器
厚甲龙的尾部有一个巨大的骨质尾锤，由两个骨团或骨块构成，非常坚硬。当肉食性恐龙进攻厚甲龙时，它会甩动尾锤重击来袭者。

厚甲龙比大部分具重甲的恐龙都要小，但它身上有好几种不同的防护装备。在颈部四周有坚硬的甲片，小骨质棘突覆盖着背部和尾部，身体两侧还有尖刺保护着。

厚甲龙最特别的地方并不是头上那带疙瘩的护盔和覆盖在它的脖子上、后背上以及尾巴上的厚密的铠甲板块，而是它有一个与尾椎骨紧密相连的巨大的骨质尾锤。厚甲龙尾梢的尾锤由两个骨团或骨块构成，这是在皮肤里面生成的，并且与尾巴末端的椎骨紧紧地结合在了一起。尾巴本身有弹性而且很有力，再加上厚甲龙巨大的身躯和低矮的体型，使得这件宝贝武器的攻击力十分厉害。它可以把任何猎食者打得晕头转向、昏倒在地，精准的一击甚至能打死像霸王龙那样凶猛的肉食性恐龙。

■ 厚甲龙的弱点

虽然厚甲龙有坚硬的尾锤做武器，但根据考古学家们的推测，厚甲龙有一个巨大而致命的弱点。

厚甲龙的护甲都在背上，腹部并没有任何遮拦。如果肉食性恐龙趁它不注意把它翻个底朝天，它就会露出致命的弱点——柔软的腹部，这样一来，情况就大大不妙了。所以厚甲龙平时也是战战兢兢地提防着四周的情况，生怕一不小心就遇到什么不测。

【百科词典】
你不知道的厚甲龙
厚甲龙的拉丁文名称"Struthiosaurus"的意思是"粗糙的恐龙"。
厚甲龙可能是最低矮的恐龙之一，这有利于它伏在地上，用背上的装甲来保护自己。
虽然厚甲龙浑身长满护甲和尖刺，还有一个十分厉害的尾锤，但它毫不凶恶，性情十分温和。

厚厚的铠甲
厚甲龙比大部分具重甲的恐龙都要小，但身上有几种不同的护甲，在颈部四周有坚硬的甲片，小骨质棘突覆盖着背部和尾部，身体两侧有尖刺保护着。

▷ 身体两侧的刺
▷ 挑食的埃德蒙顿甲龙

【百科问答】 问：埃德蒙顿甲龙的名字是什么含义？
答："Edmontonia"的意思是"埃德蒙顿的甲龙"，它是根据其发现地埃德蒙顿而命名的。

恐龙家族

埃德蒙顿甲龙
——身体两侧有刺的恐龙

恐龙名片	
拉丁文名	Edmontonia
分布地区	加拿大和美国
生活年代	白垩纪晚期
所属类群	鸟臀目·甲龙类·结节龙科

■ 身体两侧的刺

结节龙科成员之一的埃德蒙顿甲龙生存在白垩纪晚期的加拿大和美国的一些地区。它大约有7米长，4吨重，披了一身重重的钉状和块状甲板，头部还有一些像拼图玩具一样接在一起的剑板。除了这层厚厚的重甲之外，埃德蒙顿甲龙身体的两侧，还各长有一排很尖锐的骨质刺。当受到攻击时，它可能会匍匐在地上，以两侧的刺保护自己柔软的腹部。它也有可能采取一种积极的自卫方式，

埃德蒙顿甲龙的骨甲
埃德蒙顿甲龙的大型尖刺可能是用来打斗的，例如求偶或确定领地，以及抵抗掠食动物。

向着肉食性恐龙猛冲过去，用身体两侧及肩部的骨钉刺伤袭击者。

■ 挑食的埃德蒙顿甲龙

埃德蒙顿甲龙的嘴部相当狭窄，所以它可能是一种很挑食的恐龙，例如选择一些比较鲜嫩多汁的植物来吃。不过遇到旱季或特殊情况，植物不是那么丰富的时候，无奈的埃德蒙顿甲龙也会去啃啃树皮或者坚硬的灌木。

【百科词典】

你不知道的埃德蒙顿甲龙

巨型肉食性动物常常会试图翻转埃德蒙顿甲龙，来袭击它柔软的下腹。这时，埃德蒙顿甲龙可能会回击对手，并且用肩上的骨钉刺入对手的肉里。

埃德蒙顿甲龙在灌木丛或低矮的树丛中觅食时，会用它那尖锐的喙把嫩树叶咬下来。在它大嘴的深处长着一排树叶形牙齿，可以把咬下来的食物嚼烂。

埃德蒙顿甲龙靠四条粗壮的腿行走，这四条腿足以支撑它宽阔、扁平的身体。它还有短短的脖子和一条末端尖细的尾巴。

埃德蒙顿甲龙复原图
埃德蒙顿甲龙生活在白垩纪晚期的北美洲地区，是一种植食性恐龙。它脖子很短，尾巴细长。四条腿很粗壮，足以支撑它宽阔、扁平的身体。

林龙
——全副武装的甲龙

恐龙名片	
拉丁文名	Hylaeosaurus
体貌特征	棘状突起的骨甲从背部中央延伸至臀部之前
分布地区	英国南部
生活年代	白垩纪早期
所属类群	鸟臀目·甲龙类·甲龙科

■ 第三种被研究的恐龙

林龙生活在白垩纪早期，属于较早的甲龙类恐龙。它的化石目前只在英国有所发现。

林龙是最早被发现的恐龙之一，也是恐龙世界中第三种被研究的恐龙，于1833年由禽龙的发现者曼特尔医生研究定名。

■ 林龙的特点

林龙最长可达6米，眼睛较小，行动缓慢，背和尾巴上长满钉子。根据已发现的化石，人们只了解到林龙身体前面大半部分的情况：那些粗硬的甲板和钉刺可以在岩石中保留下来，而那些较软的骨骼和内脏却没能幸存下来。

据科学家推测，林龙的颈部、肩部和身体两侧部位都覆盖着骨质甲片，甲片上密布着棘突。皮肤厚实似皮革，

极具韧性。臀部上方至尾巴的大部分竖立着尖如匕首的棘刺，身体两侧也各有一排尖刺。这身装备能让它免遭绝大多数天敌的袭击，只有极少的肉食性恐龙能够攻破这些防御。

■ 林龙的御敌手段

全副武装的林龙在受到肉食性恐龙攻击时，通常会马上蹲伏下来，把前肢和后腿都蜷到身子底下，就这样趴着一直等到猎食者走开。虽然这是一种很消极的御敌手段，但却非常有效。

【百科词典】

你不知道的林龙

林龙的拉丁文名称"Hylaeosaurus"的含义为"林地爬行动物"。

林龙的皮肤非常坚硬，像铠甲一般，而身上和尾部长着的骨刺像狼牙棒一样，所以一般的恐龙并不敢侵犯它们。

有古生物学家推测，大的林龙的棘状突起从背部中央延伸至臀部之前，背脊上也许还覆盖有骨骼，钉状突起可能接续分布至尾部。

林龙

林龙是四脚厚皮的植食性恐龙，出现在白垩纪早期，与钉背龙非常相似。有科学家推测，林龙和钉背龙很可能是同一种恐龙。

▶ 武装到眼皮
▶ 包头龙的防御武器
▶ 包头龙的消化系统

百科问答

问：包头龙是不是很笨重？
答：虽然包头龙的装甲十分沉重，但是它似乎还是挺灵敏的，在遇敌时能迅速地作出反应。

恐龙家族

包头龙
——武装到眼皮的甲龙

恐龙名片	
拉丁文名	Euoplocephalus
分布地区	加拿大、美国
生活年代	白垩纪晚期
所属类群	鸟臀目·甲龙类·甲龙科

■ 武装到眼皮

包头龙是甲龙类中最典型的一员。它的装甲由头部开始，头壳骨像一个坚硬的骨头盒子，甚至连眼睑上也覆盖着遮板一样的活动骨甲。包头龙这一名称的意思就是"把头都包裹住的恐龙"。在它的脖子上，有平阔的骨质硬板，再往后，肩膀由锥状的棘刺保护。在它活着时，这些骨板和棘刺可能都覆盖着角质。平阔的背部由很多带状的细骨突和圆板镶嵌保护着。

【百科词典】

你不知道的包头龙

包头龙是身披重甲的植食性恐龙，全长6米，除从头到尾被重甲覆盖外，还配有尖利的骨刺，就像身上倒插着匕首，简直武装到家了。

包头龙的出现说明白垩纪晚期各种大型肉食性恐龙纷纷登场，植食性恐龙为了保命，各自进化出了种种防范武器。

■ 包头龙的防御武器

包头龙的尾巴硬直，尾骨与肌腱绑束在一起，形成了一根坚硬的棍子，尾尖上还有一个沉重的大骨锤。这尾锤就是包头龙的武器。当大型肉食性恐龙攻击它时，包头龙会奋力挥动尾巴，锤打袭击者的腿部，强大的攻击力也许会让对方骨折或者直接把对方放倒。

包头龙骨骼化石

包头龙身上最显眼的地方莫过于它的尾锤。包头龙的尾锤由10块分叉的尾椎骨组成，其形状如同一个大圆球。当受到威胁时，它会奋力甩动尾巴，用尾锤击打敌人。

■ 包头龙的消化系统

包头龙的牙齿很弱，不能用牙大量咀嚼，但它可能有一个十分复杂的胃来磨碎食物。它的身体应该非常平阔而呈水桶状，由弯形肋骨组成的肋拱和巨大的髋骨支撑，这使它有大量空间足以装下一个大而复杂的消化系统。进食时，包头龙会利用它的阔嘴喙啃下低矮植物的枝叶，然后用颊齿嚼碎，吞进肚里，将它们消化掉。

包头龙复原图

包头龙生活在白垩纪晚期，浑身覆盖铠甲，连眼睑上都披有甲板。此外，它还配有尖利的骨刺，就像浑身倒插着匕首，简直武装到家了。

| 百科问答 | 问：敏迷龙的体型如何？ |
| | 答：敏迷龙身长 2 米，高 1 米左右，在恐龙大家族中，算是身型比较矮小的。 |

▶ 南半球的第一种甲龙
▶ 敏迷龙的习性
▶ 敏迷龙的特点

敏迷龙
——南半球第一甲龙

恐龙名片	
拉丁文名	Minmi
分布地区	澳大利亚昆士兰州南部
生活年代	白垩纪早期
所属类群	鸟臀目·甲龙类

■ 南半球的第一种甲龙

敏迷龙是在南半球发现的第一种甲龙。它的骨骼化石是 1964 年在澳大利亚昆士兰州南部一个叫敏迷的交叉路口附近发现的。不过那次发现的只有敏迷龙的几节椎骨和其他碎骨，而真正几近完整的骨骼化石是 1990 年在昆士兰州中部发现的。到目前为止，古生物学家只发现过两具敏迷龙的骨架化石。第一具骨架较为凌乱，第二具骨架则引起了古生物学家们的极大兴趣。此后，科学家们对它进行了细致的研究。

■ 敏迷龙的习性

敏迷龙生活在距今 1.15 亿年前的白垩纪早期。根据前后发现的两具敏迷龙骨架化石，人们可以确定它全身覆盖着剑板，长有骨

敏迷龙复原图
敏迷龙生活在白垩纪早期，化石首先在澳大利亚昆士兰州南部发现，是在南半球发现的第一种甲龙。

四肢等长的敏迷龙
敏迷龙的四肢几乎一样长，当它站立时，其背部几乎是水平的。

刺，后腰部位突起六根长长的用于防身的剑突，四脚行走，以叶状小牙嚼食植物。在澳大利亚，由于肉食性恐龙较少，所以敏迷龙没有进化出太多防护的骨甲。

■ 敏迷龙的特点

敏迷龙又被称为"珉米龙"，其拉丁文名称"Minmi"曾经是所有恐龙名称中最短的。如今恐龙中名称最短的是寐龙，拉丁文学名叫"Mei"。学名最长的恐龙可能是微肿头龙，它的拉丁文名称写作"Micropachycephalosaurus"。

敏迷龙是一类很小的原始甲龙，有非常原始的甲龙特征。目前古生物学家们对于敏迷龙的分类还存在着争议。有人认为它可能构成甲龙类的第三个科。

[百科词典]

你不知道的敏迷龙

敏迷龙的四肢几乎一样长，所以当它四脚着地时，整个背部基本保持水平状态，平时也习惯用四脚行走。

当敏迷龙遇到攻击时，可能以逃避作为保命的手段，这点是敏迷龙的独特之处。目前已知的其他甲龙类都不会这么做。

角龙类：
越长越怪异

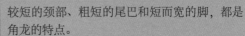

概 述

■ "角斗士"

　　动物长角不外乎有两个用途：一是在同类中争霸，二是抵御天敌。羚羊、犀牛等很多植食性动物为了在种群中占据领导地位，或者保卫自身和族群的安全，都长出了长角，成为动物世界中一道亮丽的风景线。然而这些动物跟角龙一比，实在是微不足道。角龙是恐龙家族中最奇特的一群，它们在白垩纪时期的大地上非常兴盛，将"角"的功能发挥到了极致。在它们消失之后，地球上就再也没有出现如此奇特、如此令人惊叹的"角斗士"了。

■ 末代恐龙

　　角龙类是最后出现的一类鸟臀类恐龙，被称为恐龙家族的"末代骄子"。它们的特点就是，除了原始的种类外，头上都长有数目不等的角。此外，角龙们还从头骨后端长出了一个向后的宽大的骨质颈盾，覆盖了整个颈部，有的甚至达到肩部。具有攻击和防御作用的角和颈盾，无疑是角龙的显著标志。

■ "矛""盾"的角龙

　　角龙类恐龙的头又大又长，占身体长度的1/4至1/3。较短的颈部、粗短的尾巴和短而宽的脚，都是角龙的特点。

　　角龙类是把防御的"盾"和进攻的"矛"和谐地结合在一起的动物。颈盾就是防护自身的盾，角就是反守为攻的矛。它们对肉食性恐龙的防御是积极的防御，因此常常是成功的。所以角龙类虽然出现得很晚，却能在短时期内演化出众多类型，不能不说角龙类是进化得非常成功的动物。

■ 角龙类的发展历程

　　角龙类一般分为两大类群，即鹦鹉嘴龙类和新角龙类。它们的共同之处在于头上都有窄的角质的钩状喙嘴，嘴的前部有高度发达的拱状剑板，还有大小轻重不等、形状各异的颈盾。

　　角龙类最早出现在白垩纪早期的亚洲大陆，时间大约是距今1亿年前。生活在亚洲的鹦鹉嘴龙被认为是最早期的角龙类成员。除此之外，早期的角龙类代表——原角龙，也曾繁盛于亚洲戈壁。可以说亚洲是角龙的起源和发祥之地。

　　化石记录还显示出在距今7500万年以前，角龙已经从亚洲迁徙到了北美洲西部。在那里，进化的角龙类获得了巨大的成功，成为北美洲地区白垩纪晚期最常见的植食性恐龙类群之一。最著名的角龙有原角龙、三角龙、五角龙、尖角龙和戟龙等。

原角龙
——最原始的角龙

恐龙名片	
拉丁文名	Protoceratops
体貌特征	头上长着褶边，但没有角
分布地区	蒙古、中国
生活年代	白垩纪晚期
所属类群	鸟臀目·角龙类

■ 著名的原角龙

　　原角龙是生活在东亚地区的一类原始的角龙，体型较小，体长不超过 2 米，高不到 1 米。它有一个尖尖的嘴，以植物的嫩叶及多汁的根和茎为食。原角龙的头上没有角，只在鼻子上有一点点突起，但有一个很大的颈盾，像披风一样遮盖着原角龙的脖子和肩部。

【百科词典】

你不知道的原角龙

　　原角龙以及后来出现的各种角龙类动物具有比其他植食性恐龙强大得多的咀嚼能力，这是对环境中纤维粗糙的植物比例增大的一种适应。

　　原角龙没有进化出其他角龙那样的形形色色的大角，但是在它吻部的上边缘已经长出了角的雏形——一个小小的叫做鼻角的骨质棘状物。

■ 原角龙的蛋

　　原角龙是所有恐龙中被了解得最详细的种群之一，因为科学家不仅发现了一系列个体化石，还发现了好几窝原角龙蛋化石，有些蛋里面甚至还有珍贵的胚胎。这种恐龙蛋呈长椭圆形，蛋壳是钙质的，表面粗糙，有细小而曲折的条状饰纹。那些化石蛋排列的情形表明，雌性原角龙是在沙中产卵的，下的蛋会排成几个同心圆。这些蛋化石是无比宝贵的资料，能帮助我们更多地了解这些生活在几千万年前的神秘动物。

原角龙模型
　　原角龙身长约 1.8 米，头颅后方褶边形成颈盾，颈盾接近头颅的一半长度，由大部分颅顶骨与部分鳞骨构成。

■ 原角龙的生活

　　原角龙是在高原上生活的。它有大而有力的颌下肌，能帮助它用钩状喙嘴咬断高原植物的茎或叶子。一般情况下，原角龙下蛋的窝是连在一起的，刚刚出世的小原角龙需要妈妈的照顾，直到能独立生活为止。从蒙古发现的众多原角龙化石中还可以看出，雄性原角龙的颈盾要比雌性的大而粗壮。原角龙过着群居生活，一般都由雄性个体作为头领。雄性原角龙之间会进行撞头争斗，胜利者即是这一群体的头领。

原角龙复原图
　　原角龙属于最原始的角龙，喙像鸟，嘴的前部没有牙，但嘴里两侧长着牙，头上长着褶边，但没有角，雄性的褶边比雌性的大些。

▶ 特殊的角龙
▶ 鹦鹉嘴龙的特点
▶ 鹦鹉嘴龙的化石

百科问答　　问：鹦鹉嘴龙的辨认要诀是什么？
　　　　　　答：一张类似鹦鹉的带钩的鸟嘴。

>>>>>>>>>>>

恐龙家族

鹦鹉嘴龙
——长着鸟嘴的角龙

恐龙名片	
拉丁文名	Psittacosaurus
分布地区	中国、蒙古
生活年代	白垩纪早期
所属类群	鸟臀目·角龙类·鹦鹉嘴龙科

■ 特殊的角龙

鹦鹉嘴龙科中最具有代表性的恐龙就是鹦鹉嘴龙了。它是最早的角龙类。在过去，人们曾一度把它归入鸟脚类，因为鹦鹉嘴龙在某些地方也的确像鸟脚类。但根据它最本质的特征，近年来许多恐龙专家都认为它是角龙类恐龙的祖先，并不属于鸟脚类恐龙。

休息时的鹦鹉嘴龙

鹦鹉嘴龙是鹦鹉嘴龙科中最具代表性的一种，长着一张鹦鹉般的嘴，故名。它体型比较小，身长不到 2 米，有些幼年个体只有 25 厘米长。

鹦鹉嘴龙在头骨之后有很短的棘刺伸出，形成小的颈盾。但这种颈盾并不明显，所以有的科普书中就认为它没有颈盾。已知的鹦鹉嘴龙属至少包括七个种，有一种鹦鹉嘴龙头上长有微小的鼻角，后来就发展成为典型的角龙类。

■ 鹦鹉嘴龙的特点

鹦鹉嘴龙有很短的鼻子、位置较高的鼻孔和高高的喙嘴，其喙嘴非常像现代鹦鹉的嘴，最终由此得名。这种恐龙体型都比较小，身长没有超过 2 米的，已发现的幼年个体只有 25 厘米长，普通的成年个体也不过 1.5 米长。它的前肢短，后肢长，前肢长度只及后肢的一半。

【百科词典】

你不知道的鹦鹉嘴龙

整体来看，鹦鹉嘴龙和生活在侏罗纪早期的异齿龙很相似。

鹦鹉嘴龙的腹腔很大，能够容纳长长的肠子，以便充分吸收植物中的营养。

鹦鹉嘴龙不像其他角龙类有尖角与骨质的颈盾以吓退肉食性恐龙，因此当它受到威胁时只能逃跑或躲起来。

鹦鹉嘴龙生活在白垩纪早期，那时候一些苏铁、部分蕨类植物已开始灭绝，代之而起的则是有花的被子植物，所以鹦鹉嘴龙吃的大多为坚硬的植物茎和一些种子。虽然强大的颌部肌肉能帮助它咀嚼，但这仍然不够。人们在它的胃部找到了胃石，这些胃石能帮助它在胃内研磨食物。

■ 鹦鹉嘴龙的化石

虽然鹦鹉嘴龙类分布的地理空间辽阔，从西伯利亚南部，跨越了蒙古一直到中国北方，但所有的发掘地点都局限在亚洲一隅。最早发掘到鹦鹉嘴龙化石的地方是蒙古南部的戈壁沙漠。1922 年，美国自然史博物馆第三次亚洲考察探险时采集到了鹦鹉嘴龙化石。

过去这种化石仅发现于亚洲的蒙古及中国，但是法国的一位恐龙专家在泰国也找到了鹦鹉嘴龙的化石，证明它的分布区域曾经南移过。

鹦鹉嘴龙复原图

鹦鹉嘴龙具有一张类似鹦鹉的带钩的喙，是植食性小型恐龙，两脚行走，头短而宽，颧骨高且向外伸，牙呈三叶状。

牛角龙
——角龙中的庞然大物

恐龙名片	
拉丁文名	Torosaurus
其他译名	凸角龙、牛头龙
分布地区	美国各州
生活年代	白垩纪晚期
所属类群	鸟臀目·角龙类·开角龙亚目

■ 大块头

当牛角龙低下巨大的脑袋时，它那甚为壮观的颈盾就竖了起来，使得这家伙显得更为庞大。这个时候，从远远的地方就可以看见它。只要一看到那硕大无比的脑袋和宽大的足以覆盖半个后背的颈盾，你就应该意识到，这是有名的大块头——牛角龙。

牛角龙雕像
包括颈盾在内，牛角龙的头骨是有史以来陆上动物中最大的。其眼睛上方的两只大角又长又尖，而鼻子顶端的角则短而粗壮。

牛角龙也叫牛头龙或凸角龙，广泛地分布在白垩纪晚期的美国，如怀俄明、蒙大拿、南达科他、犹他、新墨西哥等州。牛角龙是大型角龙，身长8至10米，体重超过五头犀牛的重量，可重达8吨。它靠四条腿行走，以低矮植物为食，身体十分强壮。

■ 牛角龙的大脑袋

最让牛角龙出名的是它那大得出奇的脑袋。它的脑袋硕大无比，光是孤零零的头骨就将近3米长，大小则是人类脑袋的13倍。这不仅仅是所有角龙中最大的，也是所有恐龙中最大的。它的颈盾也是角龙中最大的，上边有圆形颈盾窗，再加上头上那两只粗大的骨角，相信牛角龙的战斗力一定不弱。

尽管牛角龙的头骨是人类颅骨的13倍，但它的大脑却很小，这说明牛角龙并不是非常聪明的动物。不过鉴于它那蔚为壮观的颈盾、眼睛上面的两只大尖角以及鼻端的一只小角，这些装备加起来，即使是与最庞大的肉食性恐龙较量，牛角龙也显得毫不逊色。当与对手面对面撞上时，牛角龙会先左右摇摆它那巨大的脑袋吓唬对方，如果对方没有退让的意思，那么一场争斗就不可避免了。

【百科词典】
你不知道的牛角龙

虽然牛角龙的头骨可以长到将近3米长，但其中很大一部分都是后倾的颈盾。

雄性牛角龙争斗时，大多先垂一下脑袋炫耀颈盾，然后才用它们的鼻子和角来相互争顶。

有古生物学家认为，牛角龙并不是脑袋最大的恐龙，而五角龙才是所有恐龙中脑袋最大的一种。

牛角龙复原图
牛角龙生活在白垩纪晚期，为大型的植食性角龙类恐龙，身长8至10米，体重约8吨，颈盾很大，整个头部约占身体的1/2。

▷ 只长了三只角　　百科问答　　问：五角龙的化石分布在哪里？
▷ 华而不实的颈盾　　　　　　　答：五角龙的化石主要见于北美洲白垩纪晚期的地
▷ 五角龙的食性　　　　　　　　层中，不过恐龙专家在亚洲东部也曾有所发现。

恐龙家族

🌸 五角龙
——被人误解的恐龙

恐龙名片	
拉丁文名	Pentaceratops
名称含义	在拉丁文中，"Penta"就是"五"的意思
分布地区	美国科罗拉多州及新墨西哥州等地
生活年代	白垩纪晚期
所属类群	鸟臀目·角龙类·开角龙亚目

■ 只长了三只角

在拉丁文中，"Penta"就是数字"五"的意思，但如果你认为五角龙有五只角，那就大错特错了！所谓"五角"，其实是早期恐龙研究者的错误判断而已。事实上它只长了三只角，并且它和其他开角龙类的成员一样，都是眉角长、鼻角短。另外两只"角"，仅仅是这种恐龙颊部的突起而已。不过这个并不怎么准确的名称却一直沿用到了今天。

■ 华而不实的颈盾

五角龙的颈盾并不是一块完整的剑板，在其上边有令人叹为观止的巨大的中空的颈盾窗，因此科学家认为其颈盾不够坚固，其主要功能只是吸引异性或者恐吓敌人。

■ 五角龙的食性

五角龙是一种比较典型的角龙，据科学家分析，其亲缘关系最接近准角龙与开角龙。和

所有角龙类恐龙一样，五角龙也是一种植食性恐龙。在白垩纪时期，开花植物的地理范围有限，所以五角龙可能以当时的优势植物为食，例如蕨类、苏铁、针叶树等。它们可能会使用锐利的喙状嘴咬下树叶或针叶来吃。

五角龙求偶
每到求偶季节，雄性五角龙经常会为争夺配偶而大打出手。它们先是晃动巨大而色彩鲜艳的颈盾和尖角吓唬对方，若双方都不退让，就会四角相抵开始进行力量的较量，直到分出胜负为止。

五角龙过着群居生活，经常一起觅食，一起散步，遇到敌害时，也会共同抵御。

【百科词典】

你不知道的五角龙
面临外来的攻击时，一群五角龙会把它们的幼仔围在中间，形成一个保护圈。它们头朝圈外，竖起颈盾，角尖向前。这时，即使是最凶恶的霸王龙，面对这一圈"枪林剑雨"也会束手无策、无可奈何。

五角龙复原图
五角龙其实只有三只角，眼睛上方两只、鼻子上一只，最初的恐龙研究者把它颊部的两个角质突起也当成了角，所以把它命名为"五角龙"。

三角龙 ❧
——最强大的角龙

■ 最强大的角龙

三角龙生活在距今 6500 万年前的白垩纪晚期，广泛分布于北美大陆。三角龙是角龙类中最后出现的一支，也是鸟臀目中的"彪形大汉"，身长可达 10 米，约有 10 吨重。它们长着非常奇特可怕的头，脸上有三只角，很小的一只长在鼻骨上，另两只 1 米多长的角长在眉骨上。

三角龙生活场景图
三角龙生活在距今 6500 万年前的白垩纪晚期，是最晚灭绝的恐龙之一。

骨质的颈盾呈扇形披在肩部。三角龙的巨大的角是坚不可摧的，当它向敌人进攻时，锋利的角可以置对方于死地。

■ 发现角龙类

1877 年的一天，美国科罗拉多州丹佛市的一个农场工人挖掘出了一对类似牛角的大化石。人们把它送到美国著名的恐龙专家马什手中。马什从来也没有见过这样的化石，当时的恐龙专家还不知道恐龙中有长有各种角的类型，所以他认为这是野牛的角。许多人都对

【百科词典】

你不知道的三角龙

三角龙的前后肢几乎等长，前肢特别强壮，以支撑沉重的头部。

三角龙虽然相貌凶恶，但它们却是以植物为食的，一般不会主动进攻其他动物。但遇到敌害时，就另当别论了。因此很少有肉食性恐龙敢正面向它们发起进攻。

他的看法深信不疑，但是长期在野外作地质调查的年轻科学家科罗斯对此表示怀疑。他熟悉发现化石的那一带地方的地层，认为这个角化石发现于白垩纪晚期的地层中，所以不属于野牛。后来，有人又从白垩纪的地层中发现了同样的角化石，科罗斯的看法才逐渐为人们接受。马什在事实面前也不得不承认：在恐龙大家族中出现了一类头上长角的恐龙，那就是角龙类。第一次发现的角化石正是三角龙头上的大角化石。

三角龙复原图
三角龙是一种具短褶叶的角龙类，体长 6 至 10 米，体重约 10 吨，是一种大型的角龙。三角龙共有三只角，额上两只较长，鼻上一只较短，名称也由此而来。

恐龙名片	
拉丁文名	Triceratops
名称含义	在拉丁文中，"tri"是"三"的意思，"ceratops"就是角的意思
分布地区	北美洲
生活年代	白垩纪晚期
所属类群	鸟臀目·角龙类·开角龙亚目

▶ 上翘的颈盾
▶ 颈盾和角的作用
▶ 准角龙的化石

百科问答

问：准角龙生活在哪些地方？
答：准角龙生活在没有其他角龙的河口。那里有花植物开始繁盛，食物相对丰富。

恐龙家族

准角龙
——颈盾上翘的角龙

恐龙名片	
拉丁文名	Anchiceratops
名称含义	相似的有角的脸
分布地区	北美洲西部
生活年代	白垩纪晚期
所属类群	鸟臀目·角龙类

■ 上翘的颈盾

准角龙生活在北美洲西部，脸上长有三只角，是独角龙与三角龙的过渡类型。它的颈盾又长又大，边缘上排列着尖角，上半部分还有向前弯的突起，这在角龙家族里面是一个很独特的地方。曾经有一种准角龙因为特别的颈盾，被命名为"华丽准角龙"。

■ 颈盾和角的作用

对于准角龙来说，巨大的颈盾与三只角一定是沉重的负担。那么它们为什么要长这些东西呢？

有科学家以为，这些东西可用来抵御霸王龙和其他白垩纪时期的巨大猎食者的袭击。也有人认为，在彼此的争斗中，雄性准角龙可以把它们的头当成武器来使用。它们或许会像今天的雄鹿一样，用自己的角卡住对方的角，进行一场力的角逐。还有些古生物学家认为，颈盾是支撑颈部肌肉的骨头，它可能具有鲜艳的色彩，可用来向其他恐龙传递许多不同的意思和信号。

【百科词典】

你不知道的准角龙

准角龙长5至6米，重约4吨，生活于白垩纪晚期的北美洲西部。准角龙平常用它的角质喙来咬断低矮植物，其眼睛上方的两只眉角又长又尖，颈盾也相当巨大。

准角龙有一个奇特的原始名称，是由古希腊文的"αγχι"（接近）、"κερατ"（角）及"ωψ"（面）组合而成的。

■ 准角龙的化石

准角龙的首个遗骸于1912年在加拿大艾伯塔省的红鹿河谷里被发现。那是一个头颅骨的后半部分，包括了长的颈盾边缘及

稀有的准角龙

准角龙较其他角龙科恐龙罕有，到目前为止，发现的化石很少。第一个完整的准角龙头骨化石于1924年被发现，五年后这种恐龙被定名。

其他几块碎骨。现在它们存放在纽约的美国自然历史博物馆里。第一个完整的准角龙头骨化石于1924年被发现，五年后这种恐龙被定名。1925年，人们还曾发现另外一具骨骼化石，虽然没有头骨，但却是最为完整的准角龙骨骼化石。这个标本存放于渥太华的加拿大自然博物馆。此后，亦不时有准角龙其他部位的化石被发现。

准角龙头骨化石

准角龙头上有三只角，眼睛上的两只角又尖又长，鼻端的角又粗又短。其头盾非常独特，呈长方形，边缘上排列着尖角，上半部分还有向前弯的突起。

开角龙
——开口的、裂开的恐龙

恐龙名片	
拉丁文名	Chasmosaurus
其他译名	隙龙
分布地区	北美洲
生活年代	白垩纪晚期
所属类群	鸟臀目·角龙类·开角龙亚目

■ 讨人喜欢的开角龙

　　尽管戟龙和刺角龙等尖角龙类角龙具有精悍勇猛的外表，但许多人还是比较偏爱开角龙类的角龙。开角龙也叫作"隙龙"，拉丁文学名的意思是"开口的、裂开的恐龙"，说的正是开角龙奇妙的颈盾。

■ 巨大的颈盾窗

　　开角龙的颈盾可以说是别具一格：它不是一整块的盾，而是在靠近边缘的地方开了许多大大小小的孔洞。这个巨大的颈盾窗让刚开始发现它的古生物学家们都有点困惑。这个大颈盾窗在开角龙活着的时候应该有一层厚厚的皮肤，但是毫无疑问，这些颈盾根本无法起到保护作用。科学家们推测，开角龙的颈盾上会有艳丽的图案，这些华而不实的颈盾可以在繁殖期吸引异性，或者在碰上肉食性恐龙的时候吓唬敌人。

■ 五角龙的亲戚

　　开角龙是五角龙的亲戚，是另一种具有长形颈盾的角龙。它还具有三个角状突起及两个看似角状的颊部突起。

　　开角龙的体重可达 2 吨，体长大约有 5 米，包围在颈上的骨质构造较五角龙更长。此外，开角龙的背部长有一些圆形的瘤状突起，其作用至今令人不解。

开角龙头骨化石

　　开角龙是五角龙的近亲，头上长有三只角，鼻子上方的一只较短，眼睛上方的两只又尖又长。另外，其颈盾不是一整块，在靠近边缘的地方开了许多孔洞。

【百科词典】

你不知道的开角龙

　　开角龙的身材不是特别大，跟戟龙差不多，但是它的宽大的颈盾却让它显得更加魁梧。而且其颈盾上有巨大的空窗，这样头部的重量就减轻了，活动起来更加轻松自如。

　　开角龙生活在白垩纪晚期的北美大陆，目前出土的化石主要来源于加拿大的艾伯塔省。化石显示，开角龙有三只角，鼻子上方的一只较短，眼睛上方的两只又尖又长。

长相奇特的开角龙

　　开角龙体型较小，但其颈盾上的褶叶很长，远远超过五角龙。另外，其背部还有瘤状突起。

百科问答

▶ 像犀牛的恐龙
▶ 尖角龙群葬墓

问：新角龙类的代表恐龙是谁？
答：新角龙类分为两个科，即原角龙科与角龙科。
尖角龙是新角龙类的代表恐龙之一。

恐龙家族

尖角龙
——长得像犀牛的恐龙

恐龙名片	
拉丁文名	Centrosaurus
发现地	加拿大艾伯塔省
生活年代	白垩纪晚期
所属类群	鸟臀目·角龙类·尖角龙亚科

■ 像犀牛的恐龙

在加拿大艾伯塔省红鹿河谷内的尖角龙群葬墓里，人们曾经发现过几百块尖角龙的化石。据此，科学家们不仅能够推断出尖角龙的形态，还能了解到尖角龙的各种生理特点。尖角龙差不多和一头大象一样长，和一个成年人一样高，鼻骨上方有一个角，加上粗壮的身体，看起来的确很像一只大犀牛。它们的前肢比后肢略短，靠四条腿走路。

在尖角龙的脖子上方有一个骨质颈盾，边缘有一些小的波状隆起。科学家认为这个颈盾大概是地位的象征，估计某一些尖角龙的颈盾上还会有亮丽的色彩，使它们看起来与众不同，这有助于它们吸引异性。尖角龙的头、颈盾同身子比较起来显得十分巨大，这就需要有很强壮的颈部和肩部来支撑。即使是晃动一下脑袋，尖角龙的骨骼也承受不小的压力，所以它的颈椎应该紧锁在一起，有极强的耐受力。

尖角龙决斗
从化石发掘的情况来看，许多尖角龙伤在自己族群的尖角下。在繁殖季节，雄性尖角龙为了争夺交配权，相互之间可能会发生残酷的决斗。

■ 尖角龙群葬墓

1985年在加拿大的"恐龙之乡"艾伯塔省的红鹿河谷内，发现了数百只埋在一处的尖角龙骨骼化石，各个年龄段的尖角龙都有。它们是同时死亡并被一同埋葬的。在白垩纪晚期，究竟发生了什么事情，使这么多恐龙同时遇难呢？

尖角龙头骨化石
尖角龙的脖子上方有一个骨质颈盾，科学家认为这大概是地位的象征。或许这些颈盾色彩亮丽，看起来与众不同，这有助于它们吸引异性。

一些古生物学家猜测，在距今8000万年前，一大群尖角龙浩浩荡荡向远方迁徙，去寻找新的食源。谁知在它们过河的时候，山洪突然暴发，河水水位猛涨。尖角龙惊恐万分，你推我挤，互相踩踏，许多弱者被踩死、淹死在河中，并很快被泥沙掩盖，千百万年后就变成了化石，形成了这个巨大的群葬墓。

厚鼻龙
——颈盾上长角的角龙

恐龙名片	
拉丁文名	Pachyrhinosaurus
分布地区	美国、加拿大等地
生活年代	白垩纪晚期
所属类群	鸟臀目·角龙类·尖角龙亚科

■ 颈盾上长角

厚鼻龙体长约5米，生活在白垩纪晚期。厚鼻龙是角龙的一种，但在本该长角的鼻孔和眼睛的上方却没有长角，而是长了一层厚厚的骨垫。目前虽没有确定这层骨垫到底是干什么用的，但科学家们觉得它们的作用和角是相同的。厚鼻龙的头上没有长角，但它颈盾的边缘上生有骨刺，其中有两对呈角状。也就是说，厚鼻龙在颈盾的上方长了两只小角。

■ 厚鼻龙的食物

作为植食性恐龙，厚鼻龙的生活方式很可能和现在的牛类似，整天都在不停地啃食和咀嚼。和其他角龙一样，厚鼻龙喜爱的食物也是棕榈和苏铁。这些东西都很粗糙，所以它应

长相奇特的厚鼻龙
厚鼻龙全长5米，鼻子上虽然没有角，但它有大大的颈盾，颈盾上方还生有两只小角。更奇特的是，它的头上有厚厚的骨垫，不过没有长在头顶上，而是长在鼻孔和眼睛的上方。

【百科词典】

你不知道的厚鼻龙

在恐龙家族里，除了肿头龙，第二丑的家伙可能就是厚鼻龙了。它鼻子上方具有短而凸起的饰物，看起来就像锯剩的树干留在头骨上一样。

厚鼻龙在美国阿拉斯加的出现并不是孤立的，科学家共在此地发现了八种恐龙，其中四种为植食性恐龙，另四种则为兽脚类恐龙。

该长有强健的角质喙。厚鼻龙可以用角质的喙来咬断植物坚硬的茎秆，然后将大量的枝叶送进嘴里，再用牙齿把它们嚼烂、磨碎。最后这些食物便进入了恐龙腹腔中容量巨大的胃里。

■ 阿拉斯加的厚鼻龙

古生物学家费奥里罗曾在美国阿拉斯加州的维尔河河畔发现了一块形态独特的生物化石，仔细辨认后确定这是一只厚鼻龙的口鼻部。此后花了足足一年的时间，费奥里罗和他的伙伴们又在这里清理出了七副厚鼻龙头骨。这些恐龙年龄相仿，很可

厚鼻龙复原图
厚鼻龙又叫肿鼻角龙，是白垩纪晚期生活在北美洲的角龙。厚鼻龙在鼻子上方长有短而凸起的饰物，看起来像锯剩下来的树干留在了头骨上。

能死于同一次洪水或其他灾祸。在冰天雪地的阿拉斯加，发现厚鼻龙化石并非头一次，但是在同一个地方发现这么多厚鼻龙化石，其意义非同寻常。它首度证实了这个地区曾经生存着群居的厚鼻龙。

百科问答　问：为什么叫"戟龙"？
- "戟龙"之名的由来
- 厉害的戟龙
答：戟龙颈盾边缘长着一圈剑一样的骨棘，很像古代战将背后插着的一排"画戟"，故名。

恐龙家族

戟龙
——身背利剑的角龙

恐龙名片	
拉丁文名	Styracosaurus
名称含义	有长矛的龙
分布地区	加拿大、美国
生活年代	白垩纪晚期
所属类群	鸟臀目·角龙类·尖角龙亚目

■ "戟龙"之名的由来

勇猛的戟龙

戟龙长相威武，就像披甲执矛的古代武士。其防御和进攻能力都很强。颈盾上的骨棘和长矛般的鼻角，令敌人望而生畏，即使是凶猛的霸王龙也不敢对它掉以轻心。

戟龙发现于加拿大艾伯塔省的红鹿河谷内。当戟龙于1913年第一次被人们发现时，没有一个人不为它那奇特的颈盾所折服。戟龙的身材和一头大象差不多，体长约5米，重约3吨，鹦鹉嘴般的巨喙可以帮助它们轻松地啃下坚硬的枝叶。戟龙的鼻骨上有一只较长的角，眉骨上有两只小角，颈盾周围有由六个棘刺组成的棘刺圈，从颈部向背部伸出，所以戟龙又叫棘刺龙。由于它的棘刺有点像中国古代兵器中的戟，人们常常把它称为戟龙。巨大的鼻角是戟龙十分锋利的武器，可以穿透肉食性恐龙裸露的肉体。戟龙威武而雄壮，往往只要摇摆一下那长角的脑袋，就能把敌人吓跑。

戟龙复原图

戟龙是一种生活在晚白垩世的植食性恐龙，与其他角龙的最大区别在于颈盾，戟龙颈盾边缘长着一圈剑一样的骨棘，非常威武。

■ 厉害的戟龙

即使相隔很远，对手们也不会认错戟龙。戟龙颈盾上奇特的尖刺可以吸引异性，也可以威慑天敌，但戟龙从不轻易参战，通常只是施展些恐吓威胁的花招而已。对于格斗来说，戟龙头上的尖角并不足以给对手造成毁灭性的打击，但它却另有秘密武器，那就是巨大的鼻角！戟龙用鼻角的突然袭击，往往能给大型肉食性动物以致命的打击。它的鼻角可以刺透肉食性恐龙裸露的皮肉，并在那里留下一个很深的圆洞状的伤口。

【百科词典】

你不知道的戟龙

戟龙靠粗短的四肢行走，它的脚趾向外撇，这样站得更稳，并且更容易支撑身体。戟龙的颈椎非常坚固，可以帮助支撑起巨大的头部。

戟龙曾漫游在北美的大平原，平常就用鹦鹉那样弯曲的喙嘴采食那些低矮植物的树叶。

虽然角龙类恐龙在白垩纪晚期全部灭绝，但戟龙和众多角龙独特的造型却给生命的历史增添了绚丽的色彩。

肿头龙类：
出奇肿厚的头骨

概 述

铁头龙

实际上，到了白垩纪的末尾，恐龙王国已经进入了它的黄昏期。可是就在这临近结束的时候，恐龙大家族中又演化出了许许多多奇特的类群，这些新出场的成员给恐龙王朝的最后一幕增添了几分奇特的色彩。肿头龙类就是这些新成员中非常独特的一族。

肿头龙类恐龙是恐龙家族中的"铁头族"。它们那凶神恶煞的模样让人们不寒而栗、望而生畏。肿头龙的头骨出奇肿厚，形似屋顶，甚至有的头骨厚度可以达到 25 厘米，而且突出部分还是实心的。科学家们推测它们可能像山羊一样，雄性之间经常性地以头相撞，胜利者可以在群体中保持较高的地位。

肿头龙类的发现过程

人们对这一大类恐龙的认识至少经历了 50 多年的时间，最早发现的是它的牙齿化石，后来才陆续找到头骨等化石。19 世纪 50 年代，人们首次发现了肿头龙类恐龙的牙齿化石，但是当时的科学家们还不能确定它们究竟是什么。后来，在 1924 年，人们又找到了一只剑角龙的头骨和骨架。剑角龙体积小，用两条后腿直立行走，是植食性恐龙，与鸟脚类恐龙很相似。不过与鸟脚类恐龙不同的是，肿头龙的头十分坚固，其安全性能决不亚于头盔。科学家因此把它划定为肿头龙类。

肿头龙类的分科

肿头龙类恐龙的头部形状并不完全相似。比如说肿头龙的头部形状完全是圆形的，但平头龙的头部形状则要扁平一些，并逐渐向上倾斜，在末端形成一个尖头。科学家按照头骨的高低把它们分成两个科，即头骨高的肿头龙科与头骨较低的平头龙科。最早的肿头龙类是在英国白垩纪早期的地层中发现的，但它并不是这两科恐龙的共同祖先。这两科恐龙在这一时期已经分道扬镳了，而人们至今尚未发现它们的共同祖先。值得一提的是，肿头龙类的头顶边缘和角龙类头上颈盾的边缘很相似。这种情况意味着这两类恐龙很可能是近亲。

现在已发现的肿头龙科的化石至少有 15 个属，平头龙科却只有一个属。它们生活在几千万年前的欧洲、亚洲、北美洲和非洲的一些内陆平原和沙漠中。那里的地形不利于化石的形成，这可能就是肿头龙化石较少的主要原因。

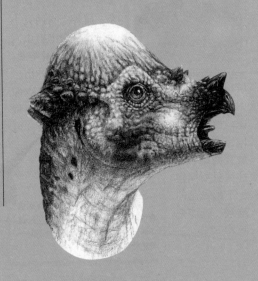

"凸头龙"
"肿头"的作用
百科问答　问：肿头龙一般以什么为食？
答：树的叶和芽，还有灌木，这些都是肿头龙的最爱。

恐龙家族

肿头龙
——头顶肿起的恐龙

恐龙名片	
拉丁文名	Pachycephalosaurus
名称含义	头顶肿起的龙
分布地区	美国蒙大拿州和加拿大部分地区
生活年代	白垩纪晚期
所属类群	鸟臀目·肿头龙类·肿头龙科

■ "凸头龙"

肿头龙又叫厚头龙，是植食性恐龙，长约5米，最大的肿头龙身长可以达到8米。它们的样子非常奇特，头骨上覆盖着一层特别厚实的圆弧形剑板，剑板上还有许多瘤突和钉刺，整个脑瓜顶上凸起了一大块，所以又被人们称为"凸头龙"。

无与伦比的头盖骨
肿头龙最奇特的地方莫过于它的头盖骨了，其厚度可达25厘米，看上去就像一座隆起的小山丘。据科学家推测，这个"小山丘"可以帮助雄性肿头龙在配偶争夺战中获胜。

肿头龙生活在距今8000万年前的蒙古高原上。它们的栖息地气候干燥，甚至还有些沙漠化。发现于同一时期的植物化石证明了这一点，因为它们都是一些耐旱的类型。目前人们只找到了它的头骨和躯干骨架中的部分骨骼。肿头龙厚重的头骨比身体其他部位的骨骼更容易转化成化石而保存下来。对于肿头龙颈骨的情况，人们则了解得不多。但按照常理推断，这些骨骼一定是特别坚固的。因为只有这样，它们才能承受搏斗中由头顶相撞所产生的冲击力。

■ "肿头"的作用

肿头龙为什么长着如此厚实的头骨呢？它的"肿头"有什么作用呢？

让人吃惊的是，肿头龙的头盖骨竟然厚达25厘米，而且圆形头顶的边缘还围着一圈隆起的骨质结节。科学家推测，为了争夺异性，雄性肿头龙之间可能会进行一种仪式性的决斗——用头顶互相撞击的比赛。在竞争中，头盖骨越厚的雄性恐龙显然越容易成为获胜者。

当肿头龙以头顶相撞时，会发出"砰砰"的巨大撞击声，这些令人害怕的声音即使在很远的地方也能听得到。如今石山羊和加拿大盘羊在搏斗中也以类似的方式来撞头。

【百科词典】

你不知道的肿头龙

科学家推测，肿头龙体重不到50千克，属于小型恐龙。

虽然大部分科学家认为雄性肿头龙以互相碰撞头部来争夺伴侣，但也有小部分人认为肿头龙的头骨是用来对付掠食者的。

根据科学原理，当肿头龙摆出撞头的架势并以赛马般的速度向前奔跑时，它的脊柱是挺直的。由于它的头是半球形的，所以在撞击时，它头顶正中的冲击力是最强的。

肿头龙复原图
肿头龙是一种奇特的小型恐龙，因头盖骨异常肿厚而得名，头的周围和鼻尖上都布满了骨质小瘤，有的个体头部后方有大而尖利的刺，牙齿很小但很锐利。

剑角龙 ❁
——最有名的肿头龙

恐龙名片	
拉丁文名	Stegoceras
主要食物	树的叶和芽，灌木
分布地区	美国蒙大拿州和加拿大大部分地区
生活年代	白垩纪晚期
所属类群	鸟臀目·肿头龙类·肿头龙科

■ 最有名的肿头龙

北美发现的剑角龙是肿头龙类中最有名气的恐龙。它生活在白垩纪晚期，属于植食性恐龙。剑角龙一般身长 2.5 米，高 1.5 米，头骨有 25 厘米长、6 厘米厚。

剑角龙的头盖骨可能是自卫的武器，在受到攻击、走投无路时，它会突然用头拼命向来犯之敌撞去，使对方遭受重创。大多数被攻击者都经不起这猛烈的一撞。

■ 越长越厚的头盖骨

肿头龙家族共同的特征是都长有又厚又圆的头盖骨。它呈半圆形，由许多小骨块组成，几乎盖住了它的眼睛和后脖颈。不同年龄的剑角龙化石骨架向人们表明，随着剑角龙年龄的增长，它头顶的骨骼厚度也在增长。剑角龙刚出生的时候，它的头盖骨并不是很厚，随着小恐龙的逐渐长大，头盖骨也越长越厚。

某些古生物学家通过对剑角龙头盖骨化石的研究发现，雄性剑角龙的头盖骨比雌性的厚一些。一只雄剑角龙的头盖骨可达 6 厘米厚，足足顶得上一块砖的厚度了。

■ 冲撞的天赋

剑角龙的身体结构很符合撞击的力学要求：它的头可以自如地前倾；前肢短、后肢长，可以使它动作灵活；长长的尾巴有助于保持身体的平衡；骨盆上的耻骨长而低，骨盆上方有六至八块紧密相连的脊椎，既加强了冲力，又起到了减少震动的作用；它的头与脊柱之间有一个适当的角度，战斗时身体绷成一条直线，头稍向下倾，有利于冲刺。最重要的是，当它们以头相撞时，肿厚的实心头骨像安全帽那样，能减少震动的强度，避免脑震荡。

【百科词典】

你不知道的剑角龙

剑角龙的前肢上各长有五个"手指"，可以用来抓取一把把叶片。

剑角龙的脑子比较大，在头盖骨四周还分布着一圈小的骨刺。据推测，雄性剑角龙头盖骨上的骨刺比雌性的更大一些。

剑角龙是群居生活的，由决斗中获胜的雄性成员充当首领。作为首领，它不仅统率整个群体，而且拥有与群体中雌性恐龙交配的权利。

用头攻击敌人的剑角龙
剑角龙生活在白垩纪晚期，属于植食性恐龙。有人认为，它厚厚的头盖骨是自卫的武器。

"地狱之龙"　　百科问答　　问：冥河龙厉害吗？
关于冥河龙　　　　　　　答：冥河龙的头上有锐刺和尖角，厚厚的圆顶头骨连接
精巧的头饰　　　　　　　　着脊椎骨，可以承受更大的冲击力。

恐龙家族

冥河龙
——面目狰狞的恐龙

■ "地狱之龙"

冥河龙头骨化石
冥河龙的头颅骨板非常厚实，有人认为雄性冥河龙之间以互相碰撞头部来争夺伴侣，也有人认为冥河龙头颅上的骨板纯粹是装饰而已，在繁殖季节可用来吸引异性。

冥河龙是一种头颅顶部、后部与口鼻部长有发达的剑板与棘状物的神秘恐龙。它的命名源于美国蒙大拿州的地狱溪。1983年，在此地发掘冥河龙时的场景就像取出一具地狱恶魔的遗骸一般恐怖。在现有的化石记录中，冥河龙号称恐龙中面目最狰狞的"地狱之龙"。

■ 关于冥河龙

冥河龙生活在白垩纪晚期，人们对这种恐龙的认识还很少，因为迄今为止科学家们只发现了五具冥河龙的头骨以及一些零零碎碎的身躯遗骸。不过这并不妨碍科学家们研究它的生活习性。冥河龙与其他肿头龙类一同生活在白垩纪晚期的北美大陆。它前肢细小，长有坚硬的长尾巴，很可能直立行走。冥河龙体型不算大，除了头颅上的厚剑板和头饰外，身体结构与当时大多数两足植食性恐龙大致相似。

恐龙名片	
拉丁文名	Stygimoloch
名称含义	来自地狱河中的恶魔
分布地区	美国的怀俄明州和蒙大拿州
生活年代	白垩纪晚期
所属类群	鸟臀目·肿头龙类·肿头龙科

■ 精巧的头饰

冥河龙的头颅剑板非常厚实，而且还长有漂亮精巧的头饰。有一部分古生物学家认为，雄性冥河龙之间也要以互相碰撞头部的方式来争夺伴侣。至于冥河龙头颅上繁多的骨饰则纯粹是装饰而已，炫耀其漂亮的头饰可以使雄性在繁殖季节吸引到异性。

【百科词典】

你不知道的冥河龙

冥河龙的头骨虽然大，但它的大脑却非常小，所以古生物学家认为它的智力并不高，远远比不上比较聪明的小型肉食性恐龙。

当古生物学家详细研究冥河龙的头骨时，发现其头骨的密度比其他恐龙大。由此推测，它们的头骨具有很好的抗碰撞能力。

冥河龙复原图
冥河龙相貌怪异，圆圆的头骨非常厚实，头颅顶部、后部与口鼻部饰以非常发达的骨板与棘状物。圆顶可以承受猛烈的冲撞，角刺则可用来充当御敌的武器。

平头龙
——脑袋扁平的恐龙

恐龙名片	
拉丁文名	Homalocephale
名称含义	脑袋扁平的恐龙
分布地区	蒙古
生活年代	白垩纪晚期
所属类群	鸟臀目·肿头龙类·平头龙科

■ 独特的平头龙

关于平头龙科恐龙，至今只在蒙古发现了一种平头龙。大约在距今8000万年前，平头龙生活在亚洲东部的蒙古一带，主要以低冠植物为食。虽然其头盖骨没有高高地肿起来，但它头骨的顶部依然非常厚实，而且表面粗糙，上面既覆盖有骨质的疙瘩，又有凹坑。平头龙的骨盆很宽，而且与背部脊椎骨的连接很松散，由此有的古生物学家就猜测它可能不会生蛋，而是直接产下幼仔。目前这一说法还需要更多的证据来证明。

■ 群居生活

科学家们根据已发现的平头龙化石推测，生活在白垩纪晚期的平头龙像巨大的雄狮那么长，站立时可以到一个人的腰部那么高，大约3米多长，1米多高，用两条后腿行走。它们像现在牧场中的牛羊那样，四处寻找族群的食物，以群居的方式生活。可能平常还有个别的平头龙不时放哨，以防止群体被肉食性恐龙突然袭击。

■ "平头" 的作用

与大多数肿头龙类恐龙相比，平头龙的头部显得扁平些，头顶骨骼没有高高的隆起。但平头龙的宽而厚的头骨也具有很重要的用途。科学家们猜测，雄性龙之间为了解决争端，也会像肿头龙那样进行撞头比赛。平头龙的颅顶顶部非常厚实，所以某些时候，两只雄平头龙也会用它们带有许多球状饰物的头互相顶撞，这是决定谁能成为群体首领的方式。它们强健的脊椎和长长的后肢就像汽车的减震器一样，能在激烈的撞击中减少震动的强度，避免脑震荡。

【百科词典】
你不知道的平头龙

平头龙是一种中型的肿头龙类恐龙。从足迹化石来看，平头龙过着群居的生活，所以需要通过顶头的方式推选出一只成年雄性平头龙来带领整个种群。

交配季节来临时，平头龙也会用头互相顶撞，种群中的强者拥有挑选异性的优先权利。

平头龙的拉丁文名称的意思是"长着扁平头的恐龙"。它那可爱的平平的头，有点儿像现在时髦的平头。

令人困惑的平头龙
属于爬行类的恐龙都是卵生的，而平头龙具有很宽的骨盆。这一特点使许多科学家感到迷惑，他们认为平头龙可能不像其他恐龙那样是生蛋的，而是生产幼仔的。

蜥脚类：
优雅的植食性恐龙

概 述

■ 传奇的蜥脚类恐龙

在恐龙时代，虽然陆地上的生命已经出现了 4 亿年，但是除了蜥脚类恐龙之外，陆生动物中还没有身长超过 20 米的。在世界上所有已经发现的化石以及所有现存的动物中，蜥脚类恐龙是最大的陆生动物。

在这类恐龙里，有许多知名度都很高，比如腕龙、梁龙、雷龙以及我国的天山龙、马门溪龙等。它们的特点是头很小，颈和尾都较长，四肢粗壮，用四脚行走，以植物为食，主要生活在沼泽地带。

身长不足 20 米的蜥脚类恐龙也很多，它们各有特点。比如说，身长 13 米以上的蜥脚类恐龙身材一般都比肉食性恐龙高大；而许多身长不到 13 米的蜥脚类恐龙，有的颈上带有棘刺，有的脊背上披着骨质厚甲片。与身长 13 米以上的蜥脚类恐龙相比，其形态更富于多样性。

■ 蜥脚类恐龙的身材

蜥脚类恐龙中最大的是传说中的阿根廷龙，据估计，它全长至少也有 35 米。由于只发现了该恐龙的脊椎骨、胫骨和腰骨的部分化石，因此也有学者对阿根廷龙的复原图抱有疑问。与阿根廷龙化石相比，发现化石更多而且能用科学方法正确复原的蜥脚类恐龙是地震龙和超

龙。它们都是全长 33 米的大家伙。但是，如此庞大的恐龙，也是由个体较小的动物演化而成的，它们的祖先仅 2 米多长。

■ 蜥脚类恐龙的分类

与兽脚类恐龙相比，蜥脚类恐龙出现的时间稍晚。有一种说法是植食性恐龙都是由肉食性的祖先类型演化而来的，其实这种猜测缺乏确凿的证据。至少在三叠纪晚期，蜥脚类恐龙的早期类型——原蜥脚类已经相当繁盛了。它们一般体型较小，与肉食性恐龙最大的不同之处是脖子较长，头骨较小，口中生着细小的牙齿，尾巴粗大。由于这是以植物为食的恐龙，因此肚子一般都较大。

蜥脚类恐龙主要分为原蜥脚类和蜥脚形类两类。一般认为，原蜥脚类恐龙主要生活在三叠纪晚期至侏罗纪早期，此后便衰亡了。而蜥脚形类恐龙大约从侏罗纪早期出现，一直生存到白垩纪末期，在侏罗纪晚期发展到顶点。梁龙、雷龙、腕龙、圆顶龙、马门溪龙等众所周知的大恐龙分别显示出了蜥脚形类恐龙的不同风采。它们绝大多数都是巨型的植食性恐龙。头小、脖子长、尾巴长、牙齿呈小匙状是这类恐龙的共同特征。进入白垩纪后，这类恐龙也开始衰退。尽管如此，它们还是高高地昂着那看似小得可怜的脑袋走到了白垩纪的尽头。

安琪龙
——像蜥蜴的小恐龙

恐龙名片	
拉丁文名	Anchisaurus
其他译名	近蜥龙、兀龙
分布地区	美国、南非及中国贵州地区
生活年代	侏罗纪早期
所属类群	蜥臀目·蜥脚类

安琪龙复原图
安琪龙又叫近蜥龙，是一种极为敏捷的小型原蜥脚类恐龙。它用两足行走，善于奔跑，其身体最大的特征是脖子长、躯干长、尾巴长、脚长。

■ 安琪龙的发现

早在1818年，安琪龙的化石就在美国的康涅狄格州被人类发现了，但是当时的生物界并没有把它当作恐龙加以归类。直到1885年，科学家才认识到这是一种恐龙。又等到1912年，人们才把它命名为安琪龙。1911年，根据南非某地侏罗纪早期地层中的化石发现，人们又找到了一种叫作"兀龙"的恐龙化石。这个"兀龙"在1976年时被古生物学家们重新鉴定，专家们注意到其实该化石与早期发现的安琪龙非常相似，所以"兀龙"最终被"安琪龙"这一名称取而代之。

■ 小巧的安琪龙

安琪龙是一种原蜥脚类恐龙，生活在侏罗纪早期的非洲和北美洲，全长约2米，有点像大蜥蜴。它脖子很长，身体构架轻巧，行动敏捷，能用后肢站立，会把头伸到树的高处去寻找食物。它的牙齿不大，也不太锋利，但其锯齿状的结构非常适合咬断植物，而安琪龙的食物正是植物。

安琪龙的后肢比前肢长，前肢的第一个趾上长着大爪子。科学家推测它的大爪子可能是用来挖掘埋藏在土壤里的食物的，当然也有可能是与其他恐龙进行打斗和防卫用的。安琪龙还长有一条粗壮的长尾巴，用后腿奔跑时，尾巴能起到平衡身体的作用。安琪龙尾巴上的肌肉应该十分有力，这一点可以从它那高高的脊椎位置以及粗壮的尾部骨骼等方面看出来。也许安琪龙还可以通过甩动自己有力的尾巴吓走捕食者。

【百科词典】

你不知道的安琪龙

安琪龙的外形可以用"四长"来概括，即脖子长、躯干长、尾巴长、脚长。

安琪龙的后肢是前肢长度的三倍。据科学家推测，虽然它平时用四足行走，但是在采集食物时能够靠后肢直立起来，以便抓取到高处的树叶和枝条。

1973年，人们在贵州北部的大方盆地中挖掘到了一具不完整的安琪龙骨架，它被命名为中国近蜥龙。

小巧的安琪龙
安琪龙身长只有2米，是一种小巧的原蜥脚类恐龙。它又长又窄的前掌上长着带有弯曲的趾的大爪子，很可能是用来挖掘植物的地下根茎的。

◆◆◆◆◆◆
▶ 第一种大型恐龙
▶ 板龙的各种特征

百科问答　问：板龙的牙齿是什么样的？
　　　　答：板龙的牙齿又细又小，形状有点像削开的铅笔。

>>>>>>>>>>>
恐龙家族

🌸板龙
——最早的大型恐龙

恐龙名片	
拉丁文名	Plateosaurus
分布地区	法国、瑞士和德国
生活年代	三叠纪晚期
所属类群	蜥臀目·蜥脚类

■ 第一种大型恐龙

　　板龙的拉丁文名称"Plateosaurus"意为"平板的爬行动物"。根据现有材料来看，植食性的板龙是地球上第一种大型恐龙。

　　在板龙出现以前，最大的植食性动物的身材也就像一头猪那样大。而板龙全长约7米，站立时高约3.5米，是最早的高大的植食性恐龙。板龙与在它之前生存的任何一种恐龙都不同，它可以触到较高树木的树梢。平常它用四肢爬行并寻觅地上的植物，但当需要时，它可以靠两只强壮的后腿直立起来，寻找其他食物。

■ 板龙的各种特征

　　板龙是生存于距今2亿年前的古老恐龙，分类上属于原蜥脚类。科学家们认为它是雷龙、腕龙、梁龙等恐龙的祖先，因为它的外形与雷龙有几分近似，只是体格较小。板龙的头很细小，口中长有牙齿，板龙的牙齿和上下颌的结构都不大适合咀嚼。因此，板龙大概是通过吞下各种石头储存在胃中，让它们像一台碾磨机那样滚动碾磨，把食物碾碎成糊状的。板龙的脖子和尾巴都很长，躯体粗大。它的前肢短小，长有五个趾头，第一趾上有个能自由活动的大爪子。板龙用此利

　　爪赶走敌人或抓摘食物。根据化石遗迹，科学家发现它们喜欢群体活动，常一起在树丛中寻找食物。

　　身体硕大的板龙，由于体温升高时散热不易，常在旱季缺乏食物时向海边群体迁徙。但是途中需要横穿沙漠，得忍受酷暑和口渴，万一中途迷路，就可能发生集体灭亡的惨剧。

🌀 板龙的行走
　　板龙颈长尾长，躯体粗大。其后肢super长，前肢短小。它的每个前掌有五个趾头，第一趾有大爪，爪能自由活动。不过，它更多的时间是四足行走，因为它的上半身相对后肢而言太庞大了。

🌸【百科词典】
你不知道的板龙

　　板龙属于初期的植食性恐龙，也可能吃肉，但有关这点尚无确切的资料证明。

　　板龙直立行走是很不容易的。它灵活的脖子使它过于头重脚轻，不可能总是以两脚着地的姿势行走。而四肢着地的爬行方式对板龙来说更为舒服自然。

　　板龙的五只趾爪都很灵活，科学家们推测它可以用趾爪攥成一个拳头。

🌀 板龙复原图
　　板龙的拉丁文名称的意思是"平板的爬行动物"，它可能是侏罗纪大型蜥脚类的祖先。其外形与雷龙近似，但体型较小。板龙前肢短小，后肢有力，应该是能够两足行走的爬行动物。

大椎龙
——爱吃石头的恐龙

■ 大椎龙的特征

距今约 2 亿年时，非洲南部地区几乎是一片不毛的沙漠，光秃秃的沙丘覆盖着广大的地面。但是各种植物和动物依然顽强地生活在这种严酷的环境中。大椎龙就是其中的代表。

大椎龙是最早在陆地上出现的以植物为食的恐龙之一，其结构轻巧，外形比同时期的板龙要小巧得多，身长 4 至 5 米，体重不到 200 千克。它们的头很小，眼睛和鼻子却很大，所以它们的视觉和嗅觉肯定很灵敏。其脖子和尾巴都很长，依靠两条后腿直立起来时，能摘到大树顶上的嫩芽和树叶。大椎龙的第一趾特别大，上面长有纤长而弯曲的爪，应该是为了防御天敌。在第二、三趾的配合下，第一趾还具有抓握功能。另外两个趾则又小又弱。

【百科词典】

你不知道的大椎龙

一直以来，人们都认为大椎龙是植食性恐龙。但有的古生物学家根据大椎龙化石的骨架特征提出了异议，大椎龙或许应该归类于肉食性恐龙。

大椎龙具有坚固的前排牙齿，且它的牙冠有锯齿边缘。所以有的古生物学家认为大椎龙应是杂食性恐龙，它用前排的牙齿撕咬肉类，用后面的牙齿咀嚼植物。

大椎龙又称为巨椎龙，其学名 "Massospondylus" 意为 "有巨大的脊椎的蜥蜴"。

被初步发现的时候，在它的肋骨笼内还有一些小卵石。科学家们估计这是大椎龙吞下去帮助消化食物的。石块进入它们的胃后，和食物一起搅拌，最终碾碎、磨烂那些不易消化的树叶，使其成为糨糊状，以便吸收对身体有益的营养物质。这意味着它们可以不咀嚼食物，而把食物直接吞下去，从而大大地节省了取食的时间。这种食性传给了后来的一些大型植食性恐龙，甚至传到了今天的鸟类当中。

大椎龙复原图
大椎龙是生活在侏罗纪早期的原蜥脚类恐龙，比同时期的板龙要小巧得多。其头很小，脖子和尾巴却很长。它依靠两条后腿直立起来时，能摘到大树顶上的嫩芽和树叶。

■ 大椎龙的胃石

大椎龙的上颌很独特，向前突出甚至超过了下颌，因此它们的下颌很可能有一副鸟嘴一样的喙覆盖在骨骼的外面。大椎龙的牙齿中，一些边缘有锯齿形状，另一些却很扁平，不过都比较小，咀嚼功能不强。当这种恐龙的化石

站立的大椎龙
大椎龙一般四脚着地，也能只用后腿站立起来采食。它前肢上的"手"很大，长着大而弯曲的爪，这种结构的"手"可能是用来摘取树叶的。

恐龙名片

拉丁文名	Massospondylus
其他译名	大脊椎龙、巨椎龙
分布地区	非洲南部的莱索托、纳米比亚、南非、津巴布韦和美国亚利桑那州
生活年代	侏罗纪早期
所属类群	蜥臀目·蜥脚类

◆◆◆◆
▷ 最小的恐龙
▷ 鼠龙的特点
▷ 关于鼠龙的争议

百科问答　问：鼠龙属于哪一种科属的恐龙？
　　　　　答：目前人们暂时把鼠龙归于板龙科，但还没有完全
　　　　　确定，因为它实在很难明确归类。

＞＞＞＞＞＞＞＞＞

恐龙家族

鼠龙
——体型最小的恐龙

■ 最小的恐龙

鼠龙骨骼化石
1979 年，人们发现了鼠龙幼龙的化石。该化石缺少尾巴，体长只有 20 厘米，与一只大老鼠大小相当。

提到恐龙，人们不由就会把它和"庞然大物"这四个字联系起来。其实恐龙中也有一些种类是"小不点儿"。比如在阿根廷发现的鼠龙化石，最小的和老鼠差不多大。

鼠龙是迄今发现的最小的恐龙。它是一种生活在三叠纪晚期至侏罗纪早期的植食性恐龙。1979 年，考古学家在阿根廷某地的一个恐龙窝里发现了五六具鼠龙幼龙的化石。它的头、眼睛和四肢与躯干的比例差别非常大，这些部分应该是幼龙发育最快的部分。而其中最小的一具鼠龙化石，加上尾巴，体长也只有 20 厘米，大小如一只大老鼠。

■ 鼠龙的特点

鼠龙属于原蜥脚类恐龙，它的一个主要特征是脖子长，而且非常灵活。因此当它意识到有危险的时候，可以轻松地回头张望。借助长长的脖子，它可以寻找迷途的幼仔，或触及高高的树木。鼠龙的尾巴既长又粗壮，当鼠龙甩开四肢大步跑时，尾巴可以左右摆动。有些专家认为鼠龙有时会用后肢行走，这时的尾巴是拖在地上的。此外，鼠龙的前肢长着五根爪子，适于撕扯树叶和树枝。在三叠纪时期，森林里长着

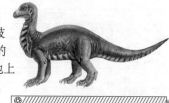

鼠龙复原图
鼠龙是一种生活在三叠纪晚期到侏罗纪早期的原蜥脚类恐龙，身材矮小。幼体身长仅 20 厘米，是迄今发现的最小的恐龙。成年鼠龙身长估计 2 米至 3 米。

大量的蕨类和木贼类植物，鼠龙便把其中的一些植物作为美餐。

■ 关于鼠龙的争议

古生物学家把活跃于距今 2.3 亿年到 1.78 亿年间的植食性恐龙称为原蜥脚类恐龙。原蜥脚类恐龙除了板龙、大椎龙外，比较有代表性的就是鼠龙了。鼠龙可能是迄今为止发现的最小的恐龙。但由于尚未发现成年鼠龙的化石，所以有的古生物学家认为已发现的化石可能是某种已知恐龙的幼体。如果这种说法成立的话，鼠龙很可能就不是最小的恐龙了。

【百科词典】

你不知道的鼠龙

鼠龙是考古学者于 1979 年在阿根廷发现的，其拉丁文名称"Mussaurus"的意思是"像老鼠的爬行动物"。

科学家们从目前发现的几具新生鼠龙的化石中了解到，刚出生的鼠龙比大多数恐龙的幼仔都要小许多。然而，当鼠龙成年时，它的身体可能会长到 2 米至 3 米，是刚出生时的几十倍。

恐龙名片	
拉丁文名	Mussaurus
体貌特征	幼体长约 20 厘米，成年鼠龙长约 2 至 3 米
分布地区	阿根廷
生活年代	三叠纪晚期至侏罗纪早期
所属类群	蜥臀目·蜥脚类

禄丰龙 ❀
——中国第一具有完整骨骼化石的恐龙

恐龙名片	
拉丁文名	Lufengosaurus
名称含义	最早在中国禄丰发现，以此命名
分布地区	中国云南禄丰
生活年代	三叠纪晚期到侏罗纪早期
所属类群	蜥臀目·蜥脚类

■ 中国第一龙

　　禄丰龙化石是在中国找到的第一具完整的恐龙化石，发现于中国云南省禄丰县。禄丰龙是中国古生物学家杨钟健教授在 1941 年根据其完整的恐龙骨架命名的。到今天为止，总计有超过 10 具禄丰龙复原骨架陈列在了北京古脊椎动物与古人类研究所、北京自然博物馆和云南禄丰恐龙博物馆里。其中最早发现的许氏禄丰龙与欧洲西部的板龙极为相似。

> **【百科词典】**
>
> **你不知道的禄丰龙**
>
> 　　禄丰龙的鼻孔呈三角形，眼眶又大又圆。
> 　　禄丰龙的牙齿短而排列密集，是典型的植食性齿列。它平时可能以树梢嫩叶为食，同时也可能捕捉一些小型的昆虫及其他动物作为餐点副食。

■ 原始的蜥脚类恐龙

　　禄丰龙早在三叠纪晚期就出现了，一直延续到侏罗纪早期，是巨大的植食性恐龙的祖先。

禄丰龙复原图
　　禄丰龙是一种生活在三叠纪晚期到侏罗纪早期的原蜥脚类恐龙，是巨大的植食性恐龙的祖先。其化石发现于中国的云南省禄丰，由此而得名。

　　禄丰龙身长 5 至 7 米，站立时高 2 米多。它的头很小，脚上有趾，趾端长有粗大的爪。禄丰龙的身后拖着一条粗壮的大尾巴，站立时可以用来支撑身体，好像随身带着凳子一样。这种行为很像今天的袋鼠。

■ 禄丰龙的分类

　　关于禄丰龙，杨钟健教授认为它有两个种，即许氏禄丰龙和巨型禄丰龙。巨型禄丰龙的体型要比许氏禄丰龙大 1/3，脊椎骨比较粗壮。这两种禄丰龙都属于原蜥脚类恐龙，身体不

笨重的禄丰龙
　　禄丰龙身体结构笨重，头部较小，颈较长，脊椎粗壮，尾很长。其肩胛骨细长，胸骨发达，肋骨短，耻骨及坐骨均细弱。前肢相当于后肢的一半多长。

太灵活，以植物为食。它们的前肢为后肢的一半多长。根据其强而有力的后肢，人们推测它既能够直立式行走，又可以用四足做短程移动。后来发现的脚印化石证实了这项推论。

百科问答

问：体型巨大的马门溪龙，体重有多少？

答：马门溪龙的体长一般在 16 至 30 米之间，重约 20 多吨。

脖子最长的恐龙
亚洲第一龙

恐龙家族

马门溪龙
——亚洲第一龙

恐龙名片	
拉丁文名	Mamenchisaurus
名称含义	在马门溪发现的恐龙
分布地区	中国、蒙古
生活年代	侏罗纪晚期
所属类群	蜥臀目·蜥脚类

■ 脖子最长的恐龙

如果要问在所有的恐龙中，谁的脖子最长，那一定是马门溪龙。这种恐龙全长约 22 米，而它脖子的长度就有 11 米左右。四脚着地时的马门溪龙活像一座桥：四条腿就像桥墩，承受着 20 吨的身体重量，长长的尾巴和头颈则很像一头接地一头上山的引桥。与所有的长颈植食性恐龙一样，它的脑袋小得可怜，甚至还不如自己的一块脊椎骨大。科学家们推测，这种巨型恐龙可能要长时间地泡在水里，它的长脖子正好可以使它的小脑袋露出水面。

【百科词典】

你不知道的马门溪龙

虽然马门溪龙和一个网球场一样长，但它的身材却很"苗条"。这是由于它的脊椎骨中有许多空洞，相对于它那长长的身躯而言，马门溪龙并不很重，正面看去也一点儿不胖。

马门溪龙四足行走，它那又细又长的尾巴拖在身后。在交配季节，雄性马门溪龙在争夺雌性的战斗中会用尾巴互相抽打。

距今 1.45 亿年前，大陆上到处都覆盖着广袤的森林，生长着红木和红杉树。成群结队的马门溪龙在森林里用它们小小的、钉状的牙齿啃食树叶，并利用长长的脖子挑选别的恐龙够不着的树顶的嫩枝。马门溪龙的脖子由长长的、

相互叠压在一起的颈椎支撑着，因而十分僵硬，转动起来十分缓慢。但它脖子上的肌肉相当强壮，可以毫不费力地支撑起它的小脑袋。

马门溪龙复原图

马门溪龙是中国目前发现的最大的蜥脚类恐龙，它的颈特别长，相当于体长的一半，不仅构成颈的每一块颈椎很长，且颈椎数亦多达 19 块，是蜥脚类中最多的。

■ 亚洲第一龙

在我国新疆昌吉回族自治州的将军戈壁上，科学家们曾发掘出一具马门溪龙化石。它的脖子长度达到了惊人的 15 米，是世界上已发现的最长的恐龙颈椎化石。专家以此推算，这具马门溪龙化石总长应该在 35 米以上，是目前名副其实的"亚洲第一龙"。其实，之前亚洲最长恐龙化石纪录的保持者是与此次发现地仅有百米之遥的中加马门溪龙化石，其长度为 26 米。

身躯庞大的马门溪龙

马门溪龙在蜥脚类恐龙演化史上属中间过渡类型，为大型的植食性恐龙。据估计，最长的马门溪龙体长超过 35 米，是亚洲最长的恐龙。

百科问答　问：在美国，哪种恐龙最受欢迎？
答：根据相关的调查，最受欢迎的恐龙首先是雷龙，其次是霸王龙。

▶ 雷龙的名气
▶ 重复的命名
▶ 雷龙的特点

雷龙
——最有名的蜥脚类恐龙

恐龙名片	
拉丁文名	Brontosaurus
其他译名	阿普吐龙、迷惑龙
分布地区	美国和墨西哥部分地区
生活年代	侏罗纪晚期
所属类群	蜥臀目·蜥脚类

■ 雷龙的名气

19世纪，美国古生物学家马什发现了雷龙。它被人们视为最重的恐龙，后经广泛宣传，它的名字达到了家喻户晓的程度。之后美国一家石油公司耗费巨资，用雷龙的复原形象做广告，更使其身价倍增。但是那时的雷龙复原像并不准确，长脖子上面顶着的是一个圆顶龙的头骨。这是由于发现者马什疏忽大意，从而错将圆顶龙的头骨装到了雷龙的骨骼上。后来经过进一步调查核实，恐龙专家们终于弄清了雷龙头骨的真相。

■ 重复的命名

1879年，马什在怀俄明州挖掘到了两架无头骨的蜥脚类恐龙化石。他为了抢先发表这个考古成果，匆忙间就给这种恐龙起了个"雷龙"的名字。一时间，"雷龙"变得家喻户晓，轰动一时。可是，马什曾在两年前将一个蜥脚类恐龙命名为"迷惑龙"，而这两次命名的实际上是同一种恐龙。按照国际动物命名法之命名优

雷龙的体型
雷龙是一种巨型植食性恐龙，胃里有胃石帮助消化。它们可能生活在平原与森林中，并成群结队而行。当它靠后脚跟支撑而站立时，看起来高耸入云。

雷龙的生活习性
跟所有蜥脚类恐龙一样，雷龙走路时也伸展着脖子和尾巴。虽然雷龙一抬头就能够到树的顶部，但是它更喜欢啃食蕨类、针叶树和其他一些靠近地面的多汁的植物。

先原则，后来命名的"雷龙"名称其实是无效的。但它的形象已经深入人心，所以这个名称也流传了下来。

■ 雷龙的特点

雷龙身躯庞大，重约30吨，体长可达到23米。它四肢粗壮，脚掌宽大，脚趾短粗，前脚上有一个发达的爪子，而后脚上则有三个。雷龙及其近亲梁龙等动物代表了蜥脚类恐龙的另一演化方向：这类动物不仅颈长，而且尾巴更长，尾的末端变细，呈鞭子状。它们是进步的蜥脚类恐龙，脊椎骨上的坑凹构造也发育完善了，椎体的内部还有孔洞。这是大型恐龙适应陆地生活而减轻体重的适应性变化。

【百科词典】

你不知道的雷龙

雷龙的头骨较长，侧面呈三角形。其口吻端很低，口中的牙齿较少，长在颌骨的前部，牙齿呈棒状，有点儿像铅笔头。

雷龙走路的时候声音洪大，每踏一步，就发出一声雷鸣般的声响。所以古生物学家将它命名为雷龙，意思是"打雷的蜥蜴"。

雷龙的胫骨大到让发现者迷惑不已，因此它在一开始被命名为"Apatosaurus"，其拉丁文原意是"迷惑"的意思，也就是迷惑龙。

▶ 大家伙
▶ 令人惊叹的腕龙
▶ 腕龙的生活习性

百科问答　　问：腕龙是一种聪明的恐龙吗？
　　　　　　答：腕龙有个非常小的脑袋，因此它可能不是太聪明。

恐龙家族

腕龙
——最高大的恐龙

■ 大家伙

腕龙有着大大的身躯、细细的脖子、小小的脑袋和长长的尾巴，从头到尾总共大约23米长，80吨重，是有史以来最大和最重的恐龙之一。一个成年人站在它的面前，只能够平视这个庞然大物的膝盖。其肩膀离地面大约有5.8米，而当它抬头挺胸的时候，脑袋离地面大约有12米。

可以说腕龙是陆地上最高大的动物。目前虽然已经知道超龙、地震龙和阿根廷龙等恐龙可能比腕龙更为巨大，但是由于考古学家们还没有发掘出它们的完整骨骼化石，因此还没有十分确凿的证据加以确认，而腕龙已经具有了完整的骨架化石。

【百科词典】

你不知道的腕龙

腕龙的鼻孔长在头顶上，雷龙和梁龙的鼻孔也是长在头顶上的。

德国柏林博物馆陈列的腕龙骨架，是目前世界上发现的完整恐龙骨架中最大的一具。

腕龙生蛋时并不做窝，而是一边走一边生，这些恐龙蛋就排成了长长的一条线。腕龙并不照看自己的孩子。

■ 令人惊叹的腕龙

腕龙需要吃大量的食物来补充它身体生长和四处活动所需的能量。一只大象大约一天能吃150千克的食物，而腕龙大约每天能吃1500千克食物，相当于10只大象的食量。它们成群居住并且一起外出，每天都成群结队地在一望无际的大草原上游荡，目的是寻找大量的新鲜食物。

由于腕龙昂起脑袋时高度太高，所以就需要一个巨大的、强健的心脏不断将血液从腕龙的颈部输进它的小脑袋。一些科学家推测它也许有好几个心脏才能将血液输遍它庞大的身体。有些科学家则认为它不会让脑袋抬得太久，因为那样很难将血液输送上去，抬久了也会头晕。

腕龙的生活习性
腕龙喜欢群居，凭借长长的脖子摘取最高处的树叶。它每天要吃大量的食物来补充庞大身体的生长和四处活动所需的能量。腕龙生蛋时并不做窝，而是边走边生，恐龙蛋会排列成一条线。

■ 腕龙的生活习性

与其他恐龙不同的是，腕龙的前腿比后腿长，这样能帮助支撑它那长脖子的重量。依靠长长的脖子，它能够摘取最高处的树叶。而腕龙有发达的颌部，牙齿如刀子一般锋利，可轻松夹断嫩树枝和嫩芽，但它们并不咀嚼，往往将食物囫囵吞下。

腕龙复原图
腕龙是已知有完整骨架的恐龙中最高的一种，身高可达12米。它长着长长的脖子、小小的脑袋和一条短粗的尾巴。其前腿比后腿长，走路时四脚着地。

恐龙名片	
拉丁文名	Brachiosaurus
其他译名	巨臂龙
分布地区	美国科罗拉多州的大河谷和非洲的坦桑尼亚
生活年代	侏罗纪晚期
所属类群	蜥臀目·蜥脚类

圆顶龙
——四肢粗壮的恐龙

■ 壮实的圆顶龙

圆顶龙头骨化石
圆顶龙头骨较大，有浑圆的头顶，吻部短钝。它嘴里的牙齿排列得较密，长得像凿刀，但它吃东西时并不咀嚼。其鼻孔长在眼眶的前上方，鼻腔巨大，有良好的嗅觉。

圆顶龙是腕龙的一个分支，其身材虽然比腕龙小很多，但是体格极为粗壮、结实，而且头部又圆又大，和梁龙、雷龙等恐龙的小头迥然不同。

与前面几种巨型长脖恐龙相比，它的脖子要短得多，尾巴也要短一截，所以显得更加敦实。圆顶龙的腿像树干那样粗壮，可以稳稳地支撑巨大的体重。它每只脚长着五个脚趾，中趾还有锋利的爪子。它的前腿比后腿略短一点儿。

■ 圆顶龙的特点

从已发现的圆顶龙化石来看，它有浑圆的头顶，口吻部较短，但嘴里的牙齿排列紧密，而且旧牙磨损坏了以后，还能长出新的牙来代替。它的鼻子是扁的，鼻孔长在眼眶的前上方，鼻腔巨大，应该具有良好的嗅觉。在圆顶龙短而深的头骨内，包藏着很小的大脑。不过看似笨拙的圆顶龙可以用尾巴支撑身体以站立起来，去采食高处的树叶。

通常，圆顶龙会把树顶的嫩树叶留给那些

【百科词典】

你不知道的圆顶龙
圆顶龙脊椎骨中间是空腔，这样大大减轻了圆顶龙的体重。
圆顶龙有 50 节左右短小的尾椎。它尾椎的特点是具有分叉骨骼，这些分叉骨骼又被称为"人字骨"，它们保护着位于中枢下方的血管。
圆顶龙拉丁文学名"Camarasaurus"的含义是"带着小房间的爬行动物"，或译为"圆顶状的爬行动物"。

身材高大的恐龙们，自己就寻找一些蕨类植物的叶子以及松树的枝叶。圆顶龙吃东西的时候也不会咀嚼，而是将叶子整片吞下，因为它有个非常强大的消化系统，而且它平时也会吞下砂石来帮助消化胃里其他坚硬的植物。

■ 圆顶龙的生活习性

圆顶龙每天的绝大部分时间都在吃，从一个灌木丛挪到另一个灌木丛，因为它庞大的身躯需要许多食物来补充能量。圆顶龙的大脚分担了它的体重。它每只前脚上长着一个长而弯曲的爪。圆顶龙就是靠着这对长爪刺杀攻击它的敌手以保护自己的。

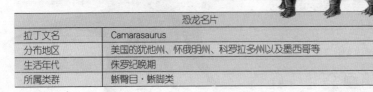

圆顶龙的生活习性
圆顶龙和它的近亲腕龙相比，脖子要短得多，这可能和圆顶龙吃低矮的蕨类植物和松科植物有关。它不够聪明，但嗅觉却极为灵敏，有助于躲避危险。

恐龙名片	
拉丁文名	Camarasaurus
分布地区	美国的犹他州、怀俄明州、科罗拉多州以及墨西哥等
生活年代	侏罗纪晚期
所属类群	蜥臀目·蜥脚类

▶ 又大又轻的梁龙
▶ 体长冠军
▶ 梁龙的其他特点

百科问答　　问：关于梁龙尾巴的支撑作用是否有争议？
答：有专家认为，梁龙的尾巴只能软塌塌地拖在身后，起不到支撑身体的作用。但也有人认为，梁龙可以用脖子和尾巴的力量支撑自己。

恐龙家族

梁龙
——恐龙世界中的体长冠军

恐龙名片	
拉丁文名	Diplodocus
其他译名	双棘龙
分布地区	美国的科罗拉多州、蒙大拿州、犹他州和怀俄明州
生活年代	侏罗纪晚期
所属类群	蜥臀目·蜥脚类

曲。它的胸部和背部有 10 块脊椎骨，而细长的尾巴内竟然有 70 块左右骨头。

■ 又大又轻的梁龙

在恐龙家族中，个子最大的要属梁龙了。它们又高又长，简直就像一幢楼房。按理说身躯如此庞大的梁龙，体重也应该不轻，可实际上它们只有十几吨重，那些比它们个头小许多的恐龙往往比它们重好几倍。原来梁龙的骨头非常特殊，不但骨头里边是空心的，而且重量还很轻。因此梁龙可以用脖子和尾巴的力量将自己从地面上支撑起来，而不会被自己巨大的身躯压垮。

■ 体长冠军

梁龙是公认的有史以来陆地上最长的动物，比雷龙、腕龙都要长。它的脖子长 7.8 米，尾巴长 13.5 米，全长约 30 米，是恐龙世界中的体长冠军。如果让 20 位 12 岁左右的小朋友头脚相接地躺在地上，那么他们组成的长度基本上同梁龙的体长差不多。

梁龙之所以这么长，是因为它的身体是由一串很长的相互连接的中轴骨骼组成的。它的脖子由 15 块骨头组成，由于颈骨数量较少，因此梁龙的脖子并不能像蛇颈龙那样自由弯

■ 梁龙的其他特点

梁龙尽管体型巨大，但脑袋却十分纤细小巧。它的嘴巴前部长着扁平的牙齿，嘴的侧面和后部都没有牙齿，吃东西的时候都是直接吞咽。梁龙能用它强有力的尾巴来鞭打敌人，迫使进攻者后退；或者用后腿站立，用尾巴支持部分体重，以便用巨大的前肢自卫。梁龙前肢内侧脚趾上有一个巨大而弯曲的爪，那是它锋利的自卫武器。

【百科词典】
你不知道的梁龙

梁龙的脖子又细又长，尾巴像鞭子，四条腿像柱子一般。梁龙的后腿比前肢稍长，所以它的臀部高于前肩。

就像人类的鞋后跟一样，梁龙的脚下大概也生有能将其脚趾垫起来的脚掌垫。有了它，梁龙在行走时就不会因为支撑沉重的身体而使肌肉感到太吃力。

最新数据显示，最长的恐龙不是梁龙，而是长达 42.67 米的地震龙。但是也有部分科学家认为那具地震龙化石属于一只长得过大的梁龙。

梁龙骨骼化石
梁龙虽然身躯巨大，但体重只有十几吨。其骨骼结构非常奇特，不但骨头里边是空心的，而且还很轻，很坚韧，因此行动起来并不是很笨拙。

地震龙 ❀
——体型最大的恐龙

■ 体型最大的恐龙

在以体型庞大而著称的蜥脚类恐龙家族里，地震龙可能是体型最大的恐龙了。从鼻子到尾尖，一只成年地震龙体长35至40米，大概有10部家庭汽车排成一队那么长。地震龙会摇晃长脖子上的脑袋，以便吃到高树上的叶子或者地面上的植物。

当然，我们前面说过梁龙是恐龙世界中的体长冠军，这是因为地震龙的骨骼化石至今只发现了一部分，还没有发掘出完整的骨架。部分科学家认为已发现的地震龙化石其实属于一只长得过大的梁龙。

地震龙复原图
地震龙是生活在侏罗纪晚期的一种巨型植食性恐龙。有人认为其体重超过100吨，也有人认为它只是巨大的梁龙，体重只有30吨。

■ 地震龙的特点

古生物学家在1991年发现了第一具地震龙化石。地震龙长着长脖子和小脑袋，还有一条细长的尾巴。它的头和嘴都很小，鼻孔长在头顶上，嘴的前部有扁平的圆形牙齿，后部则没有牙齿。地震龙的前腿比后腿短些，每只脚有五个脚趾，其中的一个脚趾长着爪子。平常它们都用四只脚走路，走得很慢。成群生活的地震龙是植食性动物，吃东西时，它会将树叶整个咽下去，一口也不嚼。

地震龙长脖子上的骨头应该是中空的，而且很轻，这意味着它抬起头来吃东西很容易。一些科学家认为，地震龙每次抬起头来只能持续短短的一段时间，否则血液可能停止流向大脑，因为它的心脏离头非常远。另外一些科学家则认为它们可能有几个心脏，以便使血液流遍巨大的身体。

【百科词典】
你不知道的地震龙

化石显示，大型肉食性恐龙曾想捕食地震龙，不过遭到了地震龙大尾巴的无情反击。

据科学家猜测，最长的地震龙长40米左右，体重最大可达150吨，光是一个尾巴就有8吨重。毫无疑问，这是一种大得吓人的恐龙。

地震龙和梁龙的区别
大部分科学家认为，地震龙初看起来很像梁龙，但它具有更长的尾巴和粗壮的骨盆。目前已经发现了地震龙的尾巴、背部、臀部和后肢化石，据初步估计，其长度至少有35米，甚至可达到40米。

恐龙名片	
拉丁文名	Seismosaurus
体貌特征	尾巴比脖子略长，小脑袋，有一个脚趾上长着爪子
分布地区	美国新墨西哥州
生活年代	侏罗纪晚期
所属类群	蜥臀目·蜥脚类

▶ 最早的火山齿龙
▶ 火山齿龙的习性特征

百科问答　问：恐龙消失有可能是因为火山喷发吗？
答：有人认为，火山爆发后，大量灰尘遮蔽阳光数月，
导致恐龙因缺乏食物而大量死亡。

恐龙家族

火山齿龙
——火山灰中发现的恐龙

恐龙名片	
拉丁文名	Vulcanodon
名称含义	火山的牙齿
分布地区	非洲南部的津巴布韦
生活年代	侏罗纪早期
所属类群	蜥臀目·蜥脚类

■ 最早的火山齿龙

三叠纪末期至侏罗纪早期的非洲仍是冈瓦纳古陆的一部分，当时的北美洲、欧亚大陆、南美洲、非洲和印度都连在一起。那时，非洲大陆上演化出了一种新的恐龙，这种恐龙就是最早期的火山齿龙。这种恐龙化石首先在1972年于非洲南部的津巴布韦被发现，同年被定名。目前人们对火山齿龙了解得并不多，因为那些已经找到的骨骼化石还不够完整。

■ 火山齿龙的习性特征

火山齿龙与其在侏罗纪后期统治世界的同类一样，属于蜥脚类中的长颈恐龙。它的饮食习惯也和其他蜥脚类恐龙一样，完全是以吃植物为生。它主要吃的是当时最普遍的羊齿类植物。古生物学家推断它和大部分同类一样，把生命中的大部分时间花在进食或寻找食物上。

【百科词典】

你不知道的火山齿龙

在非洲南部的津巴布韦发现的火山齿龙是最早的蜥脚类恐龙之一。

火山齿龙挺直的腿相当粗壮，像坚实的柱子一般支撑着庞大的身体。

火山齿龙前脚的第一趾上长有长而尖的爪子，脚上其余的趾头则相当短，几乎呈现出"蹄子"状。或许这个不凡的尖爪就是它击退猎食者的锐利武器。

火山齿龙生着长颈和长尾巴，头部很小，恐怕智商也是恐龙中较为低等的。它的体型比大部分蜥脚类恐龙要小很多。很多生活在侏罗纪时期的蜥脚类恐龙有二三十米，甚至40米长，而火山齿龙就像缩小版的蜥脚类恐龙。但大部分巨型蜥脚类恐龙主要活跃于侏罗纪晚期，和火山齿龙有相当长的时间差距。所以有的古生物学家认为两者的关系并非是直接演化。

过渡阶段的代表

火山齿龙的体型像原蜥脚类恐龙，它小型、锯齿边缘的牙齿也类似原蜥脚类。不过，其四肢、身体结构和生理构造都属于蜥脚形类恐龙，应该是原蜥脚类和蜥脚形类恐龙的过渡类型。

火山齿龙复原图

火山齿龙是一种生活在侏罗纪早期的蜥脚类恐龙，其体型较小，身高不超过2米，身长6至7米，和其他巨型蜥脚类恐龙的身材无法相比。

萨尔塔龙
——长甲板的蜥脚类恐龙

恐龙名片	
拉丁文名	Saltasaurus
体貌特征	背部有背甲，有庞大的身躯和长尾巴
分布地区	南美洲南部的阿根廷、乌拉圭
生活年代	白垩纪晚期
所属类群	蜥臀目·蜥脚类

■ 末代蜥脚类恐龙

在白垩纪晚期，大型的、长脖子的植食性恐龙已经不多了。它们的领地被禽龙、甲龙、角龙等更强大的新生代恐龙所占有。但是有一种长脖子恐龙还生活在当时南半球的某些地区。它全长 12 米，髋部至地面约 3 米。如果你只看它们的剪影，说不定会以为是已经灭绝了近 8000 万年的雷龙又复活了。但仔细一看就会发现它有一身背甲，这就是萨尔塔龙。科学家们认为，在白垩纪中期，南美洲与其他大陆被分隔开来，这为萨尔塔龙这种奇特的动物提供了进化的条件。

■ 长甲板的蜥脚类恐龙

到了恐龙时代的末期，也就是在白垩纪晚期，大多数蜥脚类恐龙身上都长有骨质的甲板。甲板能起到保护身体的作用，因此肉食性恐龙就难以猎食它们了。南美洲的萨尔塔龙的身上便覆盖着数百个骨质的纽扣状或大头钉状的甲板。其中小的犹如手指，大的就像成人的手掌。这些大大小小坚硬的骨质甲板是萨尔塔

龙体甲的一部分，构成了一个极为牢固的防护体系。

萨尔塔龙与其他蜥脚类恐龙相比，体型较小，也许比较容易受到大型肉食性恐龙的攻击。但是当任何进攻者跃上它的背部，企图撕咬它的皮肉的时候，它背上的甲板、骨结节、骨棘会起到很好的保

喜欢群居的萨尔塔龙

萨尔塔龙喜欢群居，它们凭借身上的护甲悠闲地采食树顶尖上的嫩树叶。它能利用长长的后肢抬举起自己的身体，灵活的尾巴也可作为支撑，协助它在高处采食。

【百科词典】

你不知道的萨尔塔龙

萨尔塔龙的奇特之处在于它的盔甲是由数百块覆盖在背部的骨片组成的。有些骨片上还带有角质的突起，可以加强它自身的抵御能力。

护作用，甚至伤害捕食者的上下颌，碰掉长在上面的牙齿。另外，它鞭状的尾巴也常使进攻者胆战心惊。

萨尔塔龙的铠甲

人们发掘萨尔塔龙的化石时，发现它身上覆盖着数百个骨质的纽扣或大头钉状的饰物，这些饰物告诉人们萨尔塔龙体表散布着圆形的骨质甲板，用来抵御肉食性恐龙的进攻。

兽脚类：
凶猛的掠食者

概 述

兽脚类恐龙具有快速奔跑和掠食的能力。这种能力是由它们身体的一些独特的结构来实现的。它们用长长的后肢来支撑身体，前肢则明显短于后肢，更适于抓捕猎物。有的种类的前肢已退化到"不起作用"的程度，但其后肢强健，有三个发挥作用的长脚趾着地，趾端还长有钩状的爪子。

这类恐龙的脑袋较大，有着相对更复杂的大脑。某些种类恐龙的脑很像鸟类的脑，说明它们已有很不简单的行为和习性。兽脚类恐龙眼睛很大，视力很好，能发现远处的猎物。它们的头骨结构粗壮，头与颈的连结非常灵活，有利于捕食和撕咬猎物。而且其上下颌长满了又长又大、向后弯曲的匕首状的牙齿，边缘还有很多小锯齿，非常适于咬死猎物，将猎物身上的肌肉和肌腱割断，并撕成碎片。

兽脚类恐龙以其善跑和掠食的优势赢得了生存斗争的胜利，其中绝大多数种类是专事捕猎、肆意杀戮的掠食者；个别种类可能成为腐食性恐龙，即专门食取动物的尸体；在白垩纪晚期，有的种类放弃了专一的肉食性，过着杂食的生活；一些种类牙齿退化，用鸟一样的尖嘴啄食。

■ 兽脚类恐龙的分类

兽脚类恐龙出现很早，是最早的恐龙类群之一。它们延续了很长时间，从三叠纪中期一直到白垩纪末期。它们是天生的猎手，一开始就以其高度特化的奔跑形象出现，其种类也很多，从体长不足一米的小型种类直到最厉害的

陆生肉食性动物——霸王龙。自从这类恐龙开始出现，就分化成两类：一类是个体较大、身体笨重的肉食龙类型；另一类则是个体较小、身体轻巧、肢骨内中空的虚骨龙类型。

■ 肉食龙类型

所有肉食龙类型的恐龙身长都在5米以上，有着大脑袋、短而有力的脖子、强壮的上下颌以及锋利而向后弯曲的牙齿。它们还有短小的前肢和粗壮的后肢，前后脚趾上都有尖锐的利爪，尾巴也长而有力，既能平衡身体，又有利于奔跑捕食。肉食龙类中最有名的是异龙、霸王龙以及食肉牛龙。

■ 虚骨龙类型

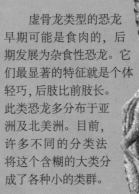

虚骨龙类型的恐龙早期可能是食肉的，后期发展为杂食性恐龙。它们最显著的特征就是个体轻巧，后肢比前肢长。此类恐龙多分布于亚洲及北美洲。目前，许多不同的分类法将这个含糊的大类分成了各种小的类群。

埃雷拉龙
——听觉敏锐的小型恐龙

恐龙名片	
拉丁文名	Herrerasaurus
其他译名	黑瑞龙、赫雷拉龙、艾雷拉龙
分布地区	南美洲的阿根廷
生活年代	三叠纪中晚期
所属类群	蜥臀目·兽脚类

■ 较原始的恐龙

埃雷拉龙类发现于南美洲的巴西、阿根廷及北美洲，且很可能在三叠纪晚期遍布了整个冈瓦纳古陆。其中最著名的莫过于阿根廷的埃雷拉龙。同其后出现的兽脚类恐龙一样，埃雷拉龙的下颌能够有力地咬住并吞下大的肉块。虽然埃雷拉龙与同期的大型初龙类动物有可疑的血缘关系，但它们表现出了兽脚类恐龙的共同特征：两足行走和能抓握的前肢。

龙头骨化石。这具头骨保存得相当完好，甚至连眼窝里面的骨环都完好无损。这个发现过程看上去简单得不可思议。

■ 听觉敏锐的恐龙

埃雷拉龙耳朵里保存完好的精致的听小骨显示，这种恐龙可能具有敏锐的听觉。就那个时代而言，埃雷拉龙听觉灵敏，奔走迅速，可以捕捉小恐龙或其他动物。

【百科词典】

你不知道的埃雷拉龙

埃雷拉龙有些地方类似于早期的蜥臀目恐龙，而且古生物学家在研究其骨盆结构后，发现不少肉食性恐龙和埃雷拉龙都有相同之处。这证明了恐龙同源说。

虽然已经找到了较为完整的化石，但是由于数量过于稀少，古生物学家只能确认埃雷拉龙的几个特点：有锐利的牙齿、巨大的爪子和强有力的后肢，以其他小型爬行动物为食。

埃雷拉龙复原图
埃雷拉龙与后来的肉食性恐龙有许多相同之处：锐利的牙齿、巨大的爪子和强有力的后肢。它的骨骼细而轻巧，这使它成为敏捷的猎手。

埃雷拉龙头部特写
埃雷拉龙的下颌骨关节弹性很大，张口时颌部由前半部分扩及后半部分，因而能牢牢地咬住挣扎的猎物不松口。

■ 发现的过程

阿根廷西北部有一个叫作月谷的地方，科学家在这里发现了很多早期恐龙以及其他大型爬行动物的珍贵化石骨架。1988年的一天，到月谷来考察的美国古生物学家瑟里诺博士饭后在沙漠中散步的时候，发现了第一具埃雷拉

▶ 始盗龙的发现
▶ 最原始的恐龙
▶ 杂食的始盗龙

百科问答　问：始盗龙是什么时候灭绝的？
　　　　　答：由于不适应新环境，始盗龙在侏罗纪早期就灭绝了。

恐龙家族

🌸 始盗龙
——最早的肉食性恐龙

恐龙名片	
拉丁文名	Eoraptor
分布地区	阿根廷
生活年代	三叠纪晚期
所属类群	蜥臀目·兽脚类

■ 始盗龙的发现

　　始盗龙的发现纯属偶然。1991 年，芝加哥大学保罗·赛里诺教授所率领的考古队在南美洲阿根廷西北部的伊斯巨拉斯托盆地考察。当时，挖掘小组的一位成员在一堆弃置路边的乱石块里居然发现了一块近乎完整的恐龙头骨化石，于是挖掘小组趁热打铁，对废石堆一带反复"扫荡"。没过多时，一具很完整的恐龙骨骼便呈现在他们面前。更令人惊喜的是他们从没有见过这一种类的化石。就这样，迄今为止最古老的肉食性恐龙被发现了。

始盗龙的捕食
　　始盗龙是最早的恐龙品种之一。它是短跑能手，当它捕捉到猎物后，会用爪及牙齿撕开猎物。但是，始盗龙同时生有肉食性和植食性的牙齿，因此可能是杂食性的动物。

■ 最原始的恐龙

　　距今约 2.3 亿年时，始盗龙出现在大陆上。它不仅具备了许多恐龙最原始的特征，还有其独特之处——具备了早期恐龙的混合特征。比如说，始盗龙仍然像它的老祖宗初龙一样有五根趾头，但是其第五根趾头已经退化，变得非常小了，而且其第四根脚趾也只是起到了行进中辅助支撑的作用而已。始盗龙前肢及腿部的骨骼薄且中空，站立时依靠脚掌中间的三根脚趾来支撑全身的重量，未来的兽脚类恐龙大都继承了这两个特征。

始盗龙头骨化石
　　在始盗龙的上下颌上，后面的牙齿像带槽的刀一样，与其他的食肉恐龙相似；但是前面的牙齿却呈树叶状，与其他的素食恐龙相似。这表明始盗龙很可能既吃植物又吃动物。

■ 杂食的始盗龙

　　牙齿无疑是肉食龙类的标志之一。在始盗龙的上下颌上，后面的牙齿像带槽的牛排刀一样，与肉食性恐龙相似；但是前面的牙齿却呈树叶状，与植食性恐龙相似。这一特征表明始盗龙很可能既吃植物又吃动物。而根据始盗龙的前肢化石，我们可以推测，始盗龙有能力捕食同它体型差不多大小的猎物。虽然我们不能精确地重现始盗龙的攻击和捕食过程，但是从它那轻盈矫健的身形也不难想象出始盗龙急速猎杀小型爬行动物的场景。

【百科词典】

你不知道的始盗龙
　　根据始盗龙的骨骼化石，我们可以很清楚地知道它是一种主要依靠后肢两足行走的兽脚类肉食性恐龙。但原始的始盗龙也很有可能时不时地"手脚并用"。
　　始盗龙有一些特征与埃雷拉龙以及后来出现的各种肉食性恐龙一样。例如，它的下颌中部没有植食性恐龙那种额外的连接装置，它的耻骨也不是特别大。

百科问答　问：南十字龙是最早出现的恐龙吗？
　　　　　答：南十字龙出现在距今约 2.3 亿年的三叠纪晚期，所以有人认为它是最早出现
的恐龙之一。

▷ 原始的南十字龙
▷ 南十字龙的化石
▷ 灵巧的下颚

南十字龙
——迅捷的掠食者

恐龙名片	
拉丁文名	Staurikosaurus
其他译名	十字龙
分布地区	南美洲的巴西
生活年代	三叠纪晚期
所属类群	蜥臀目·兽脚类

■ 原始的南十字龙

迅捷的南十字龙是最早的恐龙之一，出现于三叠纪晚期，身长 2 米左右，尾巴的长度约80 厘米，体重可达 30 千克。南十字龙常被提及的五根前肢趾与五根后肢趾是恐龙非常原始的特征。南十字龙只有两个脊椎骨连接着骨盆，这也是一个明显的原始排列方式。

■ 南十字龙的化石

南十字龙的化石记录极不完整，只有大部分的脊椎骨、后肢骨和大型下颌骨。但是科学家们经过种种推测，使南十字龙的大部分特性都得以重现。

虽然南十字龙化石的牙齿和姿态显示出它是一种肉食性的恐龙，但其骨骼化石却非常像植食性的原蜥脚类恐龙，所以在南美洲的巴西发现的骨架化石并没有明确显示出它到底是蜥脚类恐龙还是兽脚类恐龙。从骨盆上看，南十字龙是蜥脚类恐龙，但它的肠骨上有一个发育完整的臀部孔，叫作髋

臼，这是蜥脚类恐龙所不具备的特征。新的研究显示，南十字龙属于兽脚类，而且是在蜥脚类与兽脚类分开演化后才演化出来的。

此外，古生物学家认为，南十字龙的尾巴很可能又长又细，为它的快速跑动提供一种平衡。

■ 灵巧的下颚

【百科词典】

你不知道的南十字龙

南十字龙被发现于 1970 年，而当时在南半球发现的恐龙极少，因此这只恐龙的名字便以只有南半球才可以看见的星座——南十字星座命名。

南十字龙后肢很长，尤其是小腿更长，这是用于捕捉猎物的。所以南十字龙能够以很快的速度追捕猎物，这一特点使得它比同时代的槽齿类爬行动物拥有更大的生存优势。

南十字龙的头相对于它的身体来说是比较大的，而且嘴巴里有许多刀刃般的小小的牙齿，这证明它应该是吃肉的。

南十字龙的下颌骨显示出它有可以滑动的下巴关节，能让下颚前后、左右或上下摆动。因此，南十字龙能将较小的猎物向喉咙后方推动。这个特征在原始的兽脚类恐龙中相当普遍，但在晚期的兽脚类恐龙中则消失了，这可能是因为它们后来已经能直接吞食较小的猎物了。

南十字龙复原图
南十字龙又叫"十字龙"，是生活在三叠纪晚期的兽脚类恐龙，身长约 2 米，体重 20 至 30 千克。前肢纤细，后肢强壮，善于奔跑。

- 腔骨龙的特征
- 天生的灵巧杀手
- 残忍的腔骨龙

百科问答　问：腔骨龙的辨认要诀是什么？
　　　　　答：腔骨龙前肢有三个带爪的趾头，而且口吻部又细又尖。

恐龙家族

✿ 腔骨龙
——残忍而灵巧的杀手

恐龙名片	
拉丁文名	Coelophysis
其他译名	虚型龙
分布地区	美国新墨西哥州和马萨诸塞州
生活年代	三叠纪晚期
所属类群	蜥臀目·兽脚类

■ 腔骨龙的特征

　　腔骨龙的头骨狭长，有巨大的前眼窝，眼眶后面的颅顶有附加的孔出现，这些特征表明它属于兽脚类恐龙。腔骨龙那些侧扁的牙齿深埋在齿槽中，十分尖利，而且带有锯齿。这样的牙齿表明了腔骨龙的肉食性，它们很可能以小型或中型的爬行动物为食。腔骨龙扩大的肠骨与脊椎骨的荐部相连，耻骨延长和坐骨伸展等特点都显示出了典型的蜥臀目恐龙特征。腔骨龙吻部又细又尖。

■ 天生的灵巧杀手

　　腔骨龙体长将近 2.5 米，身体轻巧，有点像鸟类。科学家推测它活着的时候体重很可能只有 20 千克左右。腔骨龙是标准的两足行走动物，后腿形似鸟腿，十分强壮，宜于奔跑。它的前肢较短，有适于攀缘和掠取食物的灵活的爪。身体则以臀部为支点保持平衡，尾巴又细又长。腔骨龙的生活方式也可能代表了兽脚类恐龙的基本生活方式，即习惯于在干燥的高地上捕猎。就其生活年代和分布地区的生活条件来说，快速奔跑的能力和动作敏捷的特点，无论在捕食其他动物还是在逃避敌害方面都是头等重要的。

身体轻盈的腔骨龙
　　腔骨龙身体很轻，行动敏捷，善于奔跑。其骨骼像鸟类的骨骼一样中空，骨壁像纸一样薄，使身体更加轻盈。奔跑时，它会将前肢收拢靠近胸部，尾巴挺起向后以保持平衡。

腔骨龙复原图
　　腔骨龙是一种小型的肉食性恐龙，生活在三叠纪晚期。其外貌像鸟，用两只强壮的后肢行走，前肢较短，用来攀爬和掠食。

■ 残忍的腔骨龙

　　曾经有人发掘过一具内部有另一只小型腔骨龙骨骼的化石。起初，人们认为它会在体内生子，最后才确认腔骨龙在某些情况下会同类相食。事实上，自然界中同类相残的例子可说是屡见不鲜。其原因通常归于生存的极端压力与食物来源匮乏。例如在干旱时期，当水池逐渐干枯，鳄鱼被迫挤在狭小的空间时，它们就会开始同类相残。所以当面临长期食物短缺的时候，或许腔骨龙也会同类相残，吞食弱小同类。

【百科词典】
你不知道的腔骨龙

　　腔骨龙身体小巧，奔跑迅速，个体捕食蜥蜴类和其他小动物，群体则捕食一些体型较大的动物，很像今天的野狼。

　　腔骨龙具有相当轻的骨头，其骨头是空心的，而且骨壁几乎像纸一样薄。

　　腔骨龙很可能不会排尿，这种能力在干燥的三叠纪时期非常有利于生存。

双崎龙
——长着 "V" 字形头冠的恐龙

恐龙名片	
拉丁文名	Dilophosaurus
其他译名	双冠龙、双脊龙、双棘龙
分布地区	美国亚利桑那州、中国云南省
生活年代	侏罗纪早期
所属类群	蜥臀目·兽脚类

■ "V" 字形头冠

1942 年，科学家在美国亚利桑那州的侏罗纪早期地层中发现了一种体型较大的兽脚类恐龙，因为其头顶上有一对薄薄的 "V" 字形骨质嵴，科学家把它命名为双崎龙。

说到双崎龙最大的特征，相信大家会联想到它的标志性 "V" 字形头冠。在出土的双崎龙化石中，头骨上的头冠从额头上一直延伸下去，呈 "V" 字形，"双崎龙" 的名字就是由此而来。考古学家猜测其头冠能起到吸引异性的作用，所以应该有鲜艳的颜色，如橙、红、黑等。这个说法目前为大多数专家所接受。也有人提出它的头冠是散热用的，但这个解释在生物学上并不合理，原因是头冠的面积太小，如果用来散热，头冠必须有足够的面积才行。因为面积越大，散热效率就越高。以双崎龙头冠的表面积来计算，作散热用途的假设就可以排除了。

■ 侏罗纪早期的霸主

双崎龙的身体较为粗壮，头骨高大，颚骨发达，嘴裂很大，满嘴的牙齿像锋利的小刀子一样，牙齿的前后边缘上还有小的锯齿，这些特征显示它可以撕碎任何捕获到的猎物，然后将大块的肉吞进腹中。此外，双崎龙眼睛后面的头骨部位都有孔，这些孔是为了更好地附着那些牵动颚骨的肌肉用的，因此双崎龙撕咬的力量一定非常强大。科学家推测，双崎龙可能是侏罗纪早期生态系统中最残暴、最凶猛的肉食性动物。

你不知道的双崎龙

根据目前的发现，双崎龙可能喜欢独居生活，有时会隐蔽在不易被发觉的地方等待时机偷袭猎物。它们还可能像现代的鬣狗一样以动物尸体和腐肉为食。

我国云南省晋宁县也发现过双崎龙的化石。它们曾生存于侏罗纪早期，头上有一对非常典型的 "V" 字形头冠，就像一个盘子掰成两半，边缘朝上竖立在它的头上一样。

双崎龙的鼻嘴前端特别狭窄，而且又柔软又灵活，可以从矮树丛中或石头缝里将那些细小的蜥蜴或其他小型动物衔出来吃掉。

行动敏捷的双崎龙
双崎龙前肢短小，后肢强壮，善于奔跑。与后来的大型食肉恐龙相比，双崎龙的身材显得比较 "苗条"，行动更加敏捷。

▶ 住在南极的恐龙　　　百科问答　　问：冰脊龙化石的发现意味着什么？
▶ 冰脊龙的头冠　　　　　　　　　答：冰脊龙的化石在南极洲被发现，说明南极洲在当
▶ 冰脊龙的分类　　　　　　　　　　　时很可能也属温带气候。

>>>>>>>>>>

恐龙家族

冰脊龙
——南极洲唯一的兽脚类恐龙

恐龙名片	
拉丁文名	Cryolophosaurus
其他译名	冰棘龙、冻角龙
分布地区	南极洲
生活年代	侏罗纪早期
所属类群	蜥臀目·兽脚类

■ 住在南极的恐龙

冰脊龙又叫冰棘龙或冻角龙，是 1991 年在南极洲的侏罗纪早期地层中发现的。它是第一只被正式命名的南极洲恐龙，也是第一只在南极洲发现的肉食性恐龙。

冰脊龙的出现支持了一个观点，即侏罗纪早期的南极洲有着森林及不同的物种，气候也属

冰脊龙复原图
冰脊龙又叫冰棘龙、冻角龙。它独特的头冠在眼睛之上，垂直于头颅骨向外散开。它用双足行走，善于奔跑。有人认为，冰脊龙的肤色应该非常鲜艳，也许还分布有很密的血管或神经。

于温带气候。虽然内陆地区有酷寒的气候环境，但海岸地区并未过于严寒，所以恐龙才可以承受相对较凉的气温并在下雪时仍可生存。不过尽管当时的极地气候要比今天暖和得多，冰脊龙也必须经受寒冷的冬天和六个月的长夜。

■ 冰脊龙的头冠

冰脊龙头上有个奇特的头冠，两侧还各有两个小角锥。由于头冠很薄，科学家推测它们的头冠应该不具有防御的功能，而是在交配季节时吸引异性用的。它那独特的头冠在眼睛之

上，从头颅骨向外延伸，在泪管附近与两侧眼窝的角融合，看上去很像一把梳子。这与其他有冠的兽脚类恐龙都不同，其他恐龙的头冠多是沿头的颅骨长出，而非横跨式的。

■ 冰脊龙的分类

由于冰脊龙同时有着原始及衍生的特征，故对它进行科学分类是很困难的。冰脊龙的大腿骨有着早期兽脚类恐龙的特征，而头颅骨则更像后期的恐龙，如中国的中华盗龙及永川龙。起初它被怀疑是属于角鼻龙下目，后来

冰脊龙头部特写
冰脊龙是一种侏罗纪早期生活在南极洲的大型肉食性恐龙，身长6至8米，头上有奇特的头冠，两侧各有两个小角锥，色彩鲜艳，用以吸引异性。

有人发现冰脊龙是更为原始的接近双脊龙的腔骨龙超科。这曾经引发了学术界一场关于原始恐龙的争论。因为众说纷纭，所以冰脊龙的属种尚未最终敲定。

【百科词典】

你不知道的冰脊龙

冰脊龙的拉丁文名称意为“冷酷的、有头饰的蜥蜴”。

冰脊龙还有一个别名叫作“埃尔维斯龙”，因为它的头冠很像著名歌星“猫王”埃尔维斯·普雷斯利的发型。

专家推测，冰脊龙的头冠有丰富艳丽的色彩，而且它还分布着很密的血管或神经，一旦充血，色彩就会更加艳丽。

永川龙
——保存最好的肉食性恐龙化石

恐龙名片	
拉丁文名	Yongchuanosaurus
名称含义	重庆永川市一带发现的恐龙
分布地区	中国重庆市
生活年代	侏罗纪晚期
所属类群	蜥臀目·兽脚类

■ 永川龙的特点

永川龙是一种大型肉食性恐龙，身长约 10 米，站立时高约 4 米，有一个又大又高、略呈三角形的头，嘴里长满了一排排锋利的牙齿。它们生活在距今约 1.4 亿年前的中国大陆，常出没于丛林、湖滨一带，行为可能类似于今天的豹和虎。上游永川龙和和平永川龙是最著名的两种永川龙。

■ 上游永川龙

现今发掘出的最好的上游永川龙化石有着几近完整的骨骼，仅缺失了前肢及部分尾椎，这是中国迄今为止发掘出的最完整的肉食性恐龙化石。1977 年，在建造长江上游水库时，一位建设工人在永川县上部沙溪庙组地层的砂岩中发掘到了这具珍贵的恐龙骨架。它体长大约 7 米，头骨长 82 厘米，高 50 厘米。复原后的骨架放置在重庆博物馆的展示厅中。

科学家在同一个地层中还发掘出了一种体长超过 9 米的巨型永川龙化石，包括不完整的头骨、脊椎以及一些肢体等，现保存在重庆博物馆中。迄今为止，总计在四川盆地这一个地层中发掘到了三具几近完整的永川龙骨骼化石，是中国恐龙史上浓墨重彩的一章。

> **【百科词典】**
>
> **你不知道的永川龙**
>
> 永川龙的上下颌强壮有力，嘴巴张开时很大，这一点大多数肉食性恐龙都比不上它。
>
> 1986 年 12 月，重庆永川某地农民在修房取石时，曾在其屋后的石壁中发现了永川龙化石群。其裸露部分虽已破坏，但埋藏的部分仍完整无损，为恐龙研究提供了重要的资料。
>
> 永川龙的脖子较短，尾巴很长，站立时可以用来支撑身体，奔跑时则要将尾巴翘起以保持平衡。

■ 和平永川龙

和平永川龙也是大型肉食性恐龙。它头大而笨重，颌上长有匕首状的锋利牙齿，前肢短小，后肢较长，靠两脚行走，爪子大而尖锐。和平永川龙生活在河湖之滨的高地丛莽之中，捕食植食性恐龙和其他动物，是异常凶猛的肉食性恐龙。目前发掘出的一具长约 7 米的和平永川龙骨架，是亚洲最完整的肉食性恐龙骨架之一。

永川龙的狩猎

永川龙强健的后肢赋予了它善于奔跑的能力，灵活而长有利爪的前肢可用来抓住猎物，锋利的牙齿可以咬透多数恐龙的皮肤。行动缓慢的植食性恐龙和哺乳动物都是它的猎物。

▶ 角鼻龙的来历　　　百科问答
▶ 长角的肉食性恐龙
▶ 角鼻龙的猎食

问：角鼻龙会游泳吗？
答：和大多数肉食性恐龙一样，角鼻龙并不会游泳或上树等高难度动作。

恐龙家族

角鼻龙
——鼻上长角的肉食性动物

恐龙名片	
拉丁文名	Ceratosaurus
其他译名	角冠龙
分布地区	美国
生活年代	侏罗纪晚期
所属类群	蜥臀目·兽脚类

■ 角鼻龙的来历

角鼻龙属于蜥臀目的兽脚类，生活于侏罗纪晚期。1884 年，著名的古生物学家马什在美国发现了它的化石。它和人们熟悉的很多恐龙一样，是在"化石战争"时期出土的。"角鼻龙"这个名字意为"长角的蜥蜴"。

■ 长角的肉食性恐龙

从外形上看，角鼻龙与其他肉食性恐龙没有太大区别，都是大头、粗腰、长尾、双脚行走、前肢短小、上下颌强健、嘴里布满尖利而弯曲的牙齿。但它的鼻子上方生有一只短角，两眼前方也有类似短角的突起，这正是它被称为角鼻龙的原因。不论现在的肉食性哺乳动物还是古代的肉食性恐龙身上，都很少有"角"存在，而这个凶猛的角鼻龙竟然在鼻子上方长有一只短角，真是非常特殊的肉食性动物。另外，它从后脑的背脊直到尾部还生有小锯齿状的棘突。

■ 角鼻龙的猎食

角鼻龙生有巨大的头颅和锯刀似的牙齿，方便其猎食其他恐龙。它的前脚上有四个爪子，由于它们以两脚步行，因此有人估计其前爪可能是用来抓取食物的。古生物学家相信角鼻龙都是快速的掠食者，因为从完整的骨骼结构来看，它们有足够长的后肢和尾巴，而且骨骼坚实，这些构造都有利于快速奔跑。奔跑速度快的生物多数都有修长而有力的四肢，例如现代的猎豹和鸵鸟。而长尾巴则能起到快速转向时平衡头颅重量的作用。

【百科词典】

你不知道的角鼻龙

角鼻龙是强大的猎食者，体长约 6 米。它后腿结实，能够用来攻击猎物，前脚上长着锋利的爪子，可以抓牢猎物。头上则长着怪异的突角，这使它看起来更为可怕。

角鼻龙的鼻子上方的短角可能只是一种装饰，因为它不够尖利，不能作为武器来使用。不过它的牙齿锋利而弯曲，可用来撕下大块的肉。

专家推测角鼻龙很可能是群体猎食的动物。

强大的猎手

角鼻龙是侏罗纪晚期著名的猎手，雄性的体型要比雌性大。研究发现，其四肢的构造说明它可以突然加速，以爪子和利牙猎取食物。角鼻龙是当时北美洲地区最凶猛的一种肉食性恐龙。

异特龙
——凶猛可怕的掠食者

■ 凶残的异特龙

异特龙是最凶猛可怕的肉食性恐龙之一。距今约 1.5 亿年时，它们生活在北美洲、非洲、澳大利亚和中国的原野上。成年的异特龙可以长到 12 米长，和霸王龙差不多大。它有一个血盆大口，可以一下子吞下一头小猪，猎物被它咬住就休想逃脱。

异特龙是个凶猛的捕食者，它有着强劲的后腿和健壮的尾巴，捕猎时总是成群出击。有部分科学家甚至认为异特龙群是地球上有史以来最强大的猎食动物军团。

■ 异特龙的特点

异特龙有一条长尾巴和一对退化了的短小前肢。虽然它的前肢比后肢稍微短一些，但它们肌肉强壮，并且拥有鹰一般巨大的爪子，这正是捕猎的利器。它的头骨是由几个分开的模块组成的，可以互

可怕的杀手
异特龙可以猎杀最大的植食性恐龙，有人认为它才是地球历史上最强大的肉食性动物。异特龙有着比霸王龙更加粗壮有力的前肢，带有利爪，牙齿不仅锋利，而且还有倒钩。异特龙的上下颚可以前后移动，便于撕裂猎物。

【百科词典】

你不知道的异特龙
科学家认为异特龙的运动速度为每小时 8 千米。当它像大鸟一样用两条后腿大踏步行进时，正好相当于一个人慢跑的速度。

异特龙的拉丁文名称"Allosaurus"的含义是"戴头盔的蜥蜴"。1883 年，科学家在美国科罗拉多州发现了第一只异特龙化石，后来在科罗拉多州又发现了 60 多只异特龙化石。

在侏罗纪晚期地层里，科学家们曾发现过一些弯龙的骨头化石，头骨上有异特龙牙齿留下的深深痕槽，折断的异特龙牙齿也散布在四周。那些化石记录了一次血腥的捕杀。

相镶嵌，因此它的嘴能张得相当大，方便吞咽大块的肉。它嘴里长了 70 颗左右的边缘带锯齿的尖锐牙齿，每颗牙齿都像匕首一样锋利。所有的牙齿还向后弯曲，正好用于咬开猎物的肉，而且还能防止咀嚼的过程中肉往外掉。如果某个牙齿脱落了或在战斗中被扭掉了，一个新的牙齿会很快长出来填补这个空缺。

■ 腐食性动物

对于恐龙来说，并非任何时候都能捕捉到新鲜的活物。因此，估计它们有时也会以动物的尸体为食，这类动物被称为腐食性动物。科学家曾经争执过异特龙究竟有没有腐食性。根据目前所掌握的资料，专家们认为异特龙是肉食性恐龙，但它们也会在找不到新鲜猎物的时候吃一些动物的尸体。

恐龙名片	
拉丁文名	Allosaurus
其他译名	跃龙、异龙
分布地区	美国、加拿大、墨西哥、澳大利亚、中国以及非洲
生活年代	侏罗纪晚期
所属类群	蜥臀目·兽脚类

巨大的锯齿
凶猛的巨齿龙
第一只被命名的恐龙

百科问答　　问：巨齿龙有什么可以简单辨认的特点？
答：除了它那标志性的锯齿般的大牙齿以外，巨齿龙从头到尾还长着比较细小的骨刺。

恐龙家族

巨齿龙
——长有锯齿状巨齿的恐龙

■ 巨大的锯齿

巨齿龙是一种大型肉食性恐龙，体长约 7 米至 9 米，身高约 3.5 米，比两只犀牛还要长，高出一个成年人一倍。它的大嘴里长满了大而尖的牙齿，每一颗牙齿的大小都相当于当时小哺乳动物的整个颌部。牙齿是弯曲的，像切牛排的餐刀一样，边缘呈锯齿状，用于撕咬新鲜的猎物。它的齿根长在颌骨的深处，这样即使是最激烈的撕咬争斗，也不会使牙齿松动。

■ 凶猛的巨齿龙

巨齿龙是最早被科学地描述和命名的恐龙。它是一种庞大的动物，也是会残暴地猎食其他动物的恐龙。它的头很大，在强有力的上下颌中还长着弯曲的巨齿。除了可怕的大嘴，它的前肢和后肢还有厉害的武器——长长的利爪，用来撕开猎物坚韧的皮，然后把皮下的肉撕碎。具备了这样的武器，巨齿龙能够随时攻击树林里的植食性恐龙。在巨齿龙周围的其他恐龙遗骸通常都非常破碎，温和的植食性恐龙丝毫不是饥饿的巨齿龙的对手。其残骸里面甚至还可能混杂有其他争食的兽脚类恐龙的碎片。

■ 第一只被命名的恐龙

巨齿龙是第一只获得命名的恐龙，得名于其极大的牙齿。它又叫斑龙、大龙或巨龙，是知名度最高的恐龙之一。第一具巨齿龙化石是 1818 年在英国牛津郡石场的板岩中发现的。从那以后，已经有 25 只恐龙被命名为巨齿龙。

其实，这个名称也被给予了许多不能清楚鉴别身份的兽脚类恐龙。在石场发现的巨大颌骨和其他恐龙骨骼证明，巨齿龙是一种可怕的食肉恐龙。

遍布世界的猎食者

巨齿龙的足迹遍及欧洲、亚洲、大洋洲和非洲等广大地区，是著名的猎食者。巨齿龙虽然略显笨重，行动不甚敏捷，但是强壮有力，追捕猎物锲而不舍。

【百科词典】
你不知道的巨齿龙

巨齿龙的牙齿顶端向后弯曲而倒伏，就像有锯齿的锋利的刀。

从已发现的巨齿龙的足迹化石上看，它们通常采用大规模的集体狩猎，因为它们行动起来并不敏捷。

巨齿龙生活在侏罗纪晚期至白垩纪早期，其化石最早发现于欧洲，在坦桑尼亚、澳大利亚、印度及我国也有发现。

巨齿龙复原图

巨齿龙是生活在侏罗纪晚期到白垩纪早期的大型肉食性恐龙，体长 7 至 9 米，身高约 3.5 米。

恐龙名片	
拉丁文名	Megalosaurus
主要特征	牙齿巨大呈锯齿状
分布地区	坦桑尼亚、澳大利亚、印度、中国以及欧洲
生活年代	侏罗纪晚期至白垩纪早期
所属类群	蜥臀目·兽脚类

百科问答　问：南方巨兽龙和霸王龙谁更厉害？
答：南方巨兽龙比霸王龙早出现了 3000 万年，两者无法碰面决斗，所以很难说谁更厉害。

▷ 南方巨大的蜥蜴
▷ 最强的对决
▷ 南方巨兽龙奔走的速度

南方巨兽龙
——最大的肉食性恐龙

恐龙名片	
拉丁文名	Giganotosaurus
其他译名	超帝龙
分布地区	南美洲阿根廷的巴塔哥尼亚高原
生活年代	白垩纪中期
所属类群	蜥臀目·兽脚类

■ 南方巨大的蜥蜴

南方巨兽龙复原图

南方巨兽龙是到目前为止所发现的恐龙中最大的食肉恐龙之一。其体长超过 14 米，体重可以达到惊人的 8 吨。它是异特龙的后裔，体型和其先祖差不多，前肢短小，后肢强壮，有个又细又尖的尾巴。

1993 年，考古学家在南美洲的阿根廷巴塔哥尼亚高原进行考古发掘时，意外地发现了一个重大的秘密。原来，在远古的阿根廷曾经存在过一种可怕的"怪兽"。这种可怕的"怪兽"是地球上有史以来最庞大的两足生物之一。在身长方面，这种"怪兽"一般比霸王龙长；身高方面两者差不多；而体重方面，它却达到了惊人的 8 吨。这种"怪兽"于 1995 年被命名为南方巨兽龙，意思是"南方巨大的蜥蜴"。它的出现摘取了"地球史上最大的陆地肉食性动物"的称号。它还有另一个名称，叫"超帝龙"。

■ 最强的对决

南方巨兽龙是侏罗纪时期最出名的掠食恐龙异特龙的后裔，不过它的体型却比异特龙大了差不多一倍。南方巨兽龙毫无疑问是地球史上最厉害的掠食者，它们要对付的猎物也并非是一般的小型植食性恐龙，而是生活在同一时期和同一地点的阿根廷龙。阿根廷龙号称地球历史上最庞大的植食性恐龙。这个猎食对象充分解释了南方巨兽龙为什么会演化到如此庞大而凶猛的地步。

【百科词典】
你不知道的南方巨兽龙

第一具较完整的南方巨兽龙化石是在 1994 年由一个汽车修理工发现的。

南方巨兽龙硕大的嘴巴里长满了长约 20 厘米的锋利牙齿，可以一口咬死一只中小型的猎物。

由于古生物学界已普遍认同霸王龙是一种不聪明的恐龙，所以有人认为南方巨兽龙也应该是智力比较低的恐龙。

■ 南方巨兽龙奔走的速度

为了支撑自己的超重身体，南方巨兽龙发展出了强大的骨骼及肌肉网络，同时还要保证它在捕食猎物的时候有理想的速度。它长长的尾巴在快速奔跑的过程中起了重要的平衡作用和快速转向的功能。有科学家利用工程学结合出土的化石进行研究，计算出这种恐龙最大可以承受每小时 50 千米的奔跑速度。

南方巨兽龙头骨化石

南方巨兽龙是生活在白垩纪中期的大型肉食性恐龙，长着一个长达 1.8 米的巨大脑袋，硕大的嘴巴里长着锋利的牙齿，每颗牙有 20 厘米长。不过，其大脑的容量只有霸王龙的一半。

▶ 非洲最大的恐龙
▶ 坎坷的命运

百科问答　　问：一般的鲨齿龙有多大？
答：最小的鲨齿龙也有 8 米多长，一般的身长则在
10 米左右，重量约为 7 吨。

恐龙家族

鲨齿龙
——发现于非洲的最大的恐龙

■ 非洲最大的恐龙

鲨齿龙又叫卡查齿龙，约于距今 1.1 亿年前生活在北非，是非洲已发现的最大的恐龙。起初人们发现的只是这类恐龙的数块骨骼，但随着后来发掘的骨骼数量不断增多，足够拼出一具完整的骨架，人们才最终知道它到底是个什么样子。

最大的鲨齿龙身长约 14 米，比普通的霸王龙还要长 1.5 米。其股骨长约 1.45 米，相当于一个小孩的高度。头骨则长约 1.6 米，比霸王龙的头骨还长 10 厘米，仅次于南方巨兽龙 1.8 米长的头骨。鲨齿龙、霸王龙、南方巨兽龙是最大的三种兽脚类恐龙，号称"三大龙王"。鲨齿龙和南方巨兽龙同被归为鲨齿龙类。不过鲨齿龙的头骨虽然大，但大脑只有霸王龙大脑的一半大，肯定不太聪明。

■ 坎坷的命运

1931 年，人们发现了鲨齿龙的牙齿和一些残骸，于是古生物学家们对它作了描述，并于当年正式定名。第二次世界大战期间，这些化石保存在慕尼黑的博物馆中。但在 1944 年 4 月 24 日，纳粹军队野蛮地毁掉了这具鲨齿龙骨架化石。化石被损坏后，鲨齿龙的形象迷

惑了古生物学家长达半个世纪之久。为了修复被损坏的鲨齿龙头骨化石，美国古生物学家率领考察队深入非洲，终于于 1995 年在撒哈拉大沙漠找到了另外一个鲨齿龙头骨化石。这才使人们重新了解到鲨齿龙的真面目。

鲨齿龙头骨的复原出现过波折。古生物学家一度认为鲨齿龙的头骨是兽脚类恐龙中最长的。可能因为原有的鲨齿龙头骨中缺少了前颌骨及方骨的原因，导致了人们对其实际大小的错误估计。

如上文所言，鲨齿龙的头骨实际长约 1.6 米。所以最长头骨的荣誉最终落在了南方巨兽龙的头上。

【百科词典】

你不知道的鲨齿龙

鲨齿龙是强大的猎手。它能用强壮的后腿踢倒猎物，使其动弹不得，然后再用它那 15 厘米长的两面带锯齿的牙齿凶猛而残忍地撕开猎物的皮肉。

鲨齿龙重达 4 吨。假如它向前摔倒将会是个致命的打击，因为它根本没有能力以细小的前肢来支撑起沉重的身体。

强大的猎手

鲨齿龙是强大的猎手，能用强壮的后肢踢倒猎物，使其动弹不得。它那匕首般的尖锐牙齿长达 15 厘米，能咬断许多植食性恐龙的腿骨。

恐龙名片	
拉丁文名	Carcharodontosaurus
名称含义	像吃人鲨鱼般的恐龙
分布地区	埃及、摩洛哥、突尼斯、阿尔及利亚、利比亚、尼日尔
生活年代	白垩纪早期
所属类群	蜥臀目·兽脚类

百科问答　问：人们对三角洲奔龙的了解很多吗？
　　　　答：由于三角洲奔龙是 20 世纪 90 年代发现的全新种类的恐龙，人们暂时对它还不太了解。

▶ 三角洲奔龙的发现
▶ 三角洲奔龙的复原

三角洲奔龙
——远古撒哈拉的肉食性恐龙

恐龙名片	
拉丁文名	Deltadromeus
其他译名	捷足三角龙
分布地区	撒哈拉
生活年代	白垩纪早期
所属类群	蜥臀目·兽脚类

■ 三角洲奔龙的发现

20 世纪 90 年代，古生物学家在摩洛哥南部的撒哈拉沙漠地区进行考察时，发现了两只巨大的肉食性恐龙的化石遗存。发现恐龙化石的地点位于摩洛哥的凯姆凯地区，那是一片灼热干燥的旷野，靠近摩洛哥和阿尔及利亚的边界。可见撒哈拉沙漠在恐龙生活的时代应该还是一片广阔的洪水泛滥的平原，分布有绿树拱卫的河流和众多的生物。

这两只生活在距今 9000 万年前的凶猛的肉食性恐龙留下了巨大的头骨和尖利的牙齿。其头骨的长度约为 1.69 米，大概比庞大的霸王龙头骨还要大。在这之前，人们一直以为生活在北美的霸王龙是最大的肉食性动物。这种非洲恐龙显然不如霸王龙聪明，它的脑容量只有霸王龙的一半大小。科学家们推断这两具头骨化石属于一种曾于 1927 年发现过，但并未得到充分认识的恐龙。

三角洲奔龙和鲨齿龙

三角洲奔龙和鲨齿龙生活在同一时代、同一地点，但其身材只相当于鲨齿龙的一半。同样作为凶猛的猎食者，它们如何相处，至今不得而知。

■ 三角洲奔龙的复原

在实验室复原后，这种恐龙的大体骨架已被搭建起来，从它的吻部到尾尖，足足长达 13.7 米。和它的庞大体型不相称的是，它长着细长的四肢，这说明它是一种行动迅速、身手敏捷的掠食者。所以三角洲奔龙又被命名为"捷足三角龙"。

发现这种恐龙的考察队队长、芝加哥大学的古生物学家西莱诺博士说："至今为止，在其他大陆还没有发现过三角洲奔龙这样的动物。"他还从发现地附近一处砂岩形成的山崖上搜寻到了 13 厘米长的恐龙牙齿。

西莱诺博士由此在古生物考古领域奠定了自己作为成就卓著的恐龙搜索者的地位。从那以后，这种肉食性恐龙的其他局部骨骼也不断被发现。

【百科词典】

你不知道的三角洲奔龙

三角洲奔龙于 1996 年定名，意思是"出自撒哈拉的鲨鱼齿爬虫"。

三角洲奔龙生活在白垩纪早期的撒哈拉，同霸王龙一样，是嗜鸟龙的后裔。它与鲨齿龙生活在同一时期，是比较敏捷的肉食性恐龙。

行动敏捷的猎食者

三角洲奔龙身体庞大，但和它庞大的体型不相称的是，它长着细长的四肢，这说明它是一种行动迅速、身手敏捷的掠食者。其硕大的头部长着一张大嘴，嘴里长满了尖利的牙齿。

食肉牛龙
——头长双角的肉食性恐龙

恐龙名片	
拉丁文名	Carnotaurus
体貌特征	牛头一样的脑袋和两条很短的前肢
分布地区	南美洲
生活年代	白垩纪晚期
所属类群	蜥臀目·兽脚类

■ 食肉牛龙的发现

食肉牛龙是一类大型的肉食性恐龙，生活于白垩纪晚期，其第一块化石是由发现过很多南美洲恐龙化石的著名学者约瑟·波拿巴找到的。

■ 头长双角的食肉牛龙

食肉牛龙是大型肉食性恐龙类群中的成员。这个类群中包括了最厉害、最著名的凶猛恐龙，比如霸王龙和异特龙等。它们有许多相似的地方：巨大而有力的头，像剔肉刀一样的锋利牙齿，一张血盆大口等。其中出现得比较晚的食肉牛龙，比霸王龙要低矮一些。它的特别之处是在眼睛上方长了一对角。它的角令人以为它是一头牛，所以它的拉丁文名字

"Carnotaurus" 的意思正是 "食肉的牛" （"carn" 的意思是 "肉食"；"taurus" 的意思是 "牛" ）。另外，它的眼睛向着正前方，这是恐龙中非常少见的，极可能有着双眼视觉及深度知觉。

■ 食肉牛龙的特点

食肉牛龙身长 9 米，约有三辆小轿车那么长。可是和身长比起来，它那长有四个趾头的细小的前肢看上去就不成比例了。食肉牛龙两条长而强壮的后腿使它比其他一些大型肉食性恐龙灵敏得多，可以迅速扑向猎物，在猎物还没反应过来时就将它们抓获。它的长长的脊柱像一根大梁挑起下半身的重量。从肩部排到臀部的长长的肋骨则保护并支撑着食肉牛龙的内脏。如果没有尾巴，食肉牛龙就不能够高速运动。运动时，食肉牛龙用它那长长的、矫健的尾巴巧妙地保持着平衡。这条尾巴可以使食肉牛龙的头伸向前，随时捕获挣扎的猎物。

【百科词典】
你不知道的食肉牛龙

食肉牛龙的骨骼化石曾在南美洲的多处地点被发现，特别是在阿根廷巴塔哥尼亚高原发现的食肉牛龙骨架非常完整，甚至化石上还能看到皮肤的痕迹。

食肉牛龙的头骨结构表明其头部肌肉发达，但是其下颌骨则不如其他巨型肉食性恐龙那样强而有力。有学者认为这样的下颌骨不但不能与其他肉食性恐龙争夺、厮杀，就连捕猎大型的植食性恐龙都比较困难。

神秘的食肉牛龙

人们在南美洲的阿根廷发现了许多食肉牛龙的化石，有的化石上甚至还有皮肤的痕迹，其生前的皮肤鳞片应该非常华丽。食肉牛龙虽有巨大的血盆大口，但牙齿却比较细小，而且排列紧密，使人们对其生活习性产生了很多猜测。

百科问答　问：到了白垩纪晚期，暴龙类恐龙有没有出现新的种类？
　　　　　答：暴龙类曾经分化成了两种，一种是亚洲蒙古的特暴龙，另一种是北美洲的惧龙。

▶ "亚洲霸王"
▶ "暴龙出国"
▶ 峦川特暴龙

特暴龙
——亚洲特有的暴龙

恐龙名片	
拉丁文名	Tarbosaurus
其他译名	巴氏霸王龙
发现地	蒙古
生活年代	白垩纪晚期
所属类群	蜥臀目·兽脚类

■ "亚洲霸王"

　　特暴龙是一种十分凶猛的巨型肉食性恐龙，堪称"亚洲霸王"。典型的特暴龙体型略瘦，身长大约 10 米，身高约 4 米，重 7 吨左右。它嗅觉灵敏，大概和霸王龙一样能靠嗅觉追踪猎物。这种恐龙在距今 7500 万前的蒙古应该很常见。

■ "暴龙出国"

　　亚洲发现的恐龙非常独特，特别是中国、蒙古的恐龙更是令人惊叹。有人认为在美国最受欢迎的霸王龙其实很可能是源自亚洲的。这是因为在白垩纪晚期，亚洲和北美洲在今天的白令海峡处有大陆桥相连接，所以亚洲的恐龙完全有可能徒步迁徙到北美洲。由于特暴龙和霸王龙在古生物分类学上属于同一个"族"，分别并不大，所以我们有理由相信特暴龙很可能迁徙到北美洲后又进化成了霸王龙。

特暴龙骨骼化石
　　特暴龙是霸王龙的近亲，古生物学家认为霸王龙是特暴龙从亚洲迁徙到北美洲后进化而来的。其嗅觉和听觉都非常灵敏，更有助于获取猎物。

■ 峦川特暴龙

　　1972 年，科学家在河南省峦川县嵩坪村的秋扒组地层中发掘出了五颗大型恐龙牙齿。专家经过鉴定，在 1979 年把这种恐龙命名为峦川暴龙，后来经仔细研究将其归为特暴龙类。峦川特暴龙是十分强悍的肉食性动物，与它同时代的恐龙都要惧它三分。

特暴龙复原图
　　特暴龙是一种生活在白垩纪晚期的大型肉食性恐龙，是迄今为止在亚洲发现的最大的肉食性恐龙。其身长约 10 米，身高约 4 米，体型和霸王龙接近，只是稍小一点。

【百科词典】

你不知道的特暴龙
　　挖掘到的特暴龙化石总计有五颗牙齿与一件不完整的髋骨。在白垩纪晚期的亚洲地区，特暴龙是一个普遍存在的种属。
　　白垩纪晚期，暴龙的类似种属分化出两种。一种是亚洲蒙古的特暴龙（Tarbosaurus），另一种是北美洲的惧龙（Daspletosaurus）。
　　特暴龙可能是非常强大的猎手，能够捕食比它们体型还大的植食性恐龙。它们也有可能食用其他恐龙的腐尸。

▶ 可怕的巨齿
▶ 短小的前肢
▶ 行动迟缓的"霸王"

百科问答　问：霸王龙的发现者和命名者是同一个人吗？
答：1902 年，巴纳姆·布朗在美国蒙大拿州发现了霸王龙
化石，他的老板奥斯本则命名了霸王龙。

恐龙家族

霸王龙
——最有名的肉食性恐龙

恐龙名片	
拉丁文名	Tyrannosaurus
其他译名	暴龙
发现地	美国蒙大拿州
生活年代	白垩纪晚期
所属类群	蜥臀目·兽脚类

■ 可怕的巨齿

霸王龙可能是曾经在地球上生活过的最大型的肉食性动物之一。最大的霸王龙身长可达 17 米，站立时有 6 米高，体重达 8 吨。它的血盆大口里面生着两排锐利牙齿，每颗有二三十厘米长，由尖顶到基部都有斜旋锯齿。它的颚部十分有力，可以用长着军刀般利齿的巨颚，狠狠地一口咬死猎物，接着扭转强壮的颈部，将嘴里的肉块撕扯下来。

【百科词典】
你不知道的霸王龙

由于霸王龙的奔跑速度较慢，前肢力量较弱，而嗅觉格外发达，所以有人认为它无法进行狩猎活动，而是一种腐食性动物。

霸王龙巨大的体重给它的两腿骨骼带来了沉重的负担，如果它不小心跌倒，很可能就再也站不起来了。

■ 短小的前肢

霸王龙的身高超过两层楼，一口可以吞下一头牛，奇怪的是它们的前肢却退化得非常短小，和我们人的手臂差不了多少，甚至无法将食物放到自己的嘴里；而且前肢上只有两根细弱的趾，看上去与它那庞大的身体极不相称，所以有人认为，霸王龙的前肢几乎不起什么作用。不过也有人认为，那短小的前肢可以当"牙签"，用来剔除嵌入牙缝中的碎肉。可以肯定

的是，在捕猎的时候，嘴巴和利齿才是主要武器，所以霸王龙还被戏称为"动口不动手"的动物。

■ 行动迟缓的"霸王"

以前，人们认为霸王龙能够奔跑如飞，但最近的一项研究成果认为，霸王龙其实只能走而不能跑。

研究表明，霸王龙如果要快速奔跑，那么它腿部肌肉的重量必须超过身体总重量的 80%，这几乎是不可能的。所以研究者认为，霸王龙的行动速度很可能比较迟缓。假如你不幸被一头霸王龙盯上，只要跑得足够快，就有可能逃脱。

地球上的霸主
霸王龙是有记录以来生活在地球上的最强大的食肉动物。其巨大的嘴巴里长满约 15 厘米长的锯齿状牙齿。其后肢强健有力，但行动比较迟缓。

惧龙
——霸王龙的近亲

恐龙名片	
拉丁文名	Daspletosaurus
其他译名	达斯布雷龙
分布地区	加拿大艾伯塔省、美国蒙大拿州
生活年代	白垩纪晚期
所属类群	蜥臀目·兽脚类

■ 霸王龙的"传人"

1970 年，考古学家们在加拿大的艾伯塔省发现了三具很完整的惧龙化石，后来在美国也发现了惧龙化石。惧龙是霸王龙有"衣钵继承者"的最好的证据。惧龙是一种大型的肉食性恐龙，它高大强壮，体长约 9 米，体重约 4 吨，战斗力绝不亚于霸王龙。惧龙的头颅很大，下颌较厚，牙齿像短剑一样，后肢强壮有力，前肢则软弱无力，每只前掌只有两个趾，这些特征

植食性恐龙的天敌

惧龙是植食性恐龙的天敌。考古发现，这种大型肉食性恐龙主要捕食和它同时代的鸭嘴龙类和角类类恐龙，即使是勇猛的三角龙也难免成为惧龙的口中食，鸭嘴龙类更是惧龙的日常美餐。

都和霸王龙相同。惧龙的主食是与它同时代的鸭嘴龙类和角龙类恐龙。

■ 成长及寿命

古生物学家艾利克森研究了惧龙的生长及寿命。他通过分析化石的骨头组织，能够确定标本死亡时的年龄，而把不同个体的年龄与体型绘制成图表，就可计算出生长率。惧龙的体重较大，在急速成长期有着较快的生长率。因为暴龙科恐龙在两岁时，体型就超越了所有同期的猎食者，所以在很少被猎食的情况下，呈现低死亡率。虽然古生物学家并没有足够数目的惧龙化石来进行类似的分析，但艾利克森认为类似的趋势也会出现在惧龙身上。

■ 群体活动

惧龙成群生活的证据来自美国蒙大拿州某处骨床的发现。骨床内有五只惧龙的遗骸，包括一只大的成年龙、一只小的幼龙及另一只中等大小的惧龙。还有最少五只鸭嘴龙科恐龙在同一位置被保存下来。地质学证据显示出这些遗骸并非被涌流冲在一起，而是在同一时间被埋葬下来的。鸭嘴龙科恐龙的遗骸是分散的，并且有很多暴龙科牙齿的咬痕，可见惧龙在死前正在进餐。惧龙死亡的原因并不清楚，不过科学家由此猜测惧龙是群体狩猎的。

生性凶残的惧龙

用恶霸龙来称呼惧龙，一点儿也不过分。它虽然比霸王龙体型小，但战斗力绝不亚于霸王龙。它的头部很大，嘴里长满尖刀般的利牙，强健的后肢是快速奔跑的关键，多数恐龙都逃脱不了被捕食的命运。

【百科词典】

你不知道的惧龙

惧龙有一个巨大的头颅骨，约有 1 米长。头颅骨都是特别加固的，如生在鼻端上的鼻骨可能是为了增加强度而融合在一起，其中还有可以减轻重量的大型孔洞。

成年的惧龙约有 70 多颗牙齿，每颗牙齿都非常长。牙齿的横切面呈椭圆形而非剑形，在上颌末端前颌骨的牙齿却是呈现"D"型的，这种异齿型情况在暴龙科中非常普遍。

有的科学家认为惧龙的群体生活类似于现今的科莫多龙，不合群的家伙会被群体袭击，甚至被同类噬食。

棘背龙
——外貌怪诞的肉食性恐龙

恐龙名片	
拉丁文名	Spinosaurus
主要特征	背部有大"帆"
分布地区	非洲的尼日尔和埃及
生活年代	白垩纪晚期
所属类群	蜥臀目·兽脚类

■ 长相怪诞的棘背龙

几乎和霸王龙一样巨大的棘背龙是非洲特有的恐龙，约于距今 8000 万年时生活在非洲大陆的北部。虽然它不如霸王龙有名气，但是从体格和满口利牙来看，棘背龙肯定是一种和霸王龙一样可怕的肉食性动物，而且它还有一个又怪又丑的形象。

棘背龙是一种外貌怪诞的肉食性恐龙，体长 12 至 15 米，臀部高约 2.7 米，身高约 4.5 米，重约 4 吨。它最大的特征是背部生有很多骨突，一张大表皮覆盖在这些骨突上，看起来就像小船上扬着的帆。它的嘴巴很长，牙齿后弯形成倒钩，可以锁住猎物。在棘背龙的牙槽里曾找到过鳐鱼骨头，说明它们有时可能会捕鱼吃。

⑤
棘背龙复原图
棘背龙狭长的嘴巴里有锋利的牙齿，使它可以轻易撕裂动物的皮肉。它的两只健壮的前肢上长有可怕的利爪，可以辅助捕猎。

■ 棘背龙的攻击力

棘背龙和霸王龙有些相似，但它们的杀戮方式有所不同。霸王龙粗壮的头部和香蕉型牙齿有利于它咬断骨头。棘背龙狭长的嘴巴里长有锋利的牙齿，这使它可以轻易撕裂动物皮肉，延长猎物的痛苦。而且，棘背龙还有两只健壮的前肢和可怕的爪子辅助捕猎，与之相比，霸王龙可怜的前爪只能挠痒痒。不过，专家推测棘背龙很可能生性沉闷，不会那么活跃地捕食其他类恐龙，而主要以死去恐龙的腐尸为食。

■ 背上的大"帆"

棘背龙的背上长有一面很大的扇形"帆"，由竖直向上的骨棒撑起。这些骨棒是从棘背龙的脊柱上长出来的，最高的骨棒有 2 米长。这张帆完全不能收拢或折叠，而且很脆弱，在战斗中极易折断。可以想象，这会给它的行动带来诸多不便。那么，棘背龙为什么会进化出这种看起来十分碍事的赘物呢？其作用可能有三个：在异性面前炫耀；用来调节体温；辨识同伴。

艾伯塔龙
——缩小版的霸王龙

恐龙名片	
拉丁文名	Albertosaurus
其他译名	阿尔伯脱龙、艾伯塔龙、亚伯拖龙
分布地区	加拿大、美国
生活年代	白垩纪晚期
所属类群	蜥臀目·兽脚类

■ 小号霸王龙

艾伯塔龙是一种体型中等的肉食性恐龙，其体长可达 8 米，体重约 2 吨，外形和霸王龙非常相似，但差不多只有霸王龙的一半大。艾伯塔龙和霸王龙的不同之处在于艾伯塔龙的眼睛前面有角质突。

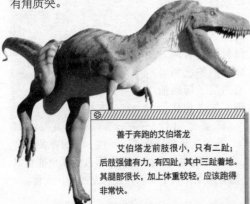

善于奔跑的艾伯塔龙
艾伯塔龙前肢很小，只有二趾；后肢强健有力，有四趾，其中三趾着地。其腿部很长，加上体重轻轻，应该跑得非常快。

距今约 6600 万年以前，北美洲的艾伯塔龙不计其数，所以美国的科学家发现了许多这类恐龙的化石。艾伯塔龙可能以捕食鸭嘴龙为生。它若用巨大的嘴咬住鸭嘴龙的脖子，一瞬间就能将其咬死。这是因为这种恐龙的牙齿和上下颚非常有力，能一下咬断猎物的颈骨。艾伯塔龙化石是古生物学家于 1884 年在加拿大艾伯塔省省立恐龙公园首次发掘到的。而它也是以化石发现地命名的，名字的意思是"来自艾伯塔的蜥蜴"。

■ 艾伯塔龙的特点

艾伯塔龙长有 35 颗尖牙，前肢很短，但有着强壮的后腿和一条很长的尾巴，每只脚上还有三个带着爪子的脚趾头。科学家们猜测艾伯塔龙平时用两只后腿走路，也能跑动。艾伯塔龙生活的时期已经是白垩纪晚期。生活在这一时期的恐龙多是冠龙和慈母龙。

像霸王龙一样，艾伯塔龙短小的前肢上也只有两个趾头。不过在捕猎时，艾伯塔龙仿佛比霸王龙更积极、更活跃。它会一口咬住猎物的脖子，撕咬下一大块肉，或者用粗壮的大脚猛踢猎物。正如今天的许多肉食性动物一样，艾伯塔龙和其他霸王龙类恐龙可能被血腥味所吸引，并且会为争夺已杀死的动物而相互搏斗和攻击。

凶残的猎食者
艾伯塔龙是一种早期霸王龙类恐龙，头颅骨很大，颈部很短，呈 S 形，巨嘴里有 60 颗形状不同的牙齿，主要以同时代的植食性恐龙为食。

【百科博览】
你不知道的艾伯塔龙
古生物学家们曾经在一个地点发现过 10 具艾伯塔龙化石，可见它们有着群体活动的习惯。

科学家们对于艾伯塔龙物种的数目持有不同的意见，目前已确定下来的只有一两种。

❧ 中华鸟龙
——运动形式奇特的恐龙

恐龙名片	
拉丁文名	Sinornithosaurus
体貌特征	前肢粗短，爪钩锐利，后腿较长，宜奔跑，全身还披覆着原始羽毛
分布地区	中国辽西热河
生活年代	侏罗纪晚期
所属类群	蜥臀目·兽脚类

■ "龙鸟" 还是 "鸟龙"

1996年，在中国辽西热河生物群中发现了一种生存于侏罗纪晚期的奇特生物，科学家开始以为这是一种原始鸟类，于是暂定名为"中华龙鸟"。后经古生物学家证实，它实为一种小型肉食性恐龙，因而更名为"中华鸟龙"。它的骨架大约长1米，最特别之处是它长有极其珍贵的细丝状皮肤衍生物，即原始羽毛。

鸟类的羽毛是一种皮肤衍生物。与其他脊椎动物的皮肤衍生物相比，它的结构非常复杂。有关它的起源一直是古生物研究领域的一个不解之谜。已知的化石记录表明，鸟类的羽毛从一开始出现就有非常复杂的结构，而在中华鸟龙被发现以前，人们从来没有在鸟类的近亲身上找到任何过渡类型的皮肤衍生物。

【百科词典】

你不知道的中华鸟龙

中华鸟龙的脊柱和体表有流苏一样的纤维状结构，很有可能是羽毛的前身，其主要作用是护肤和保温。中华鸟龙的化石是100多年来恐龙化石研究史上最重要、最著名的发现之一。

中华鸟龙的发现为兽脚类恐龙向鸟类演化提供了一个最具说服力的证据，并且为一些重要形态特征的演化提供了衔接的环节，使我们对于鸟类起源的理解更加深入。

中华鸟龙的细丝状皮肤衍生物也曾引起了一些科学家的疑问。他们认为这种物质可能是一种皮下组织，本质上并非皮肤衍生物，所以不属于原始羽毛。

■ 爬行还是飞行

中华鸟龙是以后肢行走的奔龙类恐龙。它的头部骨骼形态和多数恐龙很不一样，而是具有早期鸟类的许多特征，肩带构造也与世界上最早的鸟类——发现于德国的始祖鸟几乎没有区别。尽管还不能直接飞翔，但其前肢结构已经产生了一系列适应飞翔的变化，具备拍翅飞翔的各项必要特征，专家称之为典型的"预演化模式"。这是骨骼结构转化成鸟类飞翔能力的一项重大突破。也就是说，它为日后的飞翔提供了基本的条件。如果环境和时间允许，这种恐龙很有可能腾空飞翔。

中华鸟龙生活场景复原图
中华鸟龙是两足行走的恐龙。在它的背部，有一列类似毛的表皮衍生物，一些古生物学家认为这是原始的羽毛。

窃蛋龙
——被冤枉的恐龙

恐龙名片	
拉丁文名	Oviraptor
名称含义	偷蛋的贼
分布地区	蒙古一带
生活年代	白垩纪晚期
所属类群	蜥臀目·兽脚类

■ 窃蛋龙的外形

大约在距今8000万年时，现在的蒙古茫茫戈壁和中国内蒙古地区是恐龙和哺乳动物的乐园，那里生活着原角龙、窃蛋龙和吃肉的迅猛龙等大量恐龙。窃蛋龙身长约2米，大小如鸵鸟，长有尖爪、长尾。科学家推测其运动能力很强，行动敏捷，可以像袋鼠一样用坚韧的尾巴保持身体的平衡，跑起来速度很快。窃蛋龙是一种完全没有牙齿的恐龙，但是它的喙强而有力，可以敲碎恐龙蛋和骨头。

【百科词典】
你不知道的窃蛋龙

窃蛋龙的头部有一个半圆形的冠，好像奇怪的头盔。这个冠由很薄的骨头组成，上面有很多小孔。这个漂亮的冠有可能是用来求偶的，因为并非所有的窃蛋龙都长有美丽的冠。

窃蛋龙每只前肢上长着三个趾，上面都有尖锐弯曲的爪子。第一个趾比其他两个趾短许多。这个趾就像大拇指，可以向着其他两个趾呈弧状弯曲，从而把猎物紧紧抓住。

窃蛋龙过着群体生活。成年的窃蛋龙会把卵产在泥土筑成的圆锥形的巢穴中。有时它们用植物的叶子覆盖在巢穴上，让植物在腐烂过程中产生孵化所需的热量，进行自然孵化。

■ 开始背黑锅

1920年，美国纽约自然史博物馆的科学家在蒙古南部的戈壁沙漠进行了一次古生物考察。考察队的技师幸运地发现了一窝恐龙蛋化石，同时还发现了一块破碎的恐龙头骨。当时的古生物学家奥斯本认为，这个蛋巢是属于原角龙的。蛋巢附近的这个骨骼非常奇怪，外形很像鸟类。它在原角龙的蛋巢干什么呢？奥斯本对它进行研究后认定它是个偷蛋贼：饿了就偷吃别的恐龙的蛋。从此以后，这种恐龙就被叫作窃蛋龙。

被冤枉的窃蛋龙
人们发现窃蛋龙化石时，科学家认为它正在偷吃原角龙的蛋，其名字便由此而来。后来，事实证明它不是在偷蛋吃，而是在保护自己的蛋，是被冤枉的。

■ 冤案平反

年复一年，人们都认为窃蛋龙是偷蛋贼。后来，中国科学家董枝明为窃蛋龙平反，说它没有偷蛋。美国自然史博物馆的罗维尔博士也发现了许多窃蛋龙化石的身边有很多它自己的蛋，其中有一个还是珍贵的窃蛋龙胚胎。这说明窃蛋龙并不是以偷蛋为生的，而是在恐龙蛋窝巢的附近守护自己的后代。接着，科学家们还发现窃蛋龙的食物主要是蜥蜴和淡水中的蚌、蛤类，因为在远古湖泊的沉积岩中有更多的窃蛋龙被发现。古生物学家曾在窃蛋龙化石的腹腔里发现了小的蜥蜴骨骼化石。

行动敏捷的窃蛋龙
窃蛋龙行动敏捷，长着一个像鸟头一样的大脑袋，是一种聪明的恐龙。

✤ 切齿龙
——长有巨大的门牙的恐龙

恐龙名片	
拉丁文名	Incisivosaurus
其他译名	门齿龙
分布地区	中国辽宁省
生活年代	白垩纪早期
所属类群	蜥臀目·兽脚类

■ 巨大的门牙

中国科学家于 2002 年 9 月在辽西地区发现了一种罕见的恐龙化石。从头骨形态上看，这种恐龙属于肉食性的兽脚类恐龙，但是它的牙齿又和典型的植食性恐龙相似。

切齿龙头部特写

切齿龙最大的特征在于它的牙齿。它成对的门齿好像啮齿类、多瘤齿兽类哺乳动物的门齿，钉状前颌齿还和一些植食性的蜥脚类恐龙相似，而箭矢状的颊齿又与镰刀龙类相似。

更奇特的是它还长着两颗大门牙，因此科学家把这种恐龙命名为切齿龙。顾名思义，这种恐龙最引人注目的地方便是那两颗大大的门牙。这两颗大门齿和老鼠用来啃东西的大门牙很相似，再加上其他位于面颊的牙齿也都具有较大的咀嚼面，因此它们很可能是用来研磨植物的，而不像是一般肉食性恐龙的尖刃状牙齿具有切割肉类的作用。过去也曾有学者在兽脚类恐龙化石的胃里发现了胃石，从而怀疑肉食性恐龙家族里可能有植食性成员。切齿龙的牙齿为肉食性恐龙类群的植食行为提供了有力的证据。

■ 最原始的窃蛋龙

分析了切齿龙头骨的形态特征后，科学家认为它归属于兽脚类恐龙中的窃蛋龙科，代表了此类恐龙进化历程中的一个重要环节。切齿龙是迄今为止发现的最原始的窃蛋龙。

■ 切齿龙的意义

窃蛋龙类有许多类似鸟类的特征，一些学者据此认为这类恐龙和鸟类关系很近，甚至就是鸟类。但切齿龙的发现表明这一观点是错误的，人们必须重新看待窃蛋龙类的系统位置。切齿龙并没有其他窃蛋龙类所具有的鸟类特征，这表明窃蛋龙类和鸟类的关系相对较远，这些类似鸟类的特征是独立演化出来的。

切齿龙复原图

切齿龙是一种生活在白垩纪早期的窃蛋龙科恐龙，头骨构造高度特化，介于腔尾龙类群与窃蛋龙类群之间，是原始的窃蛋龙科恐龙。

【百科词典】

你不知道的切齿龙

切齿龙的头骨形态构造是介于典型的腔尾龙类群与特化的窃蛋龙类群之间的一种结构，这就将这两个类群的形态差异缩短了。

人们目前发现的切齿龙化石有 1.28 亿年的历史，包括一个相当完整的头骨和部分颈椎。这一新发现表明兽脚类恐龙的生态分异度远远大于我们过去所了解的。

切齿龙会进化出植食性齿式，说明它的栖息地和植食性动物一致，也显示出兽脚类恐龙的生态栖息地要比人们脑海中想象的环境更加多姿多彩。

百科问答 　问：尾羽龙最初被误认为是一种鸟，那它可以被归为鸟类吗？
　　　　　答：尾羽龙不是鸟类，它是一类长着羽毛、栖息于地面上的肉食性恐龙。

▷ 恐龙的羽毛
▷ 羽毛的作用
▷ 尾羽龙与始祖鸟

尾羽龙 ❀
——长着扇形尾羽的恐龙

恐龙名片	
拉丁文名	Caudipteryx
名称含义	尾巴有羽毛的恐龙
分布地区	中国辽宁省
生活年代	白垩纪早期
所属类群	蜥臀目·兽脚类

■ 恐龙的羽毛

　　尾羽龙的尾巴顶端长着一束扇形排列的尾羽，在它的前肢上也长着一排羽毛。这些羽毛具有明显的羽轴，也发育有羽片，总体形态和现代羽毛非常相似。唯一的区别就在于它的羽片是对称分布的，而包括始祖鸟在内的鸟类的羽毛则具有非对称分布的羽片。一般来讲，非对称的羽毛具有飞行功能，尾羽龙这种对称的羽毛则代表着最原始的阶段。

■ 羽毛的作用

　　尾羽龙的羽毛状皮肤衍生物为研究鸟类羽毛的起源提供了重要信息，使我们对羽毛早期演化的研究第一次建立在化石证据的基础上。

尾羽龙生活场景想象图
尾羽龙尾部顶端长着一束扇形排列的羽毛，前肢上也长着一排飞羽。它们过着群居生活，靠捕捉昆虫为食，和鸟一样自己孵卵。

科学家证实，尾羽龙羽毛的主要功能并非飞行，而是保暖或者吸引异性等。尾羽龙的发现在生物历史上第一次把羽毛的分

长羽毛的尾羽龙
　　羽毛的最初功能并非飞行，而是保暖或者吸引配偶等。因此，羽毛不能再作为鉴定鸟类的特征。尾羽龙虽然长有羽毛，却是一种肉食性恐龙。

布范围扩大到了鸟类之外，表明羽毛产生在鸟类出现之前，人们不能再拿它作为鉴定鸟类的特征。

■ 尾羽龙与始祖鸟

　　尾羽龙和始祖鸟的个体大小相仿，甚至化石保存的姿态都非常相似，但是它们代表两类截然不同的动物。尾羽龙的骨骼形态要比始祖鸟原始。它

【百科词典】

你不知道的尾羽龙

　　尾羽龙长着又短又高的头，口中除了吻部最前端有几颗向前方伸展的形态奇特的牙齿外，几乎没有其他牙齿。

　　尾羽龙的前肢非常小，脖子很长。在它的胃部还保留着一堆小石子，这就是现代鸟类胃中常有的胃石，用于磨碎和消化食物。

　　尾羽龙的前肢掌上长有三趾，趾端有短爪，而且骨骼以及牙齿也都具有恐龙的典型特征。这些都说明它是真正的兽脚类恐龙。

的头后骨骼形态表明了它是一种奔跑型动物，还不会飞行，而始祖鸟可以进行短暂的飞行。最新研究表明，尾羽龙和兽脚类恐龙当中的窃蛋龙类非常近似，很可能是一种原始的窃蛋龙类恐龙。

▶ 封印的死神
▶ 镰刀龙的出现
▶ 颠覆规则的镰刀龙

百科问答

问：镰刀龙的身体大小如何？
答：镰刀龙身体全长 9 米左右，而仅前肢就大约 2.5 米长，身高则接近 6 米。

恐龙家族

镰刀龙
——巨爪像镰刀的恐龙

恐龙名片	
拉丁文名	Therizinosaurus
体貌特征	前肢上有两把巨大的镰刀形的爪子
分布地区	蒙古和中国的戈壁沙漠
生活年代	白垩纪晚期
所属类群	蜥臀目·兽脚类

■ 封印的死神

镰刀龙有六把镰刀状的巨爪，使它看上去像个可怕的死神。其实根据科学家们的推测，它很可能是植食性的。这是一种我们知之甚少的恐龙——怪异、奇特、颠覆规则。

这种恐龙被命名为镰刀龙，拉丁文名称"Therizinosaurus"的原意是"长柄大镰刀的蜥蜴"。迄今为止，人们只发现了该恐龙化石的前臂骨骼。

■ 镰刀龙的出现

20 世纪 50 年代，考古学家们在蒙古发现了一块巨大的前臂骨骼化石以及一些钩爪化

石。那块前臂化石大约 2.5 米长，钩爪则大约 0.75 米长——就像用来除去杂草的长柄大镰刀一样长。后来这种恐龙被命名为镰刀龙，是一种生活在蒙古和中国的戈壁沙漠的镰刀龙类恐龙。

镰刀龙的利爪应该是用来自卫或者争夺异性的。遇到敌人时，它可能会站直了伸开前肢，像一个威严的死神一样，展示它的巨爪，威吓敌人。但是镰刀龙的劲敌是当年在东亚大陆横行一时的特暴龙，特暴龙似乎并不会畏惧镰刀龙的巨爪。

■ 颠覆规则的镰刀龙

镰刀龙的归属一直是一个分类学难题，因为它身上同时具有兽脚类、原蜥脚类和鸟脚类的明显特征。通过分析各种材料，科学家认为镰刀龙应该属于兽脚类恐龙，而且和窃蛋龙类的关系非常密切。但它又与原蜥脚类和鸟脚类恐龙的牙齿形态十分接近，这说明镰刀龙是植食性恐龙。镰刀龙类的耻骨朝向后方，增大了腹腔的体积，类似其他植食性恐龙，与其食性相适应。就算它被归为兽脚类，也是其中比较特殊的一类恐龙了。

【百科词典】

你不知道的镰刀龙

几乎所有的镰刀龙都生活在白垩纪，但最古老的镰刀龙类却可以追溯到侏罗纪早期。

除了一些原始种类外，大部分镰刀龙恐龙都长有短而宽的脚，说明它们行动缓慢。

除了爪子很奇特之外，镰刀龙还有一条僵直的尾巴，尾骨上长着一种被称为骨棒的支撑物。

镰刀龙复原图
测量的数据显示，镰刀龙前肢大约 2.5 米长，钩爪就像一把巨大的镰刀。其食物很杂，可能以蚂蚁为食，也可能以植物为食，还可能捕捉鱼类。

百科问答　问：北票龙是由我国哪位科学家发现的？又是由谁命名的？
答：著名恐龙学家汪筱林教授发现了北票龙，后来由徐星、唐治
路、汪筱林三人一起定名。

▶ 长鳞还是长毛
▶ 丝状皮肤衍生物

北票龙
——身披原始羽毛的爬行动物

恐龙名片	
拉丁文名	Beipiaosaurus
名称含义	来自北票地区的恐龙
分布地区	中国辽宁省北票市
生活年代	白垩纪早期
所属类群	蜥臀目·兽脚类

■ 长鳞还是长毛

　　一直以来，人类对于恐龙的认识都是长有鳞片的庞然大物。为什么会这样认为呢？主要有两方面的依据：一是来自于现实世界中的爬行动物。传统上人们认为恐龙是一种爬行动物，所以它应该和其他爬行动物如鳄鱼、蜥蜴一样身披鳞片。二是来自化石的依据。在过去发现的恐龙化石中，人们曾经发现过它们具有鳞片的皮肤印痕。基于以上两个因素，包括科学家在内，人们相信恐龙是披着鳞片的爬行动物。

　　但1996年发现的中华鸟龙

北票龙复原图
　　北票龙是一种生活在白垩纪早期的镰刀龙类恐龙，身长约2.2米。它并不像其他种类的恐龙那样长满鳞片，而是长有原始的羽毛。

化石第一次揭示出有的小型肉食性恐龙身披着毛状的皮肤衍生物。这一结论引起了世界各国科学家的巨大兴趣，同时也引发了巨大的争议。1999年，科学家在北票龙的化石中发现了毛状皮肤衍生物。这一发现再次证实，绝不是所有的小型肉食性恐龙都像人们传统上认为的那样身披鳞片。

■ 丝状皮肤衍生物

　　北票龙全长2.2米，是一类两足行走的恐龙，生存在距今约1.25亿年时。尽管所发现的北票龙化石支离破碎，但随着专家的精心修复，这件化石显示出越来越大的科学价值。北票龙身上的细丝状皮肤衍生物大约0.1毫米宽，55毫米长。其明显的结构形态和分布位置表明，保存于北票龙身上的细丝状结构确实代表着一种皮肤衍生物，因而很可能和鸟类的羽毛同源。科学家推测，生存年代晚于北票龙的绝大多数食肉类恐龙都有可能是体披羽毛的美丽的爬行动物。

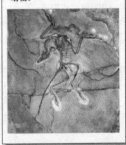

北票龙化石
　　北票龙化石发现于中国辽宁省北票市，其发现解决了恐龙研究领域的一个富有争议的问题，那就是生存年代晚于特暴龙的大多数食肉类恐龙都可能是长毛的爬行动物。

【百科词典】

你不知道的北票龙

　　早在1969年，美国科学家贝克就提出了小型食肉类恐龙可能是温血动物，并推论小型食肉类恐龙很可能身披羽状的皮肤衍生物。北票龙的化石即证明了这一点。

　　北票龙骨组织里有较高的血管密度，表示它具有较高的新陈代谢率。从骨组织特征及细丝状的皮肤衍生物来看，北票龙与此后的镰刀龙类恐龙都有可能是恒温动物。

　　有专家认为，不仅中华鸟龙和北票龙等兽脚类恐龙长有丝状皮肤衍生物，其他许多兽脚类恐龙也可能发育有类似的结构，只是在形成化石的时候没能保存下来而已。

像鸟的恐龙
杂食的蜥鸟龙
蜥鸟龙的特征

百科问答　问：蜥鸟龙的骨架很轻，那它体重大概有多少？
答：一般的蜥鸟龙长约 2 至 3.5 米，重量只有 13 至 27 千克，身体非常轻巧。

恐龙家族

蜥鸟龙
——体形像鸟的恐龙

恐龙名片	
拉丁文名	Saurornithoides
名称含义	像鸟的蜥蜴
分布地区	蒙古、塔吉克斯坦
生活年代	白垩纪晚期
所属类群	蜥臀目·兽脚类

■ 像鸟的恐龙

一听蜥鸟龙的名字，你可能会猜到这是一种长得很像鸟的恐龙。没错，蜥鸟龙的体形和鸟类的确非常相像，有些科学家甚至认为它们还长着羽毛而且能飞呢！蜥鸟龙出现得很晚，可以说刚好赶上恐龙时代的末班车。蜥鸟龙的身长估计有 2 至 3.5 米，而重量约为 13 至 27 千克。它们拥有大型眼窝以及立体视觉，可能具有良好的夜间视力。蜥鸟龙没有牙齿，双腿细长，前肢较短，奔跑时前臂紧贴在胸部两侧，整个体形就像一只大鸟。蜥鸟龙练就了疾速奔跑的本领，能甩掉所有想追逐它的掠食者。

■ 杂食的蜥鸟龙

蜥鸟龙可以进食的食物种类很多。它可能是一种无所不吃的恐龙，这意味着它既吃肉，也吃草。科学家们推测蜥鸟龙拥有很长的前肢与用来抓握的爪子，从而可以摘取最上等的嫩

蜥鸟龙复原图
蜥鸟龙的长相很像鸟，尤其是头部。它的双腿长而有力，前肢短小，身后有一条长长的尾巴。

枝、花蕾和浆果。凭借一双锐利的眼睛和快速奔跑的能力，蜥鸟龙还可以追得上小小的蜥蜴或者抓住空中飞着的昆虫。它把这些猎物填入它那张角质的无牙齿的尖嘴中，并将其囫囵吞下。

蜥鸟龙头骨化石
蜥鸟龙是一种生活在白垩纪晚期的杂食性恐龙，体长 2 至 3.5 米。它长着一个相对较大的脑袋，眼睛很大，是一种非常聪明的恐龙。蜥鸟龙嘴里没有牙齿，像鸟一样。

■ 蜥鸟龙的特征

有些恐龙的脑部仅有几十克重，而蜥鸟龙的脑部重达数百克。有科学家认为，蜥鸟龙是地球上首类高智能生物，它们的脑部可能已演化了 1000 万年到 2000 万年。

蜥鸟龙和今天那些大个头的不会飞的鸟群有很多共同之处，比如都有长长的肌肉强健的双腿，专门用来为它们的行动提供速度和爆发力。此外，蜥鸟龙还有一块很小的头盖骨，架在细长的脖子顶端。那细细的脖子连同它的所有骨架加起来，都没多少重量。

【百科词典】
你不知道的蜥鸟龙

蜥鸟龙尽管属于肉食性恐龙，却更喜欢吃植物。它还练就了疾速奔跑的本领，能甩掉所有想追逐它的掠食者。

蜥鸟龙捉到小型哺乳动物或蜥蜴后，会一边紧紧地抓住它们，一边用爪来撕它们的肉，甚至将它们囫囵吞下，因为它没有牙齿。

像蜥鸟龙和伤齿龙这样的伤齿龙类恐龙，是兽脚类恐龙中身体最轻巧、奔跑最迅速的一类恐龙。它们的身体与似鸟龙类恐龙的身体相似，脖子与鸵鸟相似，头不大，腿很长，尾巴也很长。

嗜鸟龙
——尖牙利齿的猎手

恐龙名片	
拉丁文名	Ornitholestes
其他译名	鸟窃龙
分布地区	美国怀俄明州
生活年代	侏罗纪晚期
所属类群	蜥臀目·兽脚类

■ 唯一的嗜鸟龙

到目前为止，人们只发现了一具完整的嗜鸟龙骨架。嗜鸟龙就像小型的矮脚马那么大，毫无疑问，它属于小型恐龙中的一员。当它在追赶猎物时会用长长的尾巴平衡自己的身体。嗜鸟龙前肢的第三个趾可以像人类的拇指那样向内弯曲，以便帮助它抓握住扭动挣扎的猎物。嗜鸟龙前肢上的其他两个趾特别长，很适合抓紧猎物。

■ 名称的由来

顾名思义，嗜鸟龙是以捕食鸟类为生的。嗜鸟龙拉丁文名称的意思即"捕鸟者"。之所以有这样一个名称，是因为它与最早的鸟类大致生活在同一时期。科学家们据此推测，嗜鸟龙可能非常强壮敏捷，善于捕食鸟类。但实际上，没人能确认它是否可以抓到鸟类，因为没有确凿的证据证明它曾经捕食过鸟类。

■ 尖牙利齿

嗜鸟龙具有超常的视觉，可以帮助它辨认出奔跑或躲藏在蕨类植物及岩石下面的蜥蜴或小型哺乳动物。一旦这些动物被捉住，嗜鸟龙便会十分迅速地利用自己的尖牙利齿吃掉它们。嗜鸟龙的牙齿十分锋利并且向口内弯曲，这样就可以死死地咬住猎物，令它们无法脱逃。它的牙齿又长又尖，像把短剑，这可以证明它是肉食性恐龙。

嗜鸟龙复原图

嗜鸟龙又叫鸟窃龙，拉丁文意思是"偷鸟的贼"，但证据不足。其第三个趾头像人类的大拇指一样能够弯曲，以便握紧猎物。其他两个趾特别长，很适合抓紧猎物。

小巧的猎手

嗜鸟龙行动敏捷。它体重很轻，后肢很长，像鸵鸟的后肢一样强韧有力，奔跑速度非常迅速。而且它视力超强，可以帮助它辨认出奔跑或躲藏在蕨类植物及岩石下面的蜥蜴和小型哺乳动物。

【百科词典】

你不知道的嗜鸟龙

嗜鸟龙的体重很轻，但后肢很长，像鸵鸟的后肢一样强韧有力，所以跑得很快。

嗜鸟龙体长 2 米，脖子非常灵活，头顶上有一个小型头盖，嘴部的肌肉坚实有力。它或许能够攻击和捕食各类不同的动物。

当时的一些小型哺乳动物、蜥蜴以及其他小型爬行动物，甚至孵育中的其他恐龙，都可能成为嗜鸟龙的食物。

秀气的美颌龙
敏捷的美颌龙
特别的美颌龙

百科问答

问：美颌龙的拉丁文名称是什么意思？
答：美颌龙的拉丁文名称"Compsognathus"是"美丽而精巧的颌部"的意思。

恐龙家族

美颌龙
——善于奔跑的小型恐龙

恐龙名片	
拉丁文名	Compsognathus
其他译名	秀颌龙、细颚龙
分布地区	德国和法国南部
生活年代	侏罗纪晚期
所属类群	蜥臀目·兽脚类

■ 秀气的美颌龙

美颌龙是最小的恐龙之一，长约1米，重约2.5千克。美颌龙体型纤细，窄颌细颈，比大多数恐龙都长得秀气。它修长而灵活的脖子上面长有一个轻巧的头颅，头骨中有许多空洞。就连它的68颗牙齿都非常小巧玲珑。但是，这些牙齿都异常尖锐且边缘弯曲，对于它的猎物来说是致命的武器。

■ 敏捷的美颌龙

美颌龙具有敏锐的目光，捕猎能力很强。靠着强健"苗条"的后腿，它可以跑得很快，并且能够瞬间变向或者突然加速去捕捉奔跑着的小动物。它还有一种穷追不舍的精神——当猎物逃往树上避难时，它也会跟踪而至爬上树去。美颌龙非常有名，主要就在于这种恐龙的体型比鸡大不了多少，但它却能跑得飞快。

灵巧的美颌龙
美颌龙小巧玲珑，是目前发现的最小的恐龙之一。它不仅善于奔跑，而且还会爬树。其后肢有五趾，第五趾早已退化，其他趾都长有利爪，第一根特别发达。美颌龙会利用它独特的后肢来爬树。

美颌龙是灵活、敏捷的猎食者，喜欢吃些细小的动物，如蜥蜴和昆虫之类。人们曾在一只美颌龙化石的肋笼里面发现一只很小的布拉瓦利蜥蜴的遗骸。这条小蜥蜴可能是这只美颌龙的最后一顿美餐。

袖珍猎手
美颌龙虽然身体矮小，但生性凶猛。它具有敏锐的目光和强健的后肢，不仅跑得很快，而且能够突然加速去捕捉跑得快的小动物。美颌龙喜欢群体狩猎，围攻比它大的猎物。

■ 特别的美颌龙

相对于同时代的恐龙来说，美颌龙那小小的前爪非常特别。美颌龙的每个前爪只有两个可以弯曲的趾，所以科学家们想象不出它是怎么抓握东西的。它的第三个趾只有一节，不可能很灵活，真不知道它是怎样捕捉到猎物的。

【百科词典】

你不知道的美颌龙

美颌龙长到成年时也只有1米左右，尾巴长度超过身体的二分之一，身体轻巧，后肢细长，不会对任何别的恐龙构成威胁。

如果给一只没有羽毛的秀鸡加一条长尾巴，再在它的口中添上牙齿，把翅膀的前端改成细小的指爪，就变成美颌龙的原始模样了。

因为美颌龙的身体结构很像鸟，因此最初发现始祖鸟骨骼化石时，人们还误以为是美颌龙。不过它很可能与始祖鸟有近亲关系，因为两者都生活在距今1.3亿年前的德国南部。

百科问答　　问：慢龙有其他名称吗？
　　　　　　答：在某些地方，例如中国香港和台湾，有的人会把"慢龙"叫作"缓龙"，很明显两者差不多。

▷ 到底是什么
▷ 到底吃什么

慢龙
——食性成谜的恐龙

恐龙名片	
拉丁文名	Segnosaurus
主要特征	上肢短小，生有三趾，趾尖有利爪
分布地区	蒙古南戈壁省和东戈壁省
生活年代	白垩纪晚期
所属类群	蜥臀目·兽脚类

■ 到底是什么

在拉丁文中，"segn"是"缓慢、懒"的意思，所以"Segnosaurus"就被翻译成"慢龙"。慢龙生活在距今9300万年的白垩纪晚期，其化石发现于蒙古南戈壁省和东戈壁省。这是一种非常奇特的两足行走的恐龙，目前被归入兽脚类，但它同时具有蜥脚类和鸟臀类的特征。

同其他两足行走的肉食性恐龙一样，慢龙嘴里生有能切割食物的利齿，但其口吻前部却是一个无牙的喙，这又与某些植食性动物的特征相同。慢龙的腿与普通肉食性恐龙不同。它两腿粗短矮壮，脚板宽厚，生有四趾。由于足部短宽，它不能像其他兽脚类那样快速奔跑和捕食活的动物。慢龙只能轻快地行走，顶多慢跑，平常都是懒洋洋地缓慢踱步，因此得到这个名称。慢龙的骨盆既不同于蜥臀目，又不同于鸟臀目，倒像是两者的混合，所以有一部分科学家倾向于将它独立为一个目。

有毛发的慢龙
从目前发现的慢龙化石来看，有的有毛发的痕迹，因此有人推断慢龙长有毛发。

■ 到底吃什么

关于慢龙的生活方式，科学家们众说纷纭。一种观点认为，慢龙以蚁为食。它有力的前肢和长长的爪子可以轻松地挖开蚁巢取食，类似于现在的南美大食蚁兽。另一种观点认为，慢龙在水中捕食。因为曾在慢龙化石附近发现一串具蹼的四趾脚印，所以人们认为这可能是慢龙留下的，脚上长有蹼说明它会游泳。不过，慢龙的下颌显得很无力，捕食滑溜溜的水中动物可能不是易事。第三种观点认为慢龙吃植物。无齿的喙、具脊牙齿和两颊有颊囊这些特征都说明它可以有效地啮食叶子并切成碎片，而且它耻骨向后的特征使它腹部有更大的空间，可以容纳消化植物所需的很长的肠子。不过由于没有确凿的证据，专家们暂时还不能确定慢龙到底以什么为食。

慢龙蛋化石
慢龙的生活方式究竟怎样，至今没有结论。慢龙蛋的排列方式有植食性恐龙建巢产卵的特征。

【百科词典】

你不知道的慢龙

慢龙是一种两足行走的恐龙，体长6米左右，与现今最大的鳄鱼差不多。它头部很窄，就身体来说显得颇小。

慢龙的下颌单薄，口中生有类似原蜥脚类的尖锐颊牙，两颊有肉质颊囊。它前肢较短，生有三趾，尖端是弯钩状大爪；后肢较长，足部可能长有蹼。

▶ 疾速的捕猎者
▶ 恐爪龙的装备
▶ 独特的捕杀本领

百科问答　问：恐爪龙具体分布在什么地方？
答：主要分布在美国的蒙大拿州、俄克拉何马州、犹他州、怀俄明州、马里兰州和加拿大的艾伯塔省。

恐龙家族

>>>>>>>>>>

❁ 恐爪龙
——为疾速猎杀而生的恐龙

■ 疾速的捕猎者

古生物学家于 1964 年在美国的蒙大拿州第一次发现了恐爪龙化石。恐爪龙的出现，改变了以往人们印象中恐龙那种笨重、臃肿、迟钝的形象。从口吻部的顶端到尾巴的末端，它身体结构的每一部分似乎都是为了速度和屠杀而巧妙设计出来的。

■ 恐爪龙的装备

恐爪龙的大头上长着非常锋利的牙和坚固的下巴。它用两脚站立，前肢比较短。每只前掌长有三个带利爪的趾，每只脚有四个脚趾，其中一个脚趾上长着约 12 厘米长的利爪，即砍爪。砍爪像镰刀一样锋利，被古生物学家们称为"恐怖之爪"。恐爪龙还有条长尾巴，跑动时能起到平衡作用。它的眼睛非常大，所以视野辽阔，能看清远处的猎物。恐爪龙大脑较发达，非常聪明，它们经常成群打猎，集体捕杀猎物。

无奈的反击

恐爪龙非常聪明，同时也非常凶残。它们成群打猎，围捕大型的植食性恐龙。面对凶猛的恐爪龙，植食性恐龙细碎的牙齿和笨重的身躯根本不能对恐爪龙进行有效的反击。

■ 独特的捕杀本领

恐爪龙是一种极具杀伤力的中小型恐龙。它可以一只脚站立，然后另一只脚举起镰刀般的爪子，加上前肢利爪的配合，一下子将猎物开膛破肚，很容易就将它们置于死地。对其他恐龙而言，恐爪龙的前掌异常地长，但其长度刚好能使恐爪龙抓住猎物，然后用有钩爪的脚去踢猎物的肚子，撕开皮肤，给猎物以致命的打击。

【百科词典】

你不知道的恐爪龙

典型的猎食动物会用牙齿做主要武器，不过恐爪龙的武器是它的巨大砍爪。奔跑时，恐爪龙的砍爪总是竖着的，但是需要的时候，它的脚爪能旋转 180 度来攻击猎物。

恐爪龙是地道的捕猎好手，比如它的尾部有独特的骨棒加固，很明显，这是为了在疾速猎杀中保持身体平衡而进化出来的。

恐爪龙复原图

恐爪龙是一种生活在白垩纪早期的小型肉食性恐龙。其体型很小，身长仅 2.5 至 4 米，但非常灵巧，敏捷聪明，敢于攻击身材比它大数倍、甚至数十倍的植食性恐龙。有科学家认为恐爪龙身上长有羽毛，但也有很多人持相反观点。

恐龙名片	
拉丁文名	Deinonychus
名称含义	拥有恐怖爪子的恐龙
分布地区	美国的蒙大拿、俄克拉何马、犹他等州和加拿大的艾伯塔省
生活年代	白垩纪早期
所属类群	蜥臀目·兽脚类

百科问答　问：伶盗龙的奔跑速度有多快？
答：据科学家推算，伶盗龙奔跑的时速在 50 千米左右，冲刺阶段的时速则可达到 56 千米。

▶ 完美杀手
▶ 伶盗龙的装备
▶ 伶盗龙的生活习性

伶盗龙
——迅捷的完美杀手

恐龙名片	
拉丁文名	Velociraptor
其他译名	快盗龙、迅猛龙、疾走龙、速龙
分布地区	蒙古、中国
生活年代	白垩纪晚期
所属类群	蜥臀目·兽脚类

■ 完美杀手

有一种恐龙小得不起眼，但却非常出名，它便是在电影《侏罗纪公园》里担任主角因而扬名世界的迅捷猎食者——伶盗龙。它个体不大，是恐龙世界中的小家伙。但因为它拥有敏捷的身手、致命的武器和发达的大脑，从而成为了戈壁滩上最骇人的生物。伶盗龙可以说是恐龙家族中最完美的杀手。

■ 伶盗龙的装备

伶盗龙生活在距今约 8000 万年的亚洲，和恐爪龙有亲缘关系。伶盗龙的前爪抓握力很强，捕食时能抓牢猎物，再用带有利爪的后腿猛踢。它的第二个脚趾上还长有锋利的镰刀状爪子，长度可达到 9 厘米。它的腰背部短而强壮，这样在捕猎时可灵活有力地扭转身体；而尾巴则由细细的骨节构成，十分硬挺，像一根起着平衡作用的棍子。

1977 年，科学家发现了一具非常珍贵的伶盗龙和原角龙战斗的化石。在挖掘伶盗龙的化石时，人们发现它的化石和一头原角龙的化石混杂在一起，定格了这样一幅生动的瞬间场景：一只伶盗龙与一只原角龙进行着激烈的搏斗，伶盗龙在猛踢原角龙，而原角龙也在撕咬伶盗龙的胸部，最终它们共同葬身于一场突然袭来的沙暴中。

■ 伶盗龙的生活习性

以前，人们认为伶盗龙总是群体活动。其实，伶盗龙根据季节会有选择性地组合成较大的群体或者小的群体，甚至个体独立生活。因为它们生活的地区属于热带沙漠气候，每年的降水集中在一个多月内，这期间食物较多。此时伶盗龙就会结成数只的小群体或者独立生活，靠捕杀小猎物为生。而在食物稀少的旱季，它们往往集结成大群，提高捕杀猎物的能力，增加自身的成活率。

【百科词典】

你不知道的伶盗龙

伶盗龙是长有羽毛、体型细长的驰龙科恐龙。它和其他驰龙科成员一样用第二趾捕猎。伶盗龙的智商很高，可以根据周围条件选择独居或者群居。

伶盗龙的大小只有恐爪龙的一半，是恐爪龙的近亲，只是头骨比后者扁平许多。除了头骨有些差异以外，这两种恐龙的骨架大体上非常相似。

完美的杀手
伶盗龙脑容量很大，非常聪明，经常集体狩猎，敢于围捕体型巨大的植食性恐龙。伶盗龙后肢第三趾上生有长约 12 厘米的利爪，这是它捕杀猎物的重要武器；其前肢细长，趾上也有利爪。

▶ 犹他盗龙的生活习性　　百科问答
▶ 恐怖的长爪
▶ 要强的捕猎者

问：为什么说犹他盗龙的利爪上具有角质鞘？
答：因为在马达加斯加出土的化石中，它爪子上仍保存着这种角质鞘的痕迹。

恐龙家族

犹他盗龙
——高傲的捕猎者

恐龙名片	
拉丁文名	Utahraptor
名称含义	来自犹他州的盗贼
分布地区	美国犹他州
生活年代	白垩纪早期
所属类群	蜥臀目·兽脚类

一定是件非常残忍而血腥的事情。

可怕的猎食者

犹他盗龙非常聪明，又有致命的利爪。其体型虽然较小，但比霸王龙更加灵活。它们可能在广阔的平原成群猎食，是最聪明、最危险的恐龙种类之一。

■ 犹他盗龙的生活习性

在白垩纪早期的美国犹他州一带，生活着一群相当可怕的捕食者，它们就是犹他盗龙。这种恐龙体型中等，身高3米左右，长5至7米，体重近1吨。从已经发现的足迹化石来看，犹他盗龙是恐龙家族中数量较为庞大、分布也很广泛的一支。它们既可以在山地环境的森林中单独作战，也能在广阔的平原上成群猎食，是最为聪明与危险的恐龙种类之一。

■ 恐怖的长爪

1993年，美国恐龙学家曾经复原过犹他盗龙。在栩栩如生的复原形象前，人们第一眼发现的多半是它第二个脚趾上那个具有角质鞘的镰刀形大爪子。那个爪子实在太显眼了。沿着爪子上弧线，人们量出的长度竟然为27厘米，相当于最大的老虎爪子的五倍。这么大的爪子长在灵巧而强有力的捕食动物身上，一定会成为最可怕的武器。古生物学家猜测，死在犹他盗龙的爪下

恐怖的利爪

犹他盗龙的脚爪和恐爪龙的一样，但更为修长，更加尖锐，像镰刀一样。它最长的爪子约有30厘米长，能够撕裂任何一种恐龙的皮肤。

■ 要强的捕猎者

群居的犹他盗龙在内部会有一种等级分层。等级较低的要向等级高的恐龙进行某种问候仪式。而捕猎的时候，则由等级较高的犹他盗龙负责正面攻击。更加特殊的是，犹他盗龙群的猎食习惯与一般的恐龙有所不同，它们似乎不喜欢捕捉较小的动物个体，而是常常去挑战那些体型较大的植食性恐龙。或许它们怀有一种强烈而高傲的捕猎者的自尊心吧！

【百科词典】

你不知道的犹他盗龙

恐龙的爪子多被角质鞘所覆盖，但是角质鞘很容易就会被磨掉，所以犹他盗龙的第二个脚趾必须抬离地面，才能一直保持爪尖锐利。这意味着它们的脚印只能留下两趾的印痕。

据古生物学家的估计，如果一只犹他盗龙单独捕猎，其成功的概率低于百分之五十；而两只或三只犹他盗龙一起捕猎，其成功的概率将大大提高。

犹他盗龙的利爪和恐爪龙的"恐怖之爪"形状差不多，但长度却远远超过了恐爪龙；其身体构造和伶盗龙相似，但体型却是伶盗龙的两倍。

拟鸟龙
——前肢长绒毛的恐龙

恐龙名片	
拉丁文名	Avimimus
主要特征	前肢长有绒毛
分布地区	蒙古
生活年代	白垩纪晚期
所属类群	蜥臀目·兽脚类

■ 前肢的绒毛

拟鸟龙曾极大地引起了科学家们的兴趣，因为它既有恐龙的特征，又有鸟类的特征。通过观察拟鸟龙的化石，人们发现在它的前肢骨骼上有一条和鸟类极为相似的隆起的脊骨，很可能起到了固定羽毛的作用。据此，有科学家认为拟鸟龙的前肢上长有羽毛。不过最新研究显示，拟鸟龙身上长有的体毛应该属于绒毛，而非羽毛，它们绝对不能用来飞行，只能起到保暖的作用，帮助拟鸟龙度过寒冷的季节。

■ 拟鸟龙的特点

拟鸟龙是一种较原始的小型恐龙，体长约1.5米，头颅骨与身体比起来显得更加细小。它没有牙齿，只是像鹦鹉一样有个短小的喙，不过在其前上颚骨的尖端有一列锯齿的边缘，据此估计它应该是种杂食性恐龙。拟鸟龙颈部细长，前肢较短，掌骨像鸟类一样融合在一起，趾骨上有隆起物，有可能是绒毛的接触点。科学家发现它有很宽的臀部和又细又长的脚，估计拟鸟龙是很擅长跑步的。

> **像鸟一样的恐龙**
> 拟鸟龙像鸟一样，嘴里没有牙齿，可能以昆虫为食。它是跑得最快的恐龙之一。

■ 拟鸟龙和似鸟龙

古生物学家在翻译拟鸟龙（Avimimus）和似鸟龙（Ornithomimus）这两种恐龙的拉丁文名称时，把两者的英文都译成了"bird mimic"，意思是"模仿鸟的恐龙"。其实这是两种不同的恐龙。这两种恐龙生活的地区不同：拟鸟龙生活在亚洲的蒙古一带，而似鸟龙主要生活在北美洲和欧洲等地。此外，它们个体的大小也不一样，似鸟龙有拟鸟龙的三四倍长，是一种中等偏大的恐龙。

> **【百科词典】**
> **你不知道的拟鸟龙**
> 拟鸟龙的拉丁文名称"Avimimus"意为"鸟的模仿者"，因为它看起来很像鸟。
> 拟鸟龙是拟鸟龙科下唯一的一属恐龙，生活于距今约7500万年的白垩纪晚期的蒙古。
> 虽然拟鸟龙没有牙齿，但古生物学家推测它是具尖利牙齿的肉食性恐龙的后裔。

拟鸟龙生活场景图
拟鸟龙没有牙齿，有类似鹦鹉的喙。在它前上颚骨的尖端有一列像牙齿的伸出物，使其喙有锯齿边缘。科学家推测它是植食性或杂食性恐龙，并有照顾后代的习性。

▶ 似鸡龙的习性　　百科问答
▶ 为速度而生的恐龙
▶ 似鸡龙的头骨

问：辨认似鸡龙的关键是什么？
答：似鸡龙的腿非常细，前爪上则长了三个趾。

>>>>>>>>>>
恐龙家族

似鸡龙
——和鸡相像的恐龙

恐龙名片	
拉丁文名	Gallimimus
主要食物	植物、蛋、昆虫和蜥蜴
分布地区	蒙古南部戈壁
生活年代	白垩纪晚期
所属类群	蜥臀目·兽脚类

■ 似鸡龙的习性

似鸡龙是似鸟龙科下的一属恐龙。虽然它那5米多长、400千克左右的身体看上去短小精悍，但也许似鸡龙已经是最大型的似鸟龙类恐龙了。顾名思义，似鸡龙看起来和鸡有一点儿相像之处，长着一个长脖子和没有牙齿的嘴。

不过它既没有翅膀，也没有羽毛，前肢非常短，每只前爪长有三趾。尽管爪子很锋利，但却撕不开肉，也不

善于奔跑的似鸡龙
似鸡龙的身材短小而轻盈，后腿很长，跨步很大，奔跑迅速，跑的时候很像鸵鸟，其尾巴僵硬挺直，这有助于它保持身体平衡。

能很好地抓取东西，顶多只能帮助似鸡龙捕食蜥蜴，或者从泥土中挖出各种动物的蛋来做食物。多数情况下，似鸡龙都是以植物和昆虫为食的。

■ 为速度而生的恐龙

通过和现有的动物比较，科学家可以确定这种恐龙是为了速度而生的。它的踝关节位置相当高，胫骨居然比股骨还长，大腿上的肌肉非常发达，尾巴又硬又直，可以在奔跑时保持平衡，这些特征意味着似鸡龙的奔跑速度绝对不会低。可能它通常都会慢慢地闲逛，采食种子，捕食昆

虫或者小型哺乳动物。但它时刻都准备着在肉食性动物出现的时候仓皇而逃。因为每当有危险来临时，没有任何自卫武器的似鸡龙只能依靠健壮的后肢来逃脱掠食者的追逐。

似鸡龙复原图
似鸡龙是一种生活在白垩纪晚期的杂食性恐龙，因模样像鸡而得名，个头较大，身长4至6米，是最大的似鸟类恐龙。

■ 似鸡龙的头骨

似鸡龙的脑壳里有个乒乓球般大小的大脑。除了这个和鸵鸟差不多大的脑袋之外，似鸡龙的头骨与鸟的头骨有许多相似之处。它长有一个长而扁的喙，没有牙齿，还有两个很大的眼窝，并且有一圈小剑板保护着两只眼睛。这些特点在现在的鸟类头骨中也可以看到。似鸡龙的眼睛长在头的两侧，这样敌人无论从哪个方向接近它，它都可以立刻发现，赶紧逃跑。

【百科词典】

你不知道的似鸡龙

似鸡龙的拉丁文名称是"Gallimimus"，意思为"小鸡仿制品，善于模仿鸡的恐龙"。

在似鸡龙的身体内部，很可能有心脏、肺和消化器官。科学家们之所以这样推测，是因为似鸡龙应该是鸟类最亲近的亲戚了，两者或许有许多相同之处。

就像现今的鸟类，似鸡龙的骨头是空心的。其身体有很多适应性的特征都显示出它跑得非常快，例如长肢、长胫骨、长中骨及短趾等。

似鸵龙
——体型像鸵鸟的恐龙

恐龙名片	
拉丁文名	Struthiomimus
主要特征	外形和鸵鸟非常相似
分布地区	美国、加拿大
生活年代	白垩纪晚期
所属类群	蜥臀目·兽脚类

■ 像鸵鸟一样

似鸵龙的外形很像现在的鸵鸟，头很小，有一个角质的喙，颈部又细又长，并且运动灵活。它的身体比较轻巧，像鸵鸟一样有一对长而有力的后肢。其小腿骨长于大腿骨，这是赛跑健将比如羚羊等共有的一个特点。似鸵龙奔跑迅速，是全世界短距离奔跑速度最快的恐龙之一。古生物学家们通过精确计算，估计它们能以每小时 50 千米以上的速度狂奔，简直和赛马一样快。

似鸵龙的生活习性
似鸵龙的生活习性也与鸵鸟相似，它们生活在干燥的陆地上，依靠角质的嘴和具有三个趾的爪取食植物的种子和果实，并捕食蜥蜴、昆虫等一些小动物。

■ 长长的尾巴

似鸵龙有一个和鸵鸟区别非常大的外形特征。它长着一条长长的尾巴，长度可达到 3.5 米，占整个身体的一半还多。这条长尾巴非常僵硬，不像它那条可自由弯曲的脖子一样灵活。当似鸵龙飞奔的时候，僵直的尾巴就伸在后面。如果它要飞快地越过一段崎岖不平的坡地，这条尾巴还会起到保持身体平衡的作用。

■ 似鸵龙的武器

似鸵龙有一双快捷的腿和强壮的前肢。其前肢上面长有尖爪，可以抓捕小动物，并将它们撕裂开来。人们猜测它可能会捕食像蜻蜓这样的昆虫。不过似鸵龙的身躯比较庞大，仅以捕捉昆虫为食是难以填饱肚子的。它们应该还猎食蜥蜴和其他小动物。

似鸵龙属于肉食性恐龙，但奇怪的是它们竟然没有牙齿。这也许是因为它们的主要食物是昆虫和蛋之类的东西，所以就不需要牙齿了。也可能是这样一种情况：似鸵龙的喙就像现在的鹰和秃鹫的喙一样，其边缘非常锋利，足以杀死猎物，并能够 直接撕碎猎物的皮肉。

【百科词典】
你不知道的似鸵龙
美国新泽西州、加拿大等地发现过包括似鸵龙头骨在内的保存良好的骨骼化石。

似鸵龙脚上长着平直的、狭窄的爪子。这些爪子就好像跑鞋上的钉子，可防止这类恐龙全速追赶猎物时脚下打滑。

很多科普书籍都把似鸵龙与蜥鸟龙当成同一种恐龙，其实这是误解了它们名称的意思。似鸵龙的意思是"模仿鸵鸟的恐龙"，而蜥鸟龙的意思则为"像鸟一样的恐龙"。

似鸵龙复原图
似鸵龙是一种生活在白垩纪晚期的杂食性恐龙，身长约 3.5 米。其头部像鸵鸟，但又拖着长长的尾巴，奔跑时可起平衡身体的作用。

▶ 似鸸鹋龙的特征　　百科问答　　问：似鸸鹋龙的外形特征是什么？
▶ 似鸸鹋龙的化石　　　　　　　　答：似鸸鹋龙有长长的脖子和大大的眼睛，还有个
▶ 名称的由来　　　　　　　　　　　没有牙齿的鸟嘴似的嘴巴。

恐龙家族

似鸸鹋龙
——奔跑迅捷的杂食性恐龙

■ 似鸸鹋龙的特征

似鸸鹋龙和副龙栉龙

似鸸鹋龙是一种杂食性动物，主要以植物的嫩叶和果实为食。它经常和副龙栉龙在一起，其灵敏的视觉和听觉可以为副龙栉龙报警，而副龙栉龙发出的尖叫声可以为似鸸鹋龙吓退敌人。

似鸸鹋龙是似鸟龙科下的一种能快速奔跑的双足恐龙，生活于白垩纪晚期，距今约8000万至6500万年。它身长3.6米左右，重100至150千克。相较于其他似鸟龙科的亲戚们，似鸸鹋龙的背部较短，前肢较长，有很大的脑部及眼睛，而盆骨的排列和一般的恐龙也有所不同。它的喙没有牙齿，颚骨也很柔弱，应该是以昆虫、蛋类及某些特定的肉类为食。

■ 似鸸鹋龙的化石

首个似鸸鹋龙的化石是1920年发现的。它原先被认为是属于似鸵龙类的恐龙，后来在1972年被古生物学家戴尔·罗素划归进了似鸟龙科，重新将似鸟龙科分成三个属：似鸸鹋龙、似鸟龙及似鸵龙。其成体龙及幼体的化石于加拿大的马蹄峡谷地层及艾伯塔省的朱迪斯河谷中被发现。出土的化石表明，似鸸鹋龙在追捕猎物时前肢会缩拢，尾巴则直直地挺起，以保持身体平衡。

■ 名称的由来

留心观察过澳大利亚国徽的人会发现，其国徽左边是一只大袋鼠，右边则是一只鸸鹋（又名澳洲鸵鸟）。鸸鹋能堂而皇之地走上国徽，得益于它是澳大利亚最大的鸟，也是澳大利亚的象征性动物之一。鸸鹋广泛分布于澳大利亚大陆，但是在开阔地区比较常见，而在山地和茂密的森林等地比较罕见。鸸鹋易于饲养，曾被广泛引入其他国家，在我国很多动物园中都能见到。似鸸鹋龙就是因为形似这种动物而得名的。

【百科词典】

你不知道的似鸸鹋龙

加拿大古生物学家戴尔·罗素认为似鸸鹋龙是肉食性的，吃蛋及细小的动物。不过也有人指出它的体型更适合植食性的生活。

科学家估测似鸸鹋龙跑得非常快，速度可达每小时50千米左右，在恐龙家族中是数一数二的跑步健将。由于它跑得特别快，所以很难成为其他动物的猎物。

恐龙名片	
拉丁文名	Dromiceiomimus
名称含义	像鸸鹋（产于澳大利亚的一种体型大而不会飞的鸟）的恐龙
分布地区	加拿大艾伯塔省
生活年代	白垩纪晚期
所属类群	蜥臀目·兽脚类

百科问答 问：伤齿龙的奔跑速度快吗？
答：伤齿龙被看作是奔跑速度最快的一种恐龙，据估计它能达到 50 千米以上的时速。

▶ 最聪明的恐龙
▶ 伤齿龙的蛋
▶ "恐人学说"

伤齿龙
——最有智慧的恐龙

恐龙名片	
拉丁文名	Troodon
其他译名	哒齿龙
分布地区	加拿大、美国、中国
生活年代	白垩纪晚期
所属类群	蜥臀目·兽脚类

■ 最聪明的恐龙

伤齿龙被认为是最有智慧和最强壮的恐龙之一，它将哺乳动物的进化时间缩减了几百万年。如果把脑容量与体型相比，伤齿龙具有恐龙中最大的脑袋，所以它们应该是白垩纪晚期最聪明的一群家伙。有些科学家甚至认为它可能和鸵鸟的脑量商相近，那将比现生的任何爬行动物都要聪明。袋鼠的脑量商为 0.7 左右，而伤齿龙的脑量商则高达 5.3。

■ 伤齿龙的蛋

1978 年至 1984 年间，考古学家约翰·霍纳和同事鲍勃·马凯拉在美国蒙大拿州山区进行考古挖掘时，发现了三处恐龙巢穴的遗迹，其中包括一窝排列整齐的伤齿龙的蛋。伤齿龙把卵产在刚干涸的湖底或沼泽地的湿润泥土里，靠输卵管向下蠕动的力量把恐龙蛋深深地插入泥土中。而生活在中国的伤齿龙则是选择水边的沙土地作为产卵地点，它们先用爪子在地上刨出一个坑，然后蹲坐下来使身子呈直立或半直立

状态，之后把蛋产入蛋坑里，最后再用沙土小心地把这些蛋埋起来。

■ "恐人学说"

伤齿龙可能和今天鸟类的智力相当。加拿大古动物学家戴尔·罗素曾经提出，如果距今 6500 万年前没有席卷地球的大灾难，如果白垩纪的恐龙没有灭绝的话，伤齿龙很可能在以后漫长的岁月中进化成为代替人类主宰地球的一种动物——"恐龙人"。这就是曾经风行一时的"恐人学说"。不过幸好这只是一个假设。

聪明的伤齿龙
伤齿龙被认为是最聪明的恐龙之一。就身体和大脑的比例来看，伤齿龙的大脑是恐龙中最大的，而且它的感觉器官非常发达。

伤齿龙复原图
伤齿龙是一种生活在白垩纪晚期的小型肉食性恐龙。身长 2 至 3.5 米，体重约 50 千克。其体形很像鸟，但口内有尖锐的牙齿，其名称也由此而来。

【百科词典】

你不知道的伤齿龙

科学家发现，被称为细爪龙的恐龙也应该被称为伤齿龙。

伤齿龙曾给古生物学家们造成非常大的困惑。人们认为伤齿龙是鸟臀目唯一的肉食性恐龙，但它实际上是蜥臀目恐龙。

伤齿龙的归类让人们很头疼，有些古生物学家认为伤齿龙属于恐爪龙类。目前，伤齿龙没有被放到任何一个超目中。

Part 5
恐龙的亲族

水中的远亲

概述

在恐龙统治陆地的时候，海洋也被一些巨大的爬行动物占领。它们与陆上的恐龙和空中的翼龙是远亲，一般都用肺呼吸空气，同样也会产卵。这些海中巨怪是当时海洋中的霸主，有些长着锋利的牙齿，有些则游速奇快。它们分化出了很多种类，长相多多少少有点儿像今天的鱼类。所以有人就认为它们是鱼演变的，也有人认为今天的鱼是它们演变的，但其实这些爬行动物和鱼类有着本质区别。我们现在看到的鳗、龟、蛇、鳄和各种鱼类等，过去也都存在过相似的种类，比如鳗龙、蛇颈龙等。下面就简要介绍一下海中巨怪中的两大类型。

■ 蛇颈龙类

蛇颈龙是生活在水中的大型肉食性爬行动物。按照脖子的长短，蛇颈龙可分为短颈蛇颈龙和长颈蛇颈龙两个类型。

长颈蛇颈龙主要生活在海洋中，脖子极度伸长，活像一条蛇，身体宽扁，鳍脚犹如四支很大的桨，使身体进退自如，转动灵活。它们的长颈伸缩自如，可以攫取相当远的食物。例如，生活在白垩纪的薄片龙，颈长是躯干长的两倍，由惊人的 60 多个颈椎组成。

短颈蛇颈龙又叫上龙类。这类动物脖子较短，身体粗壮，有长长的嘴，头部较大。它们的鳍脚大而有力，适于游泳。如发现于澳大利亚白垩纪地层中的一种长头龙，身长约 15 米，头竟然大约有 4 米长，嘴里还长满了钉子般的牙齿，呈犬牙交错状，凶猛无比。上龙类适应性强，分布于当时各地的海洋和淡水河湖中，是声名远扬的水中一霸。

■ 鱼龙类

鱼龙是一类体形为流线型，非常像鱼或者海豚的海生爬行动物。它们没有真正的脖颈，从头部到躯体连成一线。四肢都演化为鳍，躯体的后端还有和鱼类差不多的尾鳍，背部也有肉质的背鳍。早期的爬行动物大部分生活在陆地上，鱼龙的水生生活方式也是由陆生演化而来的。不过鱼龙类的身躯构造说明它们已完全失去了重回陆地的能力。

1821 年，古生物学家柯尼希认为这种生物是介于鱼类和爬行类之间的动物，遂创立了鱼龙这个词。居维叶指出它们是一类古老的爬行动物，还对鱼龙有过较形象的描述："鱼龙具有海豚的吻，鳄鱼的牙齿，蜥蜴的头和胸骨，鲸一样的四肢，鱼形的脊椎。"此后，鱼龙类的归属还经过了几次变更，才最终确立下来。

▶ 海洋中的"龙" | 百科问答 | 问：幻龙最像现在的什么动物？
▶ 水陆两栖的幻龙 答：幻龙有点儿像鳄鱼，都长有扁长的尾巴和四
▶ "幻龙的王国" 条短腿，尾巴能向两边摆动，有助于游泳。

恐龙的亲族

幻龙
——长满尖牙的水栖爬行动物

龙族名片	
拉丁文名	Nothosaurus
其他译名	伪龙
所属类群	鳍龙目
生活年代	距今 2.4 亿年至 2.1 亿年的三叠纪

■ 海洋中的"龙"

三叠纪是地质历史上生物发展演化的重要转折时期之一。这一时期发生了生物演化史上的两个重大事件：一是我们熟知的恐龙开始出现在地球上；二是一些爬行动物从陆地进入了海洋，在海洋中出现了"龙"。海生爬行类在

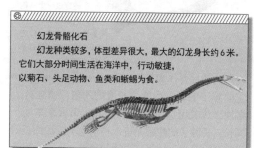

幻龙骨骼化石

幻龙种类较多，体型差异很大，最大的幻龙身长约6米。它们大部分时间生活在海洋中，行动敏捷，以菊石、头足动物、鱼类和蜥蜴为食。

三叠纪首次出现，由于适应水中生活，其体形进化成流线型，四肢也演化成了桨形的鳍。

在海洋爬行动物中，有一支鳍龙类，它包括幻龙、蛇颈龙和楯齿龙三类。幻龙类在三叠纪早期已发展到顶点，体型大小各异，最小的只有36厘米长，最大的有6米长。幻龙有背鳍，脚上有蹼。它们的脖子是弯曲的，四肢的鳍脚不明显。幻龙还有一张长满了钉子状尖牙的大嘴巴，可防止捉到的鱼由嘴中滑出。

■ 水陆两栖的幻龙

敏捷的幻龙绝大部分时间生活在海洋中，可以捕捉许多种食物，例如菊石、头足动物、鱼和小爬虫等。尽管它们天生是水栖动物，但

幻龙复原图

幻龙是三叠纪时期生活在海洋中的爬行动物，长得有点儿像鳄鱼，都有扁长型的尾巴和四条短腿，还有一张长满了钉子状尖牙的大嘴巴。

有时也会到陆地上活动。有人曾在海岸边及洞穴中发现它们幼年个体的化石，说明幻龙还是很喜欢到陆地上来晒太阳的。就如同今日的海龟和鳄鱼一样，到了繁殖季节，母幻龙就拖着沉重的身体到沙滩上产卵。

■ "幻龙的王国"

幻龙的化石分布在世界各地，英国、荷兰、瑞士、波兰、突尼斯、约旦、印度以及我国都有发现。在我国的贵州省兴义县，那里的薄层状灰岩中有大量的幻龙化石，其数量之丰富、个体保存之完整在世界上都是非常罕见的。当地老百姓把幻龙叫做"四脚蛇"，经常将其化石作为礼品馈赠亲友。有的媒体曾把兴义称为"幻龙的王国"。

【百科词典】

你不知道的幻龙

三叠纪时期，嘴里长满钉状尖牙的巨头幻龙是著名的"海洋杀手"。它身长约4米，是最古老的海生爬行动物之一。

幻龙与蛇颈龙十分相似。和长颈龙比起来，幻龙的身体小且纤细，还不能完全适应水里的生活，可以在岸上作长时间停留。

在我国贵州省兴义县还发现了兴义龙。这是一种中等大小的幻龙，头的前部宽而钝，鼻孔小，属于扁鼻龙科，最早发现于欧洲三叠纪中晚期的地层中。

蛇颈龙
——长脖子的海怪

龙族名片	
拉丁文名	Plesiosaurus
所属类群	鳍龙目
生活年代	三叠纪晚期至白垩纪末期
主要食物	鱼类、带壳的蚌类或贝类

■ "大蛇加乌龟"

有一位古生物学家曾经用一句话形象地描述了蛇颈龙。他说："蛇颈龙就像一条大蛇贯穿在一只乌龟的身体内。"因此可以说长长的脖子和四个鳍状肢就是蛇颈龙最好的标志。

按照脖子的长短，蛇颈龙可分为长颈蛇颈龙和短颈蛇颈龙。它们都是残暴的肉食者，以鱼类、带壳的蚌类或贝类为食。一些学者认为短颈蛇颈龙能长距离快速游泳，因为它们的桨状鳍脚可以有力地推动躯体前进。而长颈蛇颈龙则游得比较慢，它们不能把四肢抬起来超过肩部及臀部，这是由长颈蛇颈龙的身体构造决定的，因此只能在水面上漂浮，用长而弯曲的脖子在水面上捕食。

适应海洋生活的蛇颈龙
为了适应海洋生活，蛇颈龙的四肢已经完全演变成肉质鳍脚，便于游泳。

在蛇颈龙的腹部，坚固的骨甲组成了"腹肋筐"，起着支持内脏和保持腹面的作用。宽而有力的四肢使蛇颈龙可以像现代海豹一样，在休息或遇到敌害时爬到岸上来。在大洋洲发现的长颈蛇颈龙的头骨约有 3.5 米长（包括脖子在内）。它的牙齿大而尖利，上下交错生长，不仅能吃鱼类，还能吃同时代的翼龙以及其他蛇颈龙的幼仔。

■ 长脖子的海怪

长颈蛇颈龙的进化方向不是躯体的增大，而是倾向于把颈部拉长，这可以用白垩纪

蛇颈龙复原图
蛇颈龙的外形像一条蛇穿过一个乌龟壳。头虽然很小，却长着一个大口，口内长有很多细长的钉子般的牙齿。

晚期的薄片龙作为其代表。它的脖子的长度为躯体长度的两倍，颈椎有 70 多块，体长可达 15 米，大致与一节火车车厢一样长。长脖子的蛇颈龙可以利用这个灵活细长的优势轻而易举地捕捉到游动的鱼类，也可以用长脖子发动突然袭击，咬住在水面滑翔的翼龙。

蛇颈龙出现在距今约 2 亿年前的中生代三叠纪晚期的海洋中。包括南极洲在内，地球上所有的大陆都曾经发现蛇颈龙的化石。

【百科词典】

你不知道的蛇颈龙

蛇颈龙能够潜入 300 米深的深海，以便捕获一些大型鱼类。它们平时相当霸道，绝不允许较小的爬行动物侵入其领域。

蛇颈龙类适应性很强，分布广泛，在当时的海洋和淡水河湖中均有分布，是名副其实的龙族霸王之一。

▶ 上龙类
▶ 巨大的肩胛骨

百科问答　　问：上龙是由谁命名的？
答："上龙"一词是由伦敦自然历史博物馆首任馆长理
查德·欧文命名的。

恐龙的亲族

巨板龙
——因大型肩胛骨而得名的恐龙

龙族名片	
拉丁文名	Macroplata
所属类群	蜥鳍目·上龙科
生活年代	侏罗纪早期
体貌特征	大型肩胛骨

■ 上龙类

巨板龙生活在侏罗纪早期，是一种原始的上龙。上龙类属于蛇颈龙类分化出的一类样子可怕且极为凶残的海洋爬行动物，大约在中生代的侏罗纪和白垩纪兴盛一时。上龙类最显著的特征就是大头、短颈、短尾和如船桨一般的四肢。其种属包括了巨板龙、克柔龙、滑齿龙、上龙、泥泳龙等。上龙类化石较多地分布在英格兰、墨西哥、澳大利亚、挪威以及南美洲。

集体行动的上龙
上龙科包括巨板龙、上龙、泥泳龙、滑齿龙、克柔龙、长喙龙等，是当时海洋中的一个大家族。

■ 巨大的肩胛骨

巨板龙得名于其大大的肩胛骨，这些肩胛骨演化成为大块的腹底骨板，主要是用来支撑前鳍的。这使得它游泳时能产生很大的前进力量，从而获得较快的游泳速度。巨板龙就像其他上龙一样，以海洋中的鱼类为食。其尖锐的针状牙齿可以轻而易举地捕获其他猎物。

相对于其他上龙来说，巨板龙的构造比较原始，并不属于非常正规的上龙类。之所以把它归进上龙科，主要是由于它那窄长的口鼻部，而且它的脖子只比头骨长两倍。这些特征肯定不属于蛇颈龙。巨板龙的身体不长，只有4至5米左右，具有27块椎骨（有些资料说是29块）。从外观上看，巨板龙还保持着祖先的样子，和蛇颈龙类很相像。

目前，人们普遍认为巨板龙已有两个属：分别为生存于侏罗纪早期赫唐阶的小头巨板龙和生存于稍晚的托阿尔阶的长吻巨板龙。然而，很多生物学家认为长吻巨板龙非常特殊，可以单独划分为一个专门的属。

【百科词典】

你不知道的巨板龙

巨板龙有27块椎骨，也有的资料说是29块。

巨板龙的骨骼相当发达，显示了强大的快速游泳能力。

有古生物学家认为应该将长吻巨板龙作为一个单独的属。

善于游泳的巨板龙
巨板龙的四肢已经转化成鳍状，头部较小，身体呈流线型，非常适合海洋生活，以各种鱼类为食。

百科问答　问：克柔龙是称霸一时的海中霸主吗？
　　　　　答：是的。克柔龙出现在白垩纪早期，是上龙发展到极致的巅峰巨龙，
　　　　　在那个时代所向无敌。

▶ 水中飞翔的克柔龙
▶ 澳大利亚的昆士兰克柔龙

克柔龙
——嘴与脑袋一样长的恐龙

龙族名片	
拉丁文名	Kronosaurus
所属类群	蜥鳍目·上龙科
生活年代	白垩纪早期
主要食物	海生鳄类、鱼类及小型上龙等

■ 水中飞翔的克柔龙

　　克柔龙生活在距今 1.35 亿年，只有 12 块颈骨，是一种颈部较短的海生爬行动物。其体长最大可以超过 12 米，体形和圆桶相似，四肢扁平呈鱼鳍状，用来划水前进或控制前进方向。它是已知最大的上龙，具有一个巨大的平顶头颅，几乎占其身体全长的 1/4。而它的嘴巴几乎与脑袋一样长，里面的牙齿又长又大，在那个时代没有任何生物可以与它抗衡。克柔龙是一种凶猛的肉食性恐龙，全身紧凑，在海里的游速非常快。它游动时上下拍打着强健的鳍状肢，仿佛在水里飞翔一般。

■ 澳大利亚的昆士兰克柔龙

强大的水下猎手
　　克柔龙生性凶猛，行动迅速，当时几乎所有的海洋生物都逃脱不了它的追捕，因此有"海洋暴龙"的凶名。克柔龙巨嘴里长约 25 厘米的尖锐牙齿能够轻易咬断蛇颈龙的脖颈。

克柔龙复原图
　　克柔龙是一种生活在白垩纪早期的上龙类海洋生物，其体长约 12 米。其体形呈流线型，强壮的四肢扁平呈鱼鳍状，能够快速游泳。

　　克柔龙有几个亚种，其中最著名的就是产自澳大利亚的昆士兰克柔龙。关于它还有一个跨越了近 30 年的故事。

　　1931 年，美国哈佛大学派出一支考察队前往澳大利亚。他们在昆士兰州的一个小城附近发现了一具保存得极为完整的克柔龙化石，全部挖出来后足足有 6 吨，装满了 86 个大箱子。1932 年底，这些化石被运回了美国，但之后的世界大战使人们遗忘了这个巨大发现。从澳大利亚运回来的化石在哈佛大学的库房里一躺就是 27 年。1959 年，哈佛大学的古生物学家们把覆满灰尘的化石修补完好，一种举世震惊的生物雄伟地出现在人们眼前。这是古生物学史上一次激动人心的发现。

【百科词典】

你不知道的克柔龙

　　克柔龙的拉丁文名称来自于希腊神话里的宇宙统治者克隆纳斯（宙斯之父，后被宙斯打败），可能其含义在于突出它在海中的霸主地位。

　　早在 1899 年，人们就已经在澳大利亚发现了类似于克柔龙的化石，此后又陆陆续续出土了一些不完整的骨头。

　　为了挖掘巨大的昆士兰克柔龙化石，考察队除了使用普通的工具外，还动用了炸药。

百科问答 | 问：科学家是如何判断滑齿龙的捕食方式的？
答：滑齿龙如何猎食需要综合考虑其眼睛的位置以及
游泳速度等因素，才能最后判定。

"终极杀手"
水中的嗅觉器官

恐龙的亲族

滑齿龙
——有史以来最强大的水生猛龙

■ "终极杀手"

滑齿龙的捕食

在侏罗纪时代的海洋里，没有任何其他海洋生物可以逃脱滑齿龙的掠食和追捕。当它掠食时，有时甚至不咀嚼，而是将猎物整个吞下。

滑齿龙号称侏罗纪时期的"终极杀手"。它体长大概10至15米，体重20吨左右。这种动物曾游荡于欧洲、俄罗斯，也许还生活在南美洲的侏罗纪海洋里。到目前为止，人们已发现有许许多多的大型动物骨头上显示出滑齿龙的咬痕，还有局部的或被肢解的海生爬行动物骨架看上去好像也是滑齿龙的杰作。这些标本代表了被滑齿龙抓住和杀死的动物，捕食者撕下并吃掉了缺失的部位。

滑齿龙是侏罗纪晚期最强大的水生猛龙。它庞大的身躯在四片巨型桨鳍的驱动下，穿梭在浅海水域，尽显霸主气势。滑齿龙的长颚里长满了尖锐的牙齿，在这样一只吞噬猛龙前，鳄鱼、鱼龙或者其他上龙都要迅速避开，否则就难逃厄运。滑齿龙特殊的鼻腔结构使它在水中也能嗅到气味，在很远的地方就可以发现猎物的行踪。

■ 水中的嗅觉器官

滑齿龙的内鼻管是一个"S"形的管子，能够直接将水从内鼻孔带到外鼻孔。而外鼻孔上有一个特殊的向后的凹陷，只要头向前移动，它就会产生一个负压区，将水向后排出鼻腔。所以，游动的滑齿龙鼻子里有一个持续通过的水流系统。水首先被吸入内鼻孔，然后沿内鼻管向上移动，在这里与滑齿龙敏感的嗅觉器官相接触，来自猎物气味的信息将由此传递给大脑，最后，水从后面被排出。

这一系统几乎适用于所有上龙类，因为它们都具有这种不同寻常的鼻孔构造。也许这种在水下闻气味的系统正是它们成功捕食的关键，因为滑齿龙在整个中生代都是占统治地位的捕食动物。

海洋中的终极杀手

滑齿龙是侏罗纪晚期海洋中的霸主，是名副其实的终极杀手。无论是蛇颈龙、上龙还是巨鳄、鲨鱼等，在它长满利齿的巨大嘴巴前都要退避三舍。

【百科词典】

你不知道的滑齿龙

除了上浮呼吸，滑齿龙一生都在水中度过。它们是卵胎生动物，喜欢在浅海域附近产仔。

人们对滑齿龙的体型一直有争议。有些科普节目中说滑齿龙身长约25米，重约150吨。这个说法引起了古生物学界的广泛争议，因为没有古生物学家认为滑齿龙能长那么大。

据科学家推测，滑齿龙底部为浅色，头部为深色，从上方较难被发现。由此推断，它很有可能会从下向上突袭猎物。

龙族名片	
拉丁文名	Liopleurodon
所属类群	蜥鳍目·上龙科
生活年代	侏罗纪中期至晚期，距今1.6亿年至1.55亿年
主要食物	巨鲨、上龙、恐龙等大型动物

百科问答　问：薄片龙的长脖子为什么那么灵活？
　　　　　　答：薄片龙的脖子有 71 节颈椎，灵活自如，可以远距离偷袭猎物。

▶ 长脖子侏儒
▶ 引起"化石战争"的薄片龙

薄片龙
——脖子超长的侏儒

龙族名片	
拉丁文名	Elasmosaurus
其他译名	依拉丝莫龙
所属类群	蜥鳍目·蛇颈龙科
生活年代	白垩纪晚期，距今 8500 万年至 6500 万年

行动缓慢的薄片龙
薄片龙的四肢已经特化为鳍状，但游泳的本领却不敢恭维，比海龟快不了多少，经常成为克柔龙等其他海生恐龙的猎物。

■ 长脖子侏儒

　　薄片龙是一种生活在海洋中的爬行动物。它是蛇颈龙发展的极致，同时也是这个种类的"末代皇帝"。普通的薄片龙身体全长可达 15 米，但脖子的长度就可达 6 米。它的四个鳍状肢看起来就像船桨一样，可是游泳时却像海龟一样慢。之所以说它十分奇特，是因为它的脑袋非常小，加上一个非同一般的脖子，样子很古怪，活像长着超长脖子的侏儒一般。

　　虽然薄片龙身材巨大，但它的脑袋实在太小，因此不可能对大猎物发起攻击。所以薄片龙捕食时经常游弋在离岸不远的海水中，将脖子高高抬起，脑袋露出水面，一旦发现猎物就迅速插入水中，以突然袭击的方式咬住猎物。可是，长脖子也有不少坏处，导致薄片龙活动缓慢，难以逃避其他猛兽的突然袭击。这就是为什么很多薄片龙化石都是没有脑袋的原因：它们经常遭到沧龙的进攻，因为反应迟钝而身首异处。

■ 引起"化石战争"的薄片龙

　　薄片龙生活在白垩纪晚期，它的化石广泛分布于各个大陆，包括南极洲。但令人不解的是，薄片龙似乎更喜欢高纬度的冷水，在北美大陆的内海里几乎没有其化石分布。

　　美国恐龙学家科普曾经在美国内战后不久发现了一个名叫扁尾薄片龙的种类，这是人类最早认识的薄片龙，也是这个家族中身材较大的种类。可是粗心大意的科普在组装化石时，居然把头骨安到了尾巴上。后来另一位恐龙学家马什对化石进行了正确的组装，并对科普大加嘲笑。科普对此耿耿于怀，从此两人在挖掘恐龙化石的过程中明争暗斗，引发了著名的"化石战争"。

【百科词典】

你不知道的薄片龙

　　薄片龙终生生活在水里，靠捕鱼为生。它们常去海床底部搜寻小鹅卵石吞食，这样不仅可以帮助胃部研磨食物，还增加了"压舱物"以便潜水。

　　薄片龙往往要长途跋涉以寻找伴侣和繁殖地，有证据显示它们会抚养幼仔直到其能自力更生为止。

　　薄片龙的眼睛结构还可以看到立体图像，这有利于捕食鱼类；同时它的脖子可能也起到了转舵的作用。

善于捕鱼的薄片龙
薄片龙主要以鱼类为食，超长的脖子灵活自如，可以远远地对猎物进行偷袭，令鱼群猝不及防。

杯椎鱼龙
——像海豚的海中爬行动物

龙族名片	
拉丁文名	Cymbospondylus
所属类群	鱼龙目·鱼龙科
生活年代	距今 2.4 亿年至 2.1 亿年的三叠纪
主要食物	乌贼、鱼和其他海洋动物

■ 鱼龙

最早的鱼龙出现在三叠纪。从出现到灭绝，鱼龙这个种群生存了 1.4 亿年，其中近 2000 万年的时间里都在进行着迅速的演化——从类似蜥蜴的形状变成鱼形。"鱼龙"的意思就是"鱼类爬行动物"。这个名称概括得非常准确，虽然它看起来是一条鱼，但实际上与蛇、蜥蜴一样，都属于爬行动物。鱼龙的体形与海豚近似，具有鳍状构造与流线型的头，更适于游泳，且游泳速度非常快。因为它无法离开水域产卵，所以很可能是在体内孵化幼体的。现在已知的鱼龙有 27 种，杯椎鱼龙是其中最知名的种类之一。

■ 鱼龙中的"海豚"

进入三叠纪中期，真正意义上的鱼龙出现了，其中有一个重要的大类就是杯椎鱼龙。杯椎鱼龙是中生代海洋里的猛龙。从外形上看，杯椎鱼龙比较原始，它的身体细长，有 10 米左右。它们的细长外形和今天的海豚非常相似，堪称鱼龙中的"海豚"。和它的原始身份相符合的是，杯椎鱼龙还没有背鳍，并不像后期的鱼龙那样背部隆起，但其直直的尾部像鳗鱼一样扁长，形成了尾鳍。这种长尾巴使它们成为游泳好手。它们还拥有一副典型的鱼龙牙齿，喙部也已经伸长了。它们常常在深水区游弋，等待送上门的猎物。

以前，科学家发现的杯椎鱼龙化石都集中在北美洲、欧洲和南美洲。2001 年，我国贵州关岭三叠纪晚期的地层中出土了两具几乎完整的杯椎鱼龙头骨，定名为亚洲杯椎鱼龙。这一发现把杯椎鱼龙的存在时间延长了近 1000 万年。这是亚洲首次发现的杯椎鱼龙。

【百科词典】
你不知道的杯椎鱼龙

在传统分类法中，杯椎鱼龙是属于萨斯特鱼龙科的。但是鉴于它们的身体结构还很原始，有的科学家认为杯椎鱼龙应该独立出来自成一系。

亚洲杯椎鱼龙说明杯椎鱼龙作为一种大型鱼龙，其海洋迁徙能力是非常强的。

亚洲杯椎鱼龙最明显的特征就是下颌牙齿仅分布于齿骨的前半部分，且上颌骨非常发达，具有已知鱼龙类中最小的眼眶。

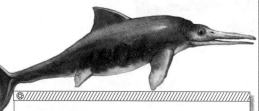

鱼龙复原图
鱼龙是陆生爬行动物重新回到海洋中演化出来的大型海栖爬行动物，长相类似鱼和海豚。其种类很多，有杯椎鱼龙、混鱼龙、蛇嘴鱼龙、歌津鱼龙、大眼鱼龙等。

杯椎鱼龙复原图
杯椎鱼龙生活在三叠纪中期，身长只有 10 米左右，是一种比较原始的鱼龙类，外形很像现代的海豚。

百科问答　问：最大的鱼龙是哪一种？
　　　　　　答：萨斯特鱼龙身长可达 23 米，是目前已知的最大的鱼龙。

▶ "鱼龙之最"
▶ 肖尼鱼龙的 "庇护所"

肖尼鱼龙
——大肚子鱼龙

龙族名片	
拉丁文名	Shonisaurus
所属类群	鱼龙目·鱼龙科
生活年代	三叠纪晚期
体貌特征	四个鳍非常大，而且肚皮奇异

■ "鱼龙之最"

　　提到世界上最大的海洋爬行动物，可能很多人第一时间想起的是上龙科的滑齿龙。其实，滑齿龙最大也就是 15 米左右，而目前确定的肖尼鱼龙身长就已经长达 15 米。加拿大的古生物学家曾在不列颠哥伦比亚省的三叠纪晚期地层中发现了一具长达 21 米的肖尼鱼龙化石，刷新了最大鱼龙的纪录。此纪录后来被于加拿大发现的 23 米长的萨斯特鱼龙化石打破。但是，专家根据 2016 年在英国萨默塞特发现的不完整鱼龙下颚骨骼推测，这块骨骼的主人可能才是最大的鱼龙，可能达到 26 米。

　　肖尼鱼龙是三叠纪晚期出现在北美洲的巨型鱼龙，其身长普遍能达到 15 米左右。最特别之处就是它的四个鳍非常大，而且几乎是等长的。此外它还有个肥大的肚皮，堪称 "鱼龙之最"。

■ 肖尼鱼龙的 "庇护所"

　　肖尼鱼龙得名于美国内华达州的肖尼山脉。1869 年，人们在内华达州一个叫柏林的小镇附近第一次找到了这种鱼龙。当时采矿工人经常用一种扁圆形的大石头做脸盆用，后来才知道那是肖尼鱼龙的脊椎骨。肖尼鱼龙真正开始被系统发掘是在 1953 年。美国著名的古生物学家查尔斯·坎普率队在那里找到了至少 37 具成年鱼龙的遗骸，现在此地被称为 "鱼龙庇护所"。1966 年，当地政府迫使坎普停止发掘工作，并交出全部化石，建立了柏林镇鱼龙州立公园。还在一个样本比较集中的化石坑上搭建了巨大的棚子，用以保护裸露的化石，并向游客开放参观，棚子内有九件嵌在岩石中的鱼龙化石，成为轰动一时的新闻。

【百科词典】
你不知道的肖尼鱼龙

　　科普博士发现的 37 具肖尼鱼龙化石中，只有一具被完整地挖了出来。目前存放在拉斯维加斯的内华达州立博物馆里。

　　不少有关肖尼鱼龙的图片里都给它们画上了半月形尾鳍，但是从化石来看，它们的尾椎骨并不十分弯曲，最多有个 "尾桨" 罢了。

　　1977 年，内华达州将肖尼鱼龙的化石定为州化石。

肖尼鱼龙复原图
　　肖尼鱼龙是三叠纪晚期出现在北美洲的巨型鱼龙，其身长达 15 米左右。最特别之处就是它的四个鳍非常大，而且几乎是等长的。

大肚子鱼龙
　　肖尼鱼龙最明显的特征就是它的大肚子，它堪称肚子最大的鱼龙。它以鱼类为食，也捕食蛇颈龙等海洋爬行类动物。要填饱这个大肚子，不知道需要牺牲多少生命！

喜马拉雅鱼龙
——板块构造理论的证据

龙族名片	
拉丁文名	Himalayesaurus tibetensis
所属类群	鱼龙目·鱼龙科
生活年代	距今 2.05 亿年前的三叠纪晚期
体貌特征	尾鳍呈竖立的月牙状，吻部细长

■ 快速游泳家

喜马拉雅鱼龙是一种大型海生鱼龙，体长约 10 米，身体呈纺锤形，形似鱼类或海豚，重量在 3 吨左右。其化石发现于我国西藏珠穆朗玛峰地区海拔 4800 米处的聂拉木。根据化石来看，它的整个头骨呈三角形，眼睛又大又圆，应该具有良好的视觉及听觉。它的口中长满了 200 颗左右又大又尖的牙齿。鱼龙是当时凶猛的海洋动物，食物为海生鱼类及其他无脊椎动物。

【百科词典】

你不知道的喜马拉雅鱼龙

喜马拉雅鱼龙没有颈部，长而尖的头部与身体连成了一条线，肩部以后最为宽阔，然后向尾部缩小，尾鳍呈竖立的月牙状。

喜马拉雅鱼龙的尾椎向下折入尾鳍下叶。这一下折构造，开始被误认为受伤所致。后经多次重复发现，才被确认是这类动物的特殊构造。其下折的程度随其进化的程度而加深。

喜马拉雅鱼龙脊椎骨的椎体像一只碟子，两边微凹，整个脊椎骨就像拴在绳索上的一串碟子。它的四肢骨扁平，肩胛骨修长。这些条件都使它成为古喜马拉雅海（古地中海的东部）中无可匹敌的快速游泳家。

■ 板块构造理论的证据

1964 年 3 月中旬，我国登山队在西藏定日县苏热山海拔 4300 米的南坡上发现了鱼龙化石。1966 年至 1968 年间，我国对珠峰地区进行大规模、多学科考察时，又在聂拉木县土隆北部地区海拔 4800 米处的山坡上发现了更多的鱼龙化石。这使此地成为了世界已知海拔最高的脊椎动物化石产地。经过对这两个标本的对比鉴定，科学家确认它是鱼龙类中一个新的属种，取名为喜马拉雅鱼龙。

古生物学家经研究认为，发现鱼龙化石的地层时代应为三叠纪晚期。这就是说，当喜马拉雅鱼龙在这里生活时，喜马拉雅地区还是一片海洋，即古喜马拉雅海。现今我们看到的喜马拉雅山及其最高峰珠穆朗玛峰，实际上是由于后来板块构造运动导致珠峰从海底上升而形成的。所以说，喜马拉雅鱼龙的发现有力地支持了板块构造理论。

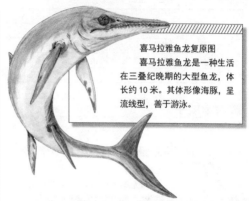

喜马拉雅鱼龙复原图
喜马拉雅鱼龙是一种生活在三叠纪晚期的大型鱼龙，体长约 10 米。其体形像海豚，呈流线型，善于游泳。

喜马拉雅鱼龙生活场景图
喜马拉雅鱼龙因其化石在喜马拉雅山区被发现而得名。这说明有"世界屋脊"之称的喜马拉雅山在远古时代曾经是汪洋大海。

百科问答　问：狭翼龙是翼龙、鱼类，还是恐龙？
　　　　　　答：狭翼龙既不是翼龙，也不是鱼类，更不是恐龙。它是一种鱼龙。

▶ 游泳能手
▶ 狭翼龙的归类
▶ 狭翼龙的习性

狭翼龙
——快速敏捷的游泳能手

龙族名片	
拉丁文名	Stenopterygius
所属类群	鱼龙目·鱼龙科
分布地区	北美洲，欧洲的英国和德国
生活年代	侏罗纪早期

■ 游泳能手

游泳能手
狭翼龙是游泳能手。它长着鳍状肢，非常强健光滑的流线型身体和有力的尾巴，使它更方便在水中快速游动。

　　狭翼龙并不是翼龙，而是鱼龙中的一种，身长约2米。由于狭翼龙的身体光滑，形状像鱼雷一样，还长着鳍状肢和鱼一样的尾巴，因此它是快速敏捷的游泳能手。狭翼龙以鱼和鱿鱼为主要食物，靠它的大眼睛和灵敏的耳朵帮忙捕食这些动物。像其他鱼龙一样，狭翼龙在水中繁殖后代，生活在侏罗纪早期的北美洲和欧洲的英国和德国。根据古生　物学家的估计，一条2.4米长的狭翼龙的体重应该在165千克左右。

■ 狭翼龙的归类

　　侏罗纪早期依然是鱼龙类的顶峰时期。当时的鱼龙有四个科和许多种，其长度1至10米不等，包括真鼻龙、鱼龙、狭翼龙和大型的肉食性鱼龙泰曼鱼龙等，所有这些动物均有海豚似的、流线型的躯体。不过其中比较原始的动物可能比后来发展出来的种类，如狭翼龙或鱼龙更细长一些。

■ 狭翼龙的习性

　　狭翼龙这种爬行动物非常适应海洋生活。它的外形很像鱼，已经不能在陆地上生活了。狭翼龙游泳的动力来自它向两边摆尾的动作，它的鳍状肢主要是游动时用来控制方向的。科学家们

狭翼龙化石
科学家发现鱼龙种类的多少和地球上的气候变化是密切相关的。当气候温暖适宜时，它们相当繁盛，种类很多；而在气候寒冷恶劣的地质年代，它们的种类就减少了。

曾幸运地在狭翼龙的化石中发现幼龙，这表明此类动物很可能是胎生而非卵生的。这个极其珍贵的化石现保存于德国的博物馆中。

狭翼龙复原图
狭翼龙生活在侏罗纪早期的北美洲、欧洲的英国和德国，是一种小型的鱼龙，身长约2米，身体光滑，形状像鱼雷一样。

【百科词典】

你不知道的狭翼龙
　　狭翼龙以海洋中的鱼类、贝类和其他无脊椎动物为主要食物。
　　狭翼龙的游速极快，据科学家的描述，它可以像一枚鱼雷那样在水里前进。
　　狭翼龙化石中最著名就是一雌性狭翼龙分娩时死亡的那一块化石。化石的形状证明了劲龙出生时是尾部朝前的。这就像鲸一样，很可能是为了防止劲龙在出生后即溺水死亡。

天生的捕食者
大洋里的猎手
瘤龙

百科问答 　问：最大的沧龙是哪一种？有多大？
答：目前已知最大的沧龙是海诺龙，它们可以长到 18
米长，是大洋里最顶尖的猎手之一。

恐龙的亲族

沧龙
——白垩纪晚期的海中霸王

龙族名片	
拉丁文名	Mosasaurus
所属类群	有鳞目·沧龙科
生活年代	距今 8500 万年至 6500 万年的白垩纪晚期
主要食物	菊石、箭石、鱼类、乌贼、贝类和古海龟

■ 天生的捕食者

沧龙类是科学家对白垩纪时期分布很广的一

沧龙捕食鲨鱼
鲨鱼是现代海洋中的霸主，而在沧龙生活的时代，它们不过是沧龙一顿较为丰盛的点心。

类海生爬行动物的统称，它们与现在的陆生蜥蜴关系密切。这类动物通过把鼻孔位置退化到头顶后方、四肢转化为桨状桡足、尾部加高并变长成为水中的推进器等手段来适应海洋生活。它们头大牙利，是天生的捕食者。早期沧龙中仅有部分类型的个体习惯海洋生活，以捕食菊石、箭石等软体动物为生。后期的沧龙个体迅猛增大，很快就成为了与蛇颈龙势均力敌的巨型海怪。

■ 大洋里的猎手

沧龙是巨型海生爬行动物，种类较多，小的有 4 米长，大的可达 17 米长。从外形上看，它们更像今天的某些鱼类：身体细长，四肢呈鳍桨状。尾巴长而扁平，有尾鳍。在水中游泳时，靠尾巴左右摆动以推动身体前进，四肢则用来控制方向和保持平衡。沧龙的游速并不快，所以它们舍弃了最直接的追逐战，常常是隐藏在海藻或者礁石区对猎物进行伏击。一旦猎物来到它们身边，沧龙便飞身上前大口咬住。它的

嘴巴又长又尖，嘴里还长满利齿，被咬的动物几乎没有机会逃脱。

沧龙复原图
沧龙是巨型海生爬行动物，种类较多，分布在世界各地的海洋中。目前已知的最大的沧龙是海诺龙，它们可以长到 18 米长。

沧龙在白垩纪晚期成为海中霸王，如果条件适合，它们会对鲨鱼或蛇颈龙大开杀戒。

■ 瘤龙

身上长满疙瘩的瘤龙曾经在地球各地的海洋中横行一时。它是一种最早在北美洲发现的巨型沧龙，体长 13 米左右，光是脑袋就约有 1.8 米长。这种怪物在海里横冲直撞，捕食所有可以吃的东西。在瘤龙胃部的化石中，古生物学家发现了各种各样的小动物，甚至包括小沧龙和蛇颈龙。虽然瘤龙生存的时间比较短，在白垩纪晚期它出现后不久就灭绝了，但是瘤龙是那个时期最重要且分布最广的肉食性动物，它们的化石在世界各地均有发现。

【百科词典】

你不知道的沧龙

沧龙不仅捕猎海中的动物，还可伺机捕捉在海面上捕食的翼龙。

尽管沧龙是当时海洋中最强的动物，但它们仍会遭到其他动物的袭击。有一具沧龙的化石上就有鲨鱼撕咬过的痕迹。

沧龙的化石遍布世界各地：北美洲出土过很多珍贵的沧龙化石；新西兰等地不时有沧龙的遗迹出现；在日本北海道的白垩纪地层中也曾发现过这类动物的尾椎骨。

空中的近亲

概述

　　翼龙是生物演化史上最成功的动物之一。它起源于距今约 2.15 亿年前的三叠纪，与恐龙同时出现，又同时灭绝。翼龙出现时便能在空中翱翔，比鸟类早了约 7000 万年，是第一类会飞的爬行动物。它们或大如飞机，或小如麻雀。当恐龙成为陆地霸主时，翼龙始终占据着天空，时而栖息在悬崖峭壁上闭目养神，时而快速掠过湖面捕食鱼虾。它们在空中翩翩飞舞，追逐嬉戏，俯瞰大地上的万物生灵。

　　翼龙化石发现的历史要比恐龙化石早了约半个世纪。1784 年，意大利的古生物学家科利尼在德国发现了第一件翼龙化石，但当时的人们还无法确定它属于哪一类动物。从那以后到现在，全世界已经发现了约 130 多种翼龙，全球各大陆都有它们的踪影。所有的翼龙都有细小而中空的骨头，翅膀则是由连接着长趾骨和腿的皮肤构成的。

　　按照严格的定义来划分，翼龙并不是会飞的恐龙，而是恐龙的近亲。

■ 珍贵的翼龙化石

　　在空中飞翔的翼龙要形成化石非常困难，这是因为它为了飞行而在身体结构上发育出了轻而中空的骨骼，当"寿终正寝"时，它纤细的骨骼在风吹雨淋下会逐渐破碎解体，最后变成尘埃。即便尸体落在阴暗的地方，也会有其他的腐食性动物光顾，最后只留下一堆破碎杂乱的残骸。在湖边或沼泽地栖息的翼龙，如果死亡之后恰好坠入淤泥中，而且在此后漫长的岁月中，尸体被淤泥缓慢地压实，没有被温度或外力摧毁，才会最终形成翼龙的化石。如此苛刻的形成条件使此类化石非常稀少，所以每件保存下来的远古翼龙类化石都价值连城。

■ 翼龙的翅膀

　　作为一种爬行动物，翼龙为什么会长翅膀呢？我们先来看看翼龙的外形。翼龙没有羽毛，它的奇特之处就在它的双翼上。科学家推测，起初翼龙就像鳄鱼一样爬行，但经过不断进化，它的第五趾退化了，第四趾不断加长变粗到其他趾的 20 倍长，前端的爪子也已退化，并与前肢共同构成了飞行翼的坚固前缘，支撑并连接着身体侧面和后肢的膜形成了能够飞行的像鸟类翅膀一样的翼膜。翼膜是皮状的，又薄又柔软，而且翼膜内没有骨骼支撑，只有纤维分布。翼龙就是靠这样的皮膜在天空滑翔的。

■ 翼龙的分类

　　从发现的化石来看，翼龙家族的成员多种多样，科学家把它们分为两大类。比较原始的是喙嘴龙类，主要特点是嘴里长满了长而尖的牙齿，尾巴长，以捕鱼为生。另一大类比较进步的翼龙被称为翼手龙类。在我国辽西发现的中国翼龙就是翼手龙的一个代表，其脖子和掌骨都很长，尾巴已经退化，科学家推断这类翼龙有可能是飞行能手。

✿ 真双齿翼龙
——最大的有尾翼龙

龙族名片	
拉丁文名	Eudimorphodon
生活年代	三叠纪晚期
生存地点	意大利
主要食物	鱼类

■ 古老的翼龙

善于飞行的真双齿翼龙
真双齿翼龙善于飞行。其四肢间有皮膜形成的翅膀，翅膀从前后肢之间伸展出来，并且顺着前肢长长的爪子长出。飞行时，它长长的尾巴起掌握方向的作用。

真双齿翼龙是最古老的翼龙之一，生活在距今约 2.2 亿年欧洲南部的海岸边。它的大小和大海鸥差不多，根据其牙齿的形状，我们推测它以捕鱼为生。拍动它那双大翅膀，真双齿翼龙能在海面上自由地低飞。再加上天生的大眼睛，它可以准确地判断出水中的鱼和空中的昆虫的位置。真双齿翼龙嘴前部的牙齿又长又锋利，从空中猛扑到水面时能够迅速地叼起猎物而不会掉落。

■ 最大的有尾翼龙

捕鱼能手
真双齿翼龙是捕鱼的高手，常常在海面飞行。它的视力极佳，能准确判断出水中鱼的位置。它的牙齿尖锐，叼住鱼后不会掉落。

真双齿翼龙的尾巴又长又硬，末端还有一个扁平的尾片，这个尾片可以起到类似船舵的作用，即在真双齿翼龙飞行的时候，尾片帮助身体控制飞行的方向。真双齿翼龙是已发现的最大的有尾翼龙。虽然比不上现代的鸟类，但它依然是一个飞行高手，这应该与它那超过其他翼龙的长尾巴有关。

■ 善于飞翔的翼龙

真双齿翼龙的化石显示出它们已经具备了翼龙的典型特征。像所有会飞的爬行动物一样，真双齿翼龙有由棒状软骨支撑的皮膜构成的翅膀。每只翅膀被前肢的骨骼撑开。其中第四趾的骨骼支撑着至少一半长度的翅膀，另外三趾生长在翅膀前缘的中部，趾上长有小爪子。真双齿翼龙的骨架还表明它是个强健的飞行动物。真双齿翼龙的骨骼又细又薄，相当轻巧，里面布满了空洞，从而减轻了骨骼的重量。它肩膀上的骨头和肌肉非常结实强壮，这意味着真双齿翼龙很可能会拍打翅膀，振翅而飞。而在过去的很长一段时间里，科学家们一直认为早期的翼龙只能在空中滑翔。

【百科词典】

你不知道的真双齿翼龙

真双齿翼龙的长尾巴在飞行时很可能会伸得很直，目的是保持身体平衡。

真双齿翼龙长着长而锋利的牙齿。这些牙齿非同寻常，因为它们上面都长有几个尖突，可以牢固地咬住挣扎的猎物。而绝大多数翼龙都长着简单的圆锥形牙齿。

随着真双齿翼龙年龄的增长，它牙齿的形状也会有所改变。因此，幼年的真双齿翼龙或许会以蜻蜓这样的昆虫为食；而成年以后，它们就可以捉鱼了。

喙嘴龙
——早期的翼龙

龙族名片	
拉丁文名	Rhamphorhynchus
生活年代	侏罗纪的中期至晚期
体貌特征	头大，牙尖，尾端生有皮膜
主要食物	恐龙的尸体、鱼类、昆虫

■ 原始的翼龙

喙嘴龙是比较原始的一类翼龙。它的头骨较重，有许多大而尖利、向前倾斜的牙齿，尾巴很长，末端还垂直生长着一个像苍蝇拍的舵状皮膜。喙嘴龙祖先的尾巴上有许多小的突起，在不断进化后便形成了舵状皮膜。这种舵状皮膜能使翼龙在飞行时保持身体的平衡，特别是可以在改变方向时起到稳定作用。这类恐龙有很大的喙状骨，胸骨上有飞行时翼膜振动的支点肌肉，可以帮助翼龙俯冲时调整好最佳的姿态。喙嘴龙还有个特点是头大身子小。

喙嘴龙化石
喙嘴龙的眼眶较大，头骨和颌骨的前部较长，带尖齿；颈较长，转动灵活；背部短；长尾末端有一舵状的皮膜；前肢第四趾的骨骼形成了翼的主架；后肢较小。

■ 敏捷的身手

虽然喙嘴龙的牙齿其貌不扬，但这是它从水中咬住滑溜溜的小鱼的理想武器。它们掌握了一种独特的捕鱼方法，不必把翼膜弄湿就能弄到美食。喙嘴龙可以在水面超低空飞行，当它们流线型的长喙在水中划过时，就能捞起碰到的所有东西。除了来自海洋的食物，富含蛋白质的昆虫也是喙嘴龙充饥的最佳食物。

喙嘴龙复原图
喙嘴龙是一种生活在侏罗纪中期到晚期的小型翼龙，尾部有长长的舵状皮膜。

■ 喙嘴龙类

喙嘴龙类是翼龙家族里的一个分支，到后来突然消失，被无齿的翼手龙类所取代。所以喙嘴龙也可以看作是这类翼龙的总称。喙嘴龙类的主要特征表现在它嘴里那长而尖利的牙齿和短短的脖子以及前肢的掌骨上。此类翼龙尾巴的末端往往有一个舵状的膜，在飞行中起到平衡作用。喙嘴龙类的典型代表有蛙嘴龙、舟颚翼龙和真双齿翼龙等。

【百科词典】

你不知道的喙嘴龙

由于喙嘴龙尾巴很长，末端还有一个舵状的皮膜，所以它又被叫作"舵尾喙嘴龙"。

喙嘴龙前肢的第四趾骨特别地长，由它支撑的延展皮膜最终演化成了适应空中飞行的翼膜，而第五趾在进化中逐渐消失。

人们已经找到了大量的喙嘴龙化石。这些喙嘴龙大小不等，老少不一。小喙嘴龙的骨架很小，跟麻雀差不多大；成年的喙嘴龙骨架大小则和如今的信天翁类似。

▶ 尾巴最短的喙嘴龙类　　百科问答
▶ 生活在恐龙身上
▶ 奇特的蛙嘴龙

问：蛙嘴龙的拉丁文名称"Anurognathus"出自什么典故？
答："Anurognathus"出自《以色列古代史》，意指"亚扪人 (Ammonites) 带来的惩罚"。

恐龙的亲族

蛙嘴龙
——尾巴最短的喙嘴龙类

龙族名片	
拉丁文名	Anurognathus
其他译名	亚扪蛙嘴龙、亚扪无颚龙
生活年代	侏罗纪晚期
主要食物	昆虫

■ 尾巴最短的喙嘴龙类

有一类非常特殊的喙嘴龙类，它们的尾巴很短，有别于喙嘴龙类所具有的长尾，其头部短而宽，就像青蛙的嘴一样，所以古生物学家将它们称为蛙嘴龙。

蛙嘴龙可能是一个灵活而优雅的飞行者，能在飞行中捕捉蜻蜓和其他飞虫。它的尾巴特别短，但是它骨骼的其余特征显示它属于喙嘴龙类而不是翼手龙类。在侏罗纪结束之前，它就已经和别的长有长尾巴的翼龙一起灭绝了。

■ 生活在恐龙身上

古生物学家认为蛙嘴龙以吃昆虫为生，比如说草蜻蛉或苍蝇之类的小昆虫。但是一些蜻蜓可能相对蛙嘴龙来说太大了，蛙嘴龙难以捕捉，所以有专家推测蛙嘴龙一辈子都待在庞大的蜥脚类恐龙

蛙嘴龙的猎食
蛙嘴龙以小型的昆虫为食，像草蜻蛉与苍蝇等。远古时代的蜻蜓对蛙嘴龙来说可能太大了，难以捕捉。

的身上，例如梁龙或腕龙的背上。它们以吃这些植食性恐龙身上的昆虫为生，就像现代非洲野牛身上的牛椋鸟那样，专吃牛身体上的寄生虫。

■ 奇特的蛙嘴龙

毫无疑问，蛙嘴龙是喙嘴龙类中比较特殊的一种，它长着一条短而粗硬的尾巴，头短而宽，嘴部也非常特别，主要以吃昆虫为生。蛙嘴龙生活在侏罗纪晚期，是一种非常小的翼龙，它的身体大约只有9厘米长，但展开双翼后可达50厘米。它长着满口的针状牙齿，粗短的头骨体现了原始翼龙类的特征。由于这种翼龙体型很小，所以它在空中的动作非常轻巧灵活，可以如杂技演员般快速地转动身体，同时用它那又短又扁的嘴巴来捕捉猎物。

【百科词典】

你不知道的蛙嘴龙

早期会飞的爬行动物，如蛙嘴龙等都长有尾巴，这类翼龙被称为有尾翼龙。而后来的翼龙大多没有尾巴，或者仅有十分短小的尾部，属于翼手龙。

蛙嘴龙的化石比较少，但在世界上一些最著名的脊椎动物化石地点，如德国的索伦霍芬、哈萨克斯坦和我国辽西热河均有发现。

蛙嘴龙的尾巴和身体较小，这有助于它很快地改变方向，而它的头部也能随脖子灵活转动，搜寻猎物。

翼手龙
——长颈无尾的翼龙

龙族名片	
拉丁文名	Pterodactylus
生活年代	侏罗纪晚期至白垩纪晚期
分布地区	世界各地
体貌特征	翼展从30厘米到12米不等，没有尾巴

■ 没有尾巴的翼龙

　　人们发现第一批翼手龙化石的时候，不能确定那是什么动物，有人说它生活在海洋中，也有人说它是鸟和蝙蝠的过渡种类。后来人们才认识到这是一种会飞的蜥蜴，并称它为"翼手龙"。翼手龙是翼龙中

大型翼手龙
无齿翼龙和羽蛇神翼龙都属于大型翼手龙，它们出现得较晚，同样没有尾巴，翼展通常在7米以上，有些甚至长达12米。

的晚辈，晚期翼手龙的体型一般较大，最大的一种翼展可达12米。与它们的先辈喙嘴龙类不同，它们基本上没有尾巴，颈长而灵活。

■ 大小不一的翼手龙

　　翼手龙从侏罗纪一直生活到了白垩纪晚期，它们的骨骼化石在世界各地都有发现。早期翼手龙并不是很大，一般翅膀长不过几十厘米。但美国科学家曾经发现一种翼手龙，它的翼展达7米以上，比任何鸟类都大。很多会飞的翼手龙类都有些像今天的蝙蝠，它们好像用一双手撑起了巨大的翅膀，于是又有翅膀又有利爪成了它们的一大特点。有人甚至认为，鸟类就是由它们演化来的。

■ 翼手龙的飞翔

　　体型巨大的翼手龙是怎么飞上天的呢？对此科学家们有不同的见解。一些人认为那些巨大的翼手龙根本就不会飞，它们不能像鸟儿一样振动自己的翅膀，不过它们可以先爬到高处，再迎风张开巨大的双翼，这样就可以借助上升

翼手龙复原图
翼手龙是一种生活在侏罗纪晚期到白垩纪晚期的翼龙。其种类很多，早期的小型翼手龙大小如麻雀，翼展30至70厘米，尾巴退化，颈较长而灵活。

气流使自己在空中滑翔。另一些人认为翼手龙翅膀上的膜非常坚硬，而且翅膀的外侧有像框架一样的筋骨相连，所以它们能像鸟儿一样扇动翅膀。由于它们的翅膀非常大，稍稍拍动一下就可以获得巨大的反作用力，使自己

【百科词典】

你不知道的翼手龙

　　翼手龙以昆虫为食，有时也会吃些鱼类。

　　翼手龙是侏罗纪晚期出现的翼龙，到了白垩纪晚期，它们的尾巴已完全退化消失，而且其后肢在陆地上可能也没有太多用处。

　　有一些翼手龙头上长有奇怪的角质头冠，例如生活在侏罗纪末期的高卢翼手龙和德国翼手龙。

飞起来。这两种观点究竟哪一种是正确的，目前还没有结论，也许不久的将来，人们可以破解这个谜。

百科问答　问：第一块掠海翼龙的化石是什么时候发现的？
答：1983 年，人们发现了第一块掠海翼龙的化石，研究了 19 年后，才最终确定了它的名称。

▶ 新发现的翼龙
▶ 最怪诞的生物

>>>>>>>>>>>
恐龙的亲族

掠海翼龙
——头顶巨冠的翼龙

龙族名片	
拉丁文名	Thalassodromeus
生活年代	侏罗纪晚期
分布地区	巴西
体貌特征	头顶上有巨大的冠状突起

■ 新发现的翼龙

掠海翼龙的拉丁文名称是"Thalassodromeus"，其含义是"海上的奔跑者"。这是一种出现得比较晚的恐龙，有许多此前不为人知的特点。据估测，它的生活年代大约是距今 1.35 亿年前，也就是侏罗纪晚期。研究人员推测这种翼龙通常栖息在远古的咸水湖边上，能够展开翅膀掠过湖面，用剪刀式的利喙捕捉水下的鱼类。

掠海翼龙骨骼化石
　　掠海翼龙生活在侏罗纪晚期，其体长约 1.8 米，翼展约 4.5 米，头上有巨大的头冠，头部大约高达 1.4 米，只比身长稍短一点儿。

■ 最怪诞的生物

掠海翼龙被一些专家称为目前所发现的造型最为怪诞的生物之一。从化石来看，它的头约有 1.4 米高，身长约 1.8 米，翼展近 4.5 米，最为抢眼的特征是头顶上巨大的冠状突起。这一头冠约占其整个头部体积的 3/4，比例之高在所有动物中数一数二。这个骨质头冠的形状很像一块刀片，也有点类似于矛头。

古生物学家认为掠海翼龙离奇古怪的头冠可以帮助翼龙互相传递信号，或者辨认出自己类群中的成员。有些翼龙的头冠也许还可以帮助它们在空中掌握方向。另外，人们在其头冠上还发现了纵横交错的沟槽，科学家们推测这可能是帮助翼龙调节体温的血管系统。

【百科词典】
你不知道的掠海翼龙

翼龙的骨骼比较脆弱，一般来说很难作为化石保存下来。但在巴西出土的掠海翼龙头骨化石却保存得相当完好。科学家还发现了它的一些其他身体部位的化石。

科学家们指出，掠海翼龙头骨的流线型和特殊的上下颌结构，都与目前生活在地球上的剪嘴鸥极其相似。据此，他们推断这种翼龙可能也和剪嘴鸥一样，以在水面上飞掠捕鱼为生。

掠海翼龙捕食过程示意图
掠海翼龙头部的造型和上下颌结构都与现代的剪嘴鸥相似，它们也可能和剪嘴鸥一样靠飞掠水面捕鱼为生。

百科问答　问：翼龙是冷血动物还是温血动物呢？

答：从翼龙能够振翅飞翔这个角度考虑，它们应该是温血的，这样才
能保证所需的能量。

▶ 长毛的翼龙
▶ 短毛的作用
▶ 恶魔翼龙的特点

恶魔翼龙
——长有短毛的翼龙

龙族名片	
拉丁文名	Sordes pilosus
名称含义	多毛的恶魔
分布地区	哈萨克斯坦
生活年代	侏罗纪晚期

■ 长毛的翼龙

20 世纪 20 年代，人们在德国索伦霍芬发现了一件保存得非常完好的翼龙骨架化石。科学家们对它进行了仔细检查，发现紧贴着化石的石头上有奇特的细微凹坑和条纹图案。这一发现在当时被解释成了翼龙身上的毛囊和毛丛。之后的几十年里，古生物学家一直为翼龙有没有毛而争论不休。这场学术争论直到 1970 年另一件化石发现后才了结，这就是恶魔翼龙的出现。

■ 短毛的作用

1970 年，俄国科学家沙罗夫在哈萨克斯坦发现了一具翼龙化石，他把这种翼龙叫作"多毛的恶魔（Sordes pilosus）"，也就是恶魔翼龙。在它的骨骼化石上有明显的浓密的短毛，大约 5 至 10 毫米长。人们这才最终接受了翼龙身上

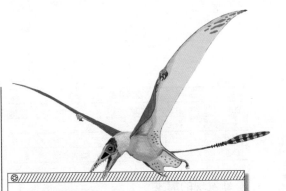

披着毛发的魔鬼

恶魔翼龙躯体上可能长着浓密的约 5 至 10 厘米长的毛来保持体温，而尾巴和翅膀则没有毛。恶魔翼龙因相貌凶恶可怕而得名，其拉丁文名称的意思是"披着毛发的魔鬼"，中文名称又叫"多毛鬼魂翼龙"。

长毛的观点。

恶魔翼龙长毛的模式与现代蝙蝠很像，它们的翼膜、尾巴和面部都没有毛。但是翼龙的毛可能从鳞片进化而来，所以和哺乳动物的毛不一样。不过这种短毛的作用很可能是一样的，那就是阻止热量的散失。这或许能成为恶魔翼龙是温血动物的证据。

■ 恶魔翼龙的特点

恶魔翼龙展开两翼后，长约 45 厘米。它有一个修长而不太圆的脑袋，嘴巴又长又尖，脖子非常结实。这种翼龙的牙齿不大，还有点倾斜，所以科学家们猜测它平常可能是以昆虫和小型两栖类动物为食的。恶魔翼龙有一条超过半个身子的长尾巴，看上去就像一条长长的鞭子。

在树上觅食的恶魔翼龙

恶魔翼龙身体很小，有又尖又长的喙，嘴里长满尖锐的细牙，主要以飞行的昆虫为食，也会挖掘树皮里的昆虫幼虫。

【百科词典】

你不知道的恶魔翼龙

恶魔翼龙又叫索德斯龙，这是根据它的拉丁文名称"Sordes"音译而来的。

恶魔翼龙的眼睛很小，但鼻孔较大，估计是为了更好地搜寻猎物的气味。与大部分翼龙不同的是，它的头上并没有头冠，而且翼膜一直延展到腿上，两条腿之间还长有翼膜。

古生物学家大多认为翼龙都长有短毛，短毛是作为隔热层用的，并且在飞行时还可提供有益的补充，但他们却不能解释为何在德国发现的保存最好的翼龙化石身上却没有毛。

▶ 南方翼龙的发现　　百科问答
▶ 不费力气的美食
▶ "滤食机器"

问：南方翼龙用什么来嚼碎食物？
答：南方翼龙的上颌长有小而粗钝的牙齿，专门用来咬开和咀嚼进入口中的食物。

恐龙的亲族

南方翼龙
——牙齿像篦子的恐龙

龙族名片	
拉丁文名	Pterodaustro guinzaui
其他译名	南翼龙
生活年代	白垩纪早期
分布地区	南美洲

■ 南方翼龙的发现

1969 年，一位与 19 世纪初西班牙国王同名的南美洲知名古生物学家约瑟·波拿巴博士在阿根廷圣路易斯省的罗卡凯图发现了一堆碎片，包括几块脊椎、头骨的残部以及破碎的肢骨化石。波拿巴博士仅从这些碎片就判断出这是一具翼龙化石，而且是南美洲发现的第一具翼龙化石。后来波拿巴博士将这种翼龙命名为南方翼龙，意思是南半球的翼龙。

■ 不费力气的美食

南方翼龙非常奇特，长有一个奇怪的长嘴。它的嘴边密布着又多又长的柔韧的牙齿，总共有 2000 多颗！密布的牙齿就像篦子，在过滤浅水区的食物时会非常方便。

每逢进食，南方翼龙就会来到水畔，把嘴巴张开并没入水中，然后在水中缓慢地移动，或干脆站着不动，等着水中小虾、虫、蓝绿藻

南方翼龙复原图
南方翼龙是一种生活在白垩纪早期的中型翼龙，体长 1 米，翼展约 3 米。其嘴巴很大，也非常奇特。

及蜗牛等食物进入自己的长嘴里。一旦猎物进入"过滤器"，南方翼龙就合上嘴巴，过滤去水，这样就剩下一嘴的美食了。

■ "滤食机器"

南方翼龙的其他构造也竭力配合这个布满牙齿的"过滤器"：其上颌牙齿很短，就像是"过滤器"的"盖子"；嘴部比其他翼龙要更上翘许多，这可以更好地收集食物；前肢的爪子比其他翼龙小很多，而脚部却很大，这与它经常站立在水中缓慢地移动有关，因为大脚有利于稳定，小爪则因为抓握行为的减少而退化。所以有科学家感叹它简直是一个天生的"滤食机器"！

【百科词典】

你不知道的南方翼龙

南方翼龙的取食方式和今天蓝鲸觅食的情况非常相似，都通过过滤的办法进餐。

南方翼龙的分布较广，其化石在中国、智利和法国都有发现。其中法国的化石最珍贵，包括了南方翼龙的足迹化石，它说明南方翼龙确实是站在水中觅食的。

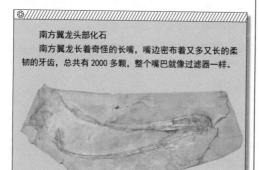

南方翼龙头部化石
南方翼龙长着奇怪的长嘴，嘴边密布着又多又长的柔韧的牙齿，总共有 2000 多颗，整个嘴巴就像过滤器一样。

百科问答　问：羽蛇神翼龙有什么奇特之处？
　　　　　　答：羽蛇神翼龙的翅膀大得不可思议，人们怀疑它要是
　　　　　　扇得太快，也许会因此而折断。

▷ 名称的由来
▷ 最大的飞翔爬行动物
▷ 羽蛇神翼龙的食性

羽蛇神翼龙
——最大的飞翔爬行动物

■ 名称的由来

1975 年，美国得克萨斯大学的古生物学家劳森在得克萨斯州与墨西哥交界处发现了一些巨大的翼龙翅骨残片。之后经过四年的连续工作，他又挖掘出了大量破碎的化石，确认其为三只同种翼龙的骨骼碎片。在研究这种恐龙的过程中，科学家被它巨大的身材所震惊，突然间想起了墨西哥土著崇奉的一位长着羽毛的蛇神，于是就将其命名为羽蛇神翼龙。

羽蛇神翼龙的奇特长相
羽蛇神翼龙的嘴巴又长又细，顶端是钝的，口中没有牙齿，头上有脊冠，脖子非常长。它的腿很长，飞行时有平衡头部的作用。

■ 最大的飞翔爬行动物

羽蛇神翼龙身长约 11 米，翅膀展开后最长可达 15 米，几乎与小型飞机差不多，应该是最大的翼龙了。它的嘴部长约 1 米，头部长约 1 米，脖子大约有 2 米长。但是它的体重却超乎寻常地轻，还不到 50 千克。

羽蛇神翼龙是有史以来地球上滑翔速度最快的动物，据说它扇动一次翅膀就可滑翔 500 千米的距离。古生物学家推断，地球上还没有出现过其他具有如此惊人的滑翔能力的生物。

它是古生物史上的奇迹，也是翼龙家族的骄傲。

■ 羽蛇神翼龙的食性

与绝大多数翼龙的化石不同，羽蛇神翼龙的化石不是在海洋基岩中发现的，而是在河床的沉积岩中发现的。这意味着它可能是主要以动物尸体为食的腐食性动物。

关于羽蛇神翼龙的食性，还有其他几种说法。有专家认为它们漂浮在浅水区域，用嘴在水中过滤进食，而其鼻孔长在头部上方，正是为了使它在取食时也可以继续呼吸。还有人认为它是杂食性动物，可能利用长喙寻找泥中的贝类为食，也可能像现在的信天翁一样飘浮在广阔的天空中，寻觅其他恐龙的尸体为食。

羽蛇神翼龙的食性
专家们对羽蛇神翼龙的食物来源认识不一，有的认为它以贝壳类和甲壳类动物为食，而有的则认为它以捕食海洋鱼类为生，还有的认为它以动物尸体为食。

【百科词典】

你不知道的羽蛇神翼龙

羽蛇神翼龙的腿比较长，有平衡头部的作用。它具有缓慢减速下降的能力，也能够利用上升气流快速地冲上云霄。它的脊可以在飞行中帮助它保持稳定。

成年羽蛇神翼龙展翼后一般可达 12 米，头骨巨大，无牙。这种巨型翼龙可能会像鹈鹕一样潜入水中用嘴抓鱼。

龙族名片	
拉丁文名	Quetzalcoatlus
其他译名	风神翼龙、科沙寇克阿特之龙、披羽蛇翼龙
生活年代	白垩纪晚期
分布地区	北美洲

❀ 无齿翼龙
——没有牙的翼龙

■ 无齿翼龙的出现

19世纪70年代，首批无齿翼龙的化石在北美洲被发现，古生物学家被这些化石中骨骼的尺寸所震惊了。他们发现无齿翼龙前爪上的

无齿翼龙复原图
无齿翼龙是一种生活在白垩纪晚期的大型翼龙，体长1.8至2米，翼展7至12米，无尾，脑后有一长长的冠饰。

一根骨头是早期翼手龙同一位置上骨头的10倍大。现在人们已发现了更为完整的化石。这些化石表明很多种翼龙在白垩纪晚期生活在现今美国的中部地区，当时那里还是一片浅海。

■ 无齿翼龙的外形

无齿翼龙属于翼手龙类的一种，重约15千克。它有一个相对而言较大的头部，长约1.2米。无齿翼龙的喙很长，喉颈部有皮囊，嘴里完全没有牙齿，可能就像现在的鹈鹕一样直接用大嘴吞食鱼类。也许是为了取得头部的平衡，它头顶上长有一个大大的向后伸出的骨冠，显得更加头重脚轻。无齿翼龙几乎没有尾巴，躯干很小，应该长有皮毛，可能是温血动物。

龙族名片	
拉丁文名	Pteranodon
生活年代	白垩纪晚期
分布地区	美国的堪萨斯州和英国
主要食物	鱼、软体动物、螃蟹、昆虫和动物尸体

■ 无齿翼龙的生活习性

无齿翼龙的翼展虽然可达12米，但它们不能长时间振翅飞行，而可能常常借助高空气流滑翔。它们可能利用上升热气流顺势抬高身体离地飞翔，也会滑降水面捕食鱼类。除了飞行及滑翔之外，它们也可以像蝙蝠那样用后肢倒挂在树上，或者收拢翅膀后用四肢在地面作短距离的爬行。

无齿翼龙的飞翔
无齿翼龙善于飞翔。其翅膀巨大，而体重较轻，适合滑翔。有时它们很可能靠顺着下坡奔跑产生的惯性，从地面起飞。

【百科词典】

你不知道的无齿翼龙

无齿翼龙的辨认要诀是它没有牙齿，脑袋长得像梭子一样。

无齿翼龙的拉丁文名称"Pteranodon"的含义可以解释为"有翅膀而没有牙"。第一只无齿翼龙化石是在1871年发现的，由著名古生物学家马什定名。

中国著名恐龙研究专家董枝明教授曾在辽宁省西部地区发现过一种能够飞行的爬行动物新类群化石，后来将这种化石代表的无齿翼龙命名为"吉大翼龙"。

百科问答　问：始祖鸟的拉丁文名称 "Archaeopteryx" 是什么意思？
答："archaeo" 意为 "古代的"，"pteryx" 意为 "翅膀"，始祖鸟可以直
译为 "古代的翅膀"，其实应译为 "长着古代翅膀的生物"。

▶ 始祖鸟的特点
▶ 短暂的飞行
▶ 始祖鸟的意义

始祖鸟
——鸟类的祖先

龙族名片	
拉丁文名	Archaeopteryx
生活年代	侏罗纪晚期
发现地	德国的巴伐利亚州
主要食物	昆虫和小型爬行动物

■ 始祖鸟的特点

1860 年，考古学家在德国巴伐利亚州的石灰岩层中发现了第一只始祖鸟化石。始祖鸟的身体大小如乌鸦，它保留了爬行类的许多特征。例如嘴里有牙齿，而不是形成现代鸟类那样的角质喙；有一条由 21 节尾椎组成的长尾巴；前肢三块掌骨没有愈合成腕掌骨，而且趾端有爪等。但是另一方面，始祖鸟又具有鸟类的一些特征，如已经具有羽毛，而且已经有

始祖鸟复原图
始祖鸟已经具有和鸟类相同的真正意义上的羽毛，但它有细小的牙齿，可以用来捕猎昆虫及其他细小的无脊椎动物，这与现今鸟类不同。

了初级飞羽、次级飞羽、尾羽以及复羽的分化。根据以上特征，科学家认为始祖鸟是由爬行类进化到鸟类的一个过渡类型。

■ 短暂的飞行

始祖鸟肯定能够飞行，但可能平时都只在内陆海岸边的地面上追逐和捕捉昆虫或者爬行动物，飞行的时候相对较少。据科学家推测，始祖鸟可以鼓翼飞行，但不能持久，最小飞行速度是每秒 7.6 米。

始祖鸟是怎样从地栖生活转变为飞翔生活

飞翔中的始祖鸟
据推测，始祖鸟能够飞行，不过只是在海滨追逐昆虫和爬行动物，其最小飞行速度是每秒 7.6 米。

的呢？有一种说法认为，原始鸟类在树上攀缘，逐渐过渡到短距离滑翔，进一步变为飞翔。另一种观点则认为，原始鸟类是双足奔跑动物，靠前肢捕猎小型动物为生，前肢在助跑过程中发展成了翅膀。

■ 始祖鸟的意义

始祖鸟的首个遗骸是在达尔文发表《物种起源》之后的第二年发掘出来的。始祖鸟的发现似乎确认了达尔文的理论，并从此成为恐龙与鸟类之间的关系、过渡性化石及演化的重要证据。由此，科学界展开了关于爬行动物、始祖鸟与鸟类进化链的深入探索研究。

【百科词典】

你不知道的始祖鸟

始祖鸟的许多构造表明它与初龙类有亲密的关系，腰带与鸟臀类有关，而肢骨构造在许多方面却与肉食性的蜥臀类相似。这些都表明始祖鸟起源于三叠纪时两脚行走的槽齿类。

很长一段时间内，人们仅发现了八例始祖鸟的化石。这八例化石都是在德国巴伐利亚州的石灰岩层中发现的，化石形成距今已经有 1.5 亿年了。

据 2006 年 9 月 24 日的美国《科学日报》报道，加拿大一项最新研究显示，1.5 亿年前的始祖鸟竟是四翼飞翔的，两个后肢能作为另外两个翅膀飞行。

Part 6
探索恐龙秘密

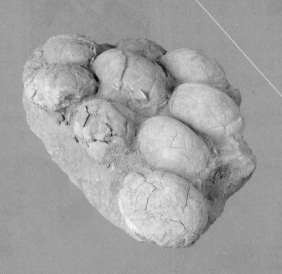

发现恐龙的人

■ 巴克兰德：第一篇有关恐龙报告的作者

　　欧洲人很早之前就知道地下埋藏着巨大的骨骼化石。1676年，英国牛津大学的化学教授罗伯特·波洛特在他的《牛津郡自然史》一书中提到了一块大骨头的碎片。他十分困惑地引证了史料、神话和《圣经》，最后得出的结论是这块骨头属于一个巨人。曼特尔夫妇虽然在1822年就找到了禽龙化石，可是由于种种原因，这个重要发现一直到1825年才得以发表。

　　而就在19世纪20年代初，牛津的地质学教授威廉·巴克兰德搜集到了一小堆骨头。这些骨头是在牛津附近一个名叫斯通菲尔德的小采石村里发现的。其中有一块带着匕首状长牙齿的颌骨，还有一些肢骨和肋骨。就在禽龙被鉴定的期间，巴克兰德在1824年率先发表了世界上第一篇有关恐龙的科学报告，报道了在采石场采集到的恐龙下颌骨化石。巴克兰德认为这是一种新型的爬行动物的骨骼化石，并将这种动物命名为斑龙，而"斑龙"的拉丁文原意是"采石场的大蜥蜴"。这是历史上人类发现并正式公布的第一只恐龙。

禽龙的命名
　　1835年，英国自然博物馆欧文请画家兼雕塑家霍金斯复制了禽龙的模型，并在水晶宫禽龙模型的肚子里举行了禽龙命名庆祝宴会。

■ 理查德·欧文：第一个给恐龙定名的人

　　理查德·欧文是英国著名的动物学家、古生物学家。1804年，他出生于英国兰开郡的兰开斯特，1834年当选为英国皇家学会会员，1856年任大英博物馆博物学部主任。此后，他专心从事研究，一直致力于发展伦敦南肯辛顿的大英博物馆。1884年退休时，他被晋封为巴斯勋位爵士，后于1892年12月18日在伦敦逝世。

理查德·欧文
　　理查德·欧文是世界上第一个给恐龙定名的人，他在古生物研究方面取得了辉煌的成就。

　　在19世纪20年代，古生物学家开始陆续发现恐龙化石。人们虽然知道这是一类非常奇特的史前爬行动物，但是还不知道如何给它们起名字。理查德·欧文是英国当时最著名的脊椎动物解剖专家之一，他在1842年发表在英国

斑龙复原图
　　斑龙也叫巨齿龙，是世界上第一种被命名的恐龙。化石最初被发现时非常破碎，里面可能还混杂着其他兽脚类骨骼的碎片。

科学发展学会会刊上的一篇文章中，首次将这些庞然大物定名为"恐龙"。

1854 年，伦敦的水晶宫制作并展出了第一批史前动物模型，包括禽龙、巨齿龙等恐龙和一些在空中飞翔的翼龙以及海中的鱼龙和蛇颈龙的复原像，这些都是理查德·欧文的杰作。他向广大群众普及古生物知识，引起了人们强烈的兴趣。欧文爵士还研究过澳大利亚和新西兰的古生物，也是第一个描绘当时刚刚灭绝的新西兰恐鸟的人。

■ 玛丽·安宁：发现鱼龙的小女孩

19 世纪初，在英国多塞特郡的莱姆里吉斯小镇上，有个名叫玛丽·安宁的小女孩。她 11 岁的时候就发现了一块 5 米长、样子古怪的海生动物化石。当时这块化石嵌在英吉利海峡岸边一处陡峭而危险的悬崖上。这种动物后来被命名为鱼龙。

安宁就这样开始了她不同凡响的一生。在之后的 35 年里，安宁使用最简单的工具，在极其困难的条件下，小心翼翼、完好无损地挖掘出了各种各样的化石。她发现了第一块蛇颈龙化石以及第一批最好的翼手龙化石中的一块。她的毅力是惊人的，为了挖那块蛇颈龙化石，安宁花了 10 年时间。

尽管安宁没有受过专业训练，但她依然能像学者们一样制作一流的图片和说明，用过人的天赋和非凡的努力取得了巨大的成就。她的事迹和贡献被保存进了英国伦敦自然史博物馆的古代海生爬行动物馆里，她也受到了千千万万古生物爱好者的尊敬和钦佩。

■ 马什与科普：上演"化石战争"

19 世纪 60 年代，美国正处于开发西部的高潮时期，不断传出发现恐龙化石的消息，引出了科学史上的一段奇闻与佳话，即两位著名的古脊椎动物学家之间的"化石战争"。这两位科学家就是费城的科普和耶鲁大学的马什。

马什和科普曾经在一起工作。1868 年，科普描述了一种蛇颈龙，马什嘲笑他把头盖骨放在了尾巴的位置上。这伤害了科普的自尊心，导致两人关系僵化，一场"战争"拉开了序幕。1870 年，马什和科普分别组织科学考察队到美国西部去考察，他们在蒙大拿州和科罗拉多州等地都争夺过化石。一开始还是各挖各的，后来变成各设法挖掘对方的化石，于是互派侦探、相互警戒。1877 年，一位英国化石采集者把科罗拉多州莫里森城附近的恐龙化石分别寄给了马什与科普，于是两人都宣布是自己发现了侏罗纪地层莫里森层，并互相指责对方是盗取化石的小偷。

尽管两位学者之间并不和睦，但他们联手发现了 100 多种恐龙，为美国的自然历史博物馆提供了大量完整的恐龙骨架化石和恐龙复原

玛丽·安宁描绘的鱼龙生活场景图

玛丽·安宁（1799～1846 年），英国早期化石采集者和古生物学家。1821 年，她发现了第一块蛇颈龙化石。

画像及雕塑，使恐龙知识在群众中得到了普及，使人们对生物进化史有了更全面生动的了解。

百科问答　问：最小的恐龙脚印有多大？
答：科学家们在加拿大新斯科舍省找到了最小的恐龙足迹化石，其脚印只有 2.5 厘米长。

▶ 足迹化石
▶ 恐龙蛋化石

形形色色的恐龙化石

现在关于恐龙的书刊、电影、电视以及博物馆内的恐龙展览，从各个角度向人们展示了关于恐龙的科学知识。恐龙是早在距今 6500 万年前就已经绝灭的爬行动物，它们不会给人们留下任何材料来描述当时的生活，所有关于它们的描述和记载都是恐龙专家们根据恐龙化石所作的推测和猜想。那么，这些生活在距今 6500 万年前的爬行动物的庞大身躯和遗迹是怎样保存下来成为化石的呢？

恐龙蛋化石
恐龙属于爬行动物，产卵。不同品种的恐龙所产的卵的形状、大小及卵的排列方式等都不相同，人们可以根据恐龙蛋化石来分析这些恐龙的生理特征。

■ 足迹化石

恐龙脚印也能形成化石，这是怎么回事？恐龙脚印只是踩在泥地上的一种印记，也并非恐龙身体本身，怎么也叫化石呢？

恐龙在湿度、黏度、颗粒度都十分适中的地表行走时会留下足迹。有足迹的泥沙被另外一种成分的泥沙迅速掩埋，然后渐渐沉入到了地下，受到高温高压的影响而变成石头，上面的脚印也就跟着硬化了。脚印虽然不是恐龙身体本身，但是保存在岩石上的脚印能够清晰地反映恐龙脚的形态和构造，所以古生物学家也常常把这种石化了的脚印叫作化石。

人们希望找到的并不是单个恐龙足迹，而是两个以上的一系列的足迹。同一只恐龙留下的两个以上一系列连续的足迹，在恐龙学上被称为行迹。通过对恐龙足迹的测量，人们能按

一种计算公式测算出造迹恐龙的奔走速度，而骨骼化石是不可能提供这些信息的。所以恐龙足迹不仅在地质学上很有意义，在生物学上也有着非常重要的意义。这是近年来恐龙足迹热兴起的原因之一。

■ 恐龙蛋化石

恐龙蛋化石是人们常常听说的一种化石，它们是怎样产生的呢？

因为恐龙的身体表面没有毛，不能孵蛋，恐龙蛋只能依靠阳光孵化，所以恐龙一般将蛋产在较高的地方，以便于阳光照射。恐龙蛋化石一般是保留下来的恐龙蛋的蛋壳，里面的蛋清和蛋黄部分或者早已腐烂消失，或者已孵出小恐龙而空留蛋壳。只有在极少数恐龙蛋里可以发现还未孵出的小恐龙的骨骼，这是非常珍贵的。完整恐龙蛋（特别是含胚胎的恐龙蛋）的发现，对研究恐龙的生态、生殖习性和灭绝原因提供了实物依据，具有重要的科学研究价值。

卢雷亚楼龙
卢雷亚楼龙属于蜥臀目兽脚类，侏罗纪晚期生活在葡萄牙卢雷亚楼地区，和霸王龙一样属于大型肉食性恐龙。它们后肢上有四根脚趾，其中前三趾承受全身的重量，和其他种类恐龙的脚型不同，也可能留下特殊的足迹。

恐龙蛋化石一般呈长椭圆形，长约50厘米。世界上最大的恐龙蛋是在我国河南西峡发现的。在河南内乡曾经发掘出一窝恐龙蛋化石，第一圈就有14枚。蛋窝的直径达2.6米，人可以

伶盗龙头骨化石
　伶盗龙也叫快盗龙，是小型的肉食性恐龙。因年代久远，身体其他部分的化石已经不见踪影。科学家按身体的比例分析其脑部，发现其脑容量很大，可以肯定它是一种聪明的恐龙。

直接躺在里面。这是我国最大的一窝恐龙蛋化石，也是世界上最大的一窝恐龙蛋化石。

■ 骨骼化石

　　1878年以后，恐龙骨骼化石在世界各大洲不断被发现。完整的骨架化石成了科学家复原恐龙形象的主要依据。

　　恐龙死后，它们的尸体在绝大多数情况下会暴露于荒野之中，腐烂分解，或者被动物吃掉，最后化为乌有。少部分尸体会被流水搬运到河湖之中沉积下来。在搬运过程中，尸体会受到严重的破坏，最后所形成的化石自然也就成了残片。在很少的情况下，恐龙的尸骸才能在原地迅速被沉积物掩埋，这时一副完整的骨架化石才会被保存下来。这种情况往往与某种突发性情况有关，如地震、洪水、岩石崩塌、陷进松软沉积物中或失足掉进了洞穴之中等。比利时伯尼萨特著名的禽龙骨架化石就是在突发性事件中迅速被掩埋而保存下来的。恐龙的遗体被沉积物掩埋后，肌肉、内脏、皮肤和角质部分会慢慢腐烂分解，剩下的骨头逐渐被地下水中的矿物质所代替，石化成为今天的化石。

■ 粪便化石

　　粪便化石也是一种重要的恐龙遗物，但它经常被人忽略。恐龙一生排出的粪便不可胜数，但我们能发现的粪便化石却非常稀少。这主要是因为粪便在一般情况下不容易形成化石。恐龙等动物排出的粪便经常受到自然力或生物力的破坏，很容易变成碎末混入泥土，时日稍久即形影无存，毫无痕迹，难以长久地保存下来。只有那些在适当的条件下被埋于地下，避开一切破坏因素的粪便，经过石化作用才能形成化石。

　　粪便化石对研究古动物有很大意义。粪便的形状与大小，直接与动物消化道末端的结构有关，也与动物的食性有关，还可间接地反映出该动物的生存环境。例如科学家通过对白垩纪时期粪便化石的分析，发现其中竟然含有草的成分。这一发现不但改变了科学家以前对于恐龙食物的认识，也把草在地球上出现的时间提前到了距今6500万年前。在此之前，科学家一直相信草是在距今约5500万年前才出现在地球上的。

　　如果想鉴定粪便化石是否为恐龙的粪便化石，最理想的就是看粪便化石是否与恐龙骨骼一起被发现，或者找到的粪便化石非常大，因为只有恐龙才能排出那么巨大的粪块。人们在印度某地白垩纪的地层中就曾发现过29厘米长的恐龙粪便化石。已经发现的恐龙粪便化石，大多为肉食性恐龙的粪便形成的。这可能是由于它们的粪便表面富含磷酸盐，容易形成化石，而植食性恐龙的粪便中则缺少这类物质。

恐龙粪便化石
　因恐龙的粪便性质特殊，很难保存下来，所以非常珍贵。人们从粪便中能够分析恐龙的食性、消化系统的结构等重要的内容。

百科问答 问：世界上最大的古生物研究所是哪一个？
答：俄罗斯科学院古生物研究所是全世界最大的古生物研究机构，
只是名气不太大。

▶ 美国犹他州国立恐龙公园
▶ 加拿大艾伯塔省恐龙公园
▶ 中国四川自贡恐龙国家地质公园

世界闻名的恐龙公园

发现恐龙化石的地方很多，所以世界上的恐龙博物馆简直数不胜数，但是要问其中最著名的"恐龙胜地"，那无疑就是世界三大恐龙公园了。

■ 美国犹他州国立恐龙公园

美国犹他州国立恐龙公园
美国犹他州国立恐龙公园位于美国犹他州东北与科罗拉多州的交界处，是目前世界上最大的恐龙公园。园中一处峭壁上分布了许多种恐龙的遗骸，就像恐龙公墓一样。

美国犹他州国立恐龙公园位于犹他州东北与科罗拉多州的交界处，面积约318平方千米，是目前世界上最大的恐龙公园。在这里可见到侏罗纪晚期的多种主要恐龙类型，比如巨大的梁龙、雷龙、圆顶龙、形态奇异的剑龙以及凶猛的肉食龙等。

在公园的西南角还设有国立恐龙纪念中心。该中心的化石埋藏厅是用玻璃建造的一座现代化建筑，被称作"恐龙墓地展厅"。其四面墙中的三面都是玻璃墙，余下的一面为陡峭倾斜的岩石层面，层面上镶嵌着数不清的恐龙骨骼，真实地展现

犹他盗龙复原图
犹他盗龙属奔龙类，因其发现地在美国犹他州国立恐龙公园而得名。其脚爪和恐爪龙一样长而弯曲，令人恐惧。

了化石的原始埋藏状态，被称为"世界上最奇特的恐龙遗骨贮藏所"。

■ 加拿大艾伯塔省恐龙公园

在加拿大艾伯塔省西南角红鹿河一带，有一座世界闻名的恐龙公园。这座公园地形十分奇特，充满了石柱、山峰和重重叠叠的彩色岩层。

自从19世纪80年代那里的挖掘工作开始以来，人们已经沿着红鹿河谷获得了300多具高质量的恐龙骨骼化石，这些恐龙骨骼化石大约代表60种不同种类的恐龙。世界上最著名的古生物学家斯顿伯格博士把这些恐龙化石复原，将其中有代表性的四具标本留在公园中陈列。其他大部分骨骼化石藏品已经从公园搬到公园西北的皇家泰利尔古生物博物馆中。

现在，这座恐龙公园尽量保持着原始的自然状态，冬天还有叉角羚羊和白尾鹿等珍稀动物来此繁衍生息，这为恐龙公园增添了新的生机。

■ 中国四川自贡恐龙国家地质公园

自贡恐龙国家地质公园位于四川省自贡市。在已发掘的2800平方米范围内，人们发现了目前世界上时代最早、保存完整的原始剑龙及我国首次在侏罗纪地层中发现的翼龙化石等。由于化石门类全、保存好，且由于其产出时代为侏罗纪中期，从而填补了恐龙演化史上这一时期恐龙化石材料匮乏的空白，因此这里是世界上最重要的恐龙化石遗址之一，有重大的科学价值。美国《国家地理》杂志称自贡恐龙国家地质公园是"世界上最好的恐龙博物馆"。

据自贡地区的地质构造特点，特别是恐龙化石的埋藏状况等大量资料推断，这里曾是恐龙的"极乐世界"，也是埋藏恐龙的"大公墓"。

百科问答　问：如何加工用于研究和展览的恐龙骨骼化石？
　　　　　答：恐龙骨骼一旦暴露，就需要用各种各样的黏合剂
来进行修缮并使之固定，以防止变质。

▶ 骨骼拼接　　　　　　　　　　　　　　　　　　　探索恐龙秘密

模型复原与恐龙复活

恐龙专家在发掘现场所看到的恐龙化石同博物馆里陈列的恐龙化石完全两样。在大多数情况下，不同种类的恐龙的骨骼会错综复杂地堆在一起，而且大的骨骼往往碎成几块或发生变形，需要恐龙专家把它们分类、拼接、修理和复原。

恐龙的复原工作十分不易。除了必须具备深厚的生物学造诣之外，专家在处理化石的时候还需要足够的耐心与仔细的观察，再加上丰富的想象力以及艺术家的表现手法，才能把一只恐龙的骨架复原。复原的骨架再加上肌肤，才能够制出一幅生动的恐龙复原图。

■ 骨骼拼接

要把成千上万块骨骼化石拼接成一具巨大的骨架，其艰难程度大大超过了普通人的想象，整个过程通常要耗费专业人士好几年的时间。

首先，必须小心地把恐龙化石从石膏或化学保护罩里取出来，然后再把化石上的石屑或泥土一一清除干净。工作人员可以用凿子清除坚硬的岩石碎屑；至于细部的清除，就得靠更精细的动力工具来完成，如类似牙医用的钻孔机；有时化学药剂可以用来溶解化石上多余的岩石。骨骼化石被清理干净后，才交由研究人员去研究如何将它们拼凑起来，以作为探究恐龙生活形态的范本。

工作人员会将恐龙骨骼化石进行复制，这个步骤类似于施蜡铸造。不同的是，铸模材料不是蜡，而是一种特殊的胶，这种胶可以在常温下将化石的形状以及纹理清晰地复制下来，而不对化石产生破坏。模具成型后，工作人员用玻璃纤维物质浇铸出一个仿真的恐龙骨骼化石。这种仿真骨骼比真的化石质量轻、强度大，而且在进行衔接时，可以随便在上面钻孔或钉钉子。这种材料非常逼真，非专业人士很难发现它与真化石的细微区别。

接下来的工作是将这些仿真骨骼串成完整的骨架。组装时，要先分部位组合骨骼，得到完整的头颅、躯干和四肢，再将不同部位的骨骼组合成一个整体。在这一过程中，除了要运用相当深厚的专业知识外，还需要大量的推理、想象，甚至运气。可见，将这种庞大史前生物的化石拼接在一起，是一项集考古学、解剖学、古生物学和美学于一体的综合工程。

发掘恐龙化石

发掘恐龙化石是一项非常繁琐而复杂的事情。首先要对化石进行清理，化石若在沙子或泥土中较为容易，若在岩石中则需要小心地撬出，然后用石膏模型将其固定并包裹起来，小心翼翼地运到实验室里。

霸王龙骨骼化石

这具巨大的霸王龙骨骼化石被发现时已经完全散乱了，古生物学家不仅将它拼合在一起，而且将残缺的部分也补上了。

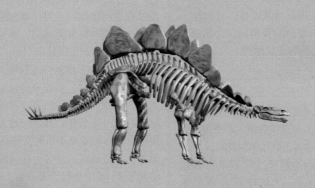